周期表

10	11	12	13	14	15	16	17	18	族 / 周期
								2 **He** ヘリウム 4.002602	1
			5 **B** ホウ素 10.806~ 10.821	6 **C** 炭素 12.0096~ 12.0116	7 **N** 窒素 14.00643~ 14.00728	8 **O** 酸素 15.99903~ 15.99977	9 **F** フッ素 18.998403163	10 **Ne** ネオン 20.1797	2
			13 **Al** アルミニウム 26.9815385	14 **Si** ケイ素 28.084~ 28.086	15 **P** リン 30.973761998	16 **S** 硫黄 32.059~ 32.076	17 **Cl** 塩素 35.446~ 35.457	18 **Ar** アルゴン 39.948	3
28 **Ni** ニッケル 58.6934	29 **Cu** 銅 63.546	30 **Zn** 亜鉛 65.38	31 **Ga** ガリウム 69.723	32 **Ge** ゲルマニウム 72.630	33 **As** ヒ素 74.921595	34 **Se** セレン 78.971	35 **Br** 臭素 79.901~ 79.907	36 **Kr** クリプトン 83.798	4
46 **Pd** パラジウム 106.42	47 **Ag** 銀 107.8682	48 **Cd** カドミウム 112.414	49 **In** インジウム 114.818	50 **Sn** スズ 118.710	51 **Sb** アンチモン 121.760	52 **Te** テルル 127.60	53 **I** ヨウ素 126.90447	54 **Xe** キセノン 131.293	5
78 **Pt** 白金 195.084	79 **Au** 金 196.966569	80 **Hg** 水銀 200.592	81 **Tl** タリウム 204.382~ 204.385	82 **Pb** 鉛 207.2	83 **Bi*** ビスマス 208.98040	84 **Po*** ポロニウム (210)	85 **At*** アスタチン (210)	86 **Rn*** ラドン (222)	6
110 **Ds*** ダームスタチウム (281)	111 **Rg*** レントゲニウム (280)	112 **Cn*** コペルニシウム (285)	113 **Nh*** ニホニウム (278)	114 **Fl*** フレロビウム (289)	115 **Mc*** モスコビウム (289)	116 **Lv*** リバモリウム (293)	117 **Ts*** テネシン 	118 **Og*** オガネソン 	7

JN192060

64 **Gd** ガドリニウム 157.25	65 **Tb** テルビウム 158.92535	66 **Dy** ジスプロシウム 162.500	67 **Ho** ホルミウム 164.93033	68 **Er** エルビウム 167.259	69 **Tm** ツリウム 168.93422	70 **Yb** イッテルビウム 173.045	ルテチウム 174.9668
96 **Cm*** キュリウム (247)	97 **Bk*** バークリウム (247)	98 **Cf*** カリホルニウム (252)	99 **Es*** アインスタイニウム (252)	100 **Fm*** フェルミウム (257)	101 **Md*** メンデレビウム (258)	102 **No*** ノーベリウム (259)	103 **Lr*** ローレンシウム (262)

は放射性同位体の質量数の一例を（ ）内に示した．ただし，Bi，Th，Pa，U については天然で特定の同位体組成を

は変動範囲で示されている．原子量が範囲で示されている 12 元素には複数の安定同位体が存在し，その組成が天然

原子量の不確かさは示された数値の最後の桁にある．

岩岡 道夫・藤尾 克彦・伊藤 建・小松 真治・小口 真一・冨田 恒之　著

化学概論

物質の誕生から未来まで

共立出版

はじめに

　化学は，物質の性質や変化を調べ，その仕組みを原子・分子レベルから理解し，さらにその仕組みを応用して新しい物質を実験によって生み出す学問である．高校での化学は暗記の科目という印象が強かったかもしれないが，大学での化学はむしろ物質の世界を支配する法則を理解し，その法則に基づいて物質を統一的に理解しようとする．この法則をひとたび理解することができれば，身の回りの物質の特性を的確に把握し，これを利用し応用することができるようになる．化学はわれわれにとってとても魅力的であり，実践的な学問なのである．

　近代化学 Chemistry は，自然科学の他の分野と同じく，観察による作業仮説の提唱と実験による作業仮説の検証の繰り返しに基づいて発展した．近代化学の誕生に大きく貢献したのは，化学反応における質量保存則を見つけたことで知られるフランス人のラボアジェ（1743〜1794 年）である．ラボアジェ以前の化学は，科学的（実証的）な根拠に基づかない宗教的な色合いの濃いものであった．中世ヨーロッパで発展したその時代の化学を錬金術 Alchemy という．錬金術の時代，化学は不老不死の薬を手に入れることを求めて発展した．さらに時代をさかのぼると，人類が火を手にしたときに，化学という学問はすでに始まっていたとも言える．火を自在に扱うことができるようになったことで，人類は土器を造り，酸化反応と還元反応を利用して青銅を造り，鉄を造り，文明を発展させてきた．

　有史以前はどうであっただろうか．地球上に生命が誕生したとき，生命体は外界から栄養分を体内に取り込み，様々な化学反応を利用してエネルギーを生産し，子孫を残してきた．生命の営みのすべては化学反応で成り立っている．生命の誕生以前の地球では，大気や海，地殻の中で複雑な化学反応が起こっていた．究極のところ，宇宙に原子が誕生した 138 億年前に，すでに化学反応は始まっており，その結果として現在のわれわれが存在していると考えることができる．そして，重要なことは，138 億年前も現在も，物質の世界を支配し，化学反応を支配する法則は同じであるということだ．

本書では，物質の誕生と変化の歴史を，原子の誕生→物質の誕生→物質の変化→生命の誕生→人類の誕生→未来の化学という順序でたどる．このような構成は，これまでの一般化学の教科書とは異なるかもしれないが，宇宙に原子が誕生したときから現在までの長い歴史の中で，自然界で物質がどのようにして形づくられ変化してきたのか，さらに人類は物質の変化（化学反応）をどのように制御してきたのかを，時代経過に沿って学ぶことにより，化学の面白さや醍醐味を深く学ぶことができるであろう．

　本書は，大学初年次の基礎化学あるいは一般化学の教科書として使用することを想定し，各章は1回90分～100分の授業に適切と思われる分量を割り当てている．また，理解度をチェックするための練習問題を各章に用意した．是非，活用してほしい．

　最後に，本書の作成にあたりご支援をいただいたすべての皆様にこの場を借りて深く感謝申し上げます．本書が化学を学ぶ諸氏の一助となることを願っております．

2018 年 8 月

著者一同

目　次

第1部　原子の構造 ……………………………………………… 1
第1章　原子の成り立ち　2
第2章　原子軌道　6
第3章　電子スピンと電子配置　10
第4章　元素の周期律　14

第2部　化学結合 ………………………………………………… 19
第5章　化学結合の種類　20
第6章　イオン結合　24
第7章　共有結合1　28
第8章　共有結合2　32
第9章　金属結合　36

第3部　状態変化と化学平衡 …………………………………… 41
第10章　物質の三態　42
第11章　エンタルピー　46
第12章　エントロピー　50
第13章　気体　54
第14章　液体　58
第15章　固体　62
第16章　化学平衡　66
第17章　溶液の性質1　70
第18章　溶液の性質2　74
第19章　酸と塩基1　78
第20章　酸と塩基2　82

第4部　反応速度論 ……………………………………………… 87
第21章　反応速度　88
第22章　活性化エネルギーと触媒　92
第23章　多段階反応　96

第5部 生命化学：生命がもたらした恵み ・・・・・・・・・・・・・・・・・・**101**

第24章　生命誕生と生体分子　102

第25章　脂質と糖類　106

第26章　アミノ酸とタンパク質　110

第27章　核酸　114

第6部 化学が支える物質文明 ・・・・・・・・・・・・・・・・・・・・・**119**

第28章　酸化・還元反応　120

第29章　無機物質　124

第30章　青銅と鉄　128

第31章　電池　132

第32章　電気分解　136

第33章　石炭・石油化学1　140

第34章　有機合成　144

第35章　石炭・石油化学2　148

第7部 未来の化学 ・・・・・・・・・・・・・・・・・・・・・・・・・**153**

第36章　新エネルギー　154

第37章　新素材（機能材料）　158

第38章　バイオテクノロジー　162

第39章　環境問題　166

問題の解答 ・・・・・・・・・・・・・・・・・・・・・・・・・・・・・・170

付録 ・・・・・・・・・・・・・・・・・・・・・・・・・・・・・・・・・179

索引 ・・・・・・・・・・・・・・・・・・・・・・・・・・・・・・・・・183

第 1 部
原子の構造

宇宙は巨大なエネルギーの爆発（ビッグバン）から始まったとされる．爆発によって生じた無数の粒子（素粒子）は，その発散とともに次第に冷却され，素粒子同士が集まって原子核ができ，原子核が電子を捕獲して原子が誕生した．このようにして生まれた初期の原子は，その後核融合と核分裂を繰り返し，現在の宇宙が形づくられた．宇宙に存在する原子には，どのような種類があり，それらは互いにどのような共通の性質をもち，あるいは異なる性質をもっているのだろうか．

第 1 部では原子の構造について概説する．原子の性質を特徴づけるものは，原子番号と質量数，電子配置である．これらの基本事項を学ぶことよって，元素（原子番号によって分類される原子の種類）には周期律があることを理解する．

第1章 原子の成り立ち

1.1 原子説

物質を小さく分割していくと，それ以上分割できない小さな粒子にたどり着く．これが原子である．このように「すべての物質は原子から構成されている」という考えを提唱したのはイギリス人のドルトン（1766〜1844年）であり，これを**原子説**という．ドルトンは原子には種類があり，それぞれに固有の質量があると考えた．たとえば，金属の鉄は鉄原子 Fe（質量 9.28×10^{-26} kg）から，気体の酸素は酸素原子 O（質量 $= 2.66 \times 10^{-26}$ kg）から構成される．鉄原子も酸素原子も，そしてそれ以外の原子も，ほとんどの原子は46億年前に太陽系ができたときからすでに存在していたものである．初期の太陽系には100種類以上の原子が存在したと想像されるが，現在は90種類ほどの原子しか存在しない．残りの原子は不安定であったために，46億年の間に核分裂してなくなってしまったと考えられる．逆にいえば，現存する原子は非常に安定で，46億年もの間，核分裂することなくそのまま残っていたか，消えた原子の核分裂によって生じた残骸である．

1.2 原子核

原子は中心に**原子核**があり，その周りに**電子** electron（記号 e）が存在する．原子核の大きさは非常に小さく，原子の大きさをサッカーボールに例えると，原子核の大きさは微小粒子状物質 $PM_{2.5}$（粒子径 2.5 μm 程度）に相当し，肉眼では見ることができない．原子核は，正電荷を帯びていて，サイズが小さいにもかかわらず，原子の質量のほとんどは原子核に集中している．たとえば，炭素原子 ^{12}C では，全質量の99.97% が原子核にあり，残りの 0.03% が電子ということになる．

原子核はいくつかの**陽子** proton（記号 p）といくつかの**中性子** neutron（記号 n）が集まってできている．陽子は正電荷をもつ粒子（核子）で，その電荷は $+1.602 \times 10^{-19}$ クーロン，質量は 1.673×10^{-27} kg である．一方，中性子は電荷をもたない．質量は 1.675×10^{-27} kg であり，陽子よりもわずかに重い．

1.3 電子

電子は負電荷をもつ素粒子で，その電荷は -1.602×10^{-19} クーロンであり，電荷の絶対値は陽子と等しい．この電気量を**電気素量**という．また，電子の質量は 9.109×10^{-31} kg であり，陽子の質量の約1800分の1である．1つの原子に含まれる電子の数は，原子核を構成する陽子の数と等しく，原子内では電気的中性が保たれている．電子は，陽子や中性子とは異なり1粒ずつ別々に存在し，互いにクーロン力によって反発している．したがって，電子は原子核からのクーロン引力の影響を受けながらも互いに反発し，空間的に広がることで原子の大きさを規定している．

原子の書き方

$$^{Z}_{A}X$$

X は元素記号
A は原子番号（＝陽子数）
Z は質量数（＝陽子数＋中性子数）

原子の種類は元素記号（X）を用いて表す．元素記号の左下に原子番号（A），左上に質量数（Z）を付けることもある．

原子の構造

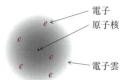

原子核は小さいが，原子の質量の大部分が集中している．電子は原子核の周囲に存在し，原子の大きさを規定している．原子の大きさは，直径でおよそ 2〜5Å（1Å = 1×10^{-10} m）である．

質量欠損と核エネルギー

$E = mc^2$

E は物質のエネルギー
m は物質の質量
c は光速（= 3.00×10^8 m/s）

原子核の質量は，それを構成する陽子と中性子の質量の和よりもわずかに小さい．このことは，陽子と中性子が集まって原子核ができるとき，質量の一部が消失することを意味する．これを質量欠損という．消失した質量は巨大なエネルギーとなって空間に放出される．この物質の質量とエネルギーの関係を見つけたのは，アインシュタイン（1879〜1955年）である．原子核の反応によって得られるエネルギーは，原子力発電などに利用されている．

1個の原子では，中心にある正電荷をもった原子核とその周りに存在する負電荷をもった電子がクーロン力で引き合っているが，両者は衝突することは決してない．また，電子は原子核に比べて非常に軽いので，その動きは迅速である．したがって，原子核から見ると電子は近くには存在しているが，その位置を特定することができない．逆に電子から見ると，原子核の動きは遅く，常に止まっているかのように見える．すなわち，電子は原子核の動きに常に追随することができると考えられる．これを **Born-Oppenheimer 近似** といい，化学結合の形成や化学反応を考えるうえで基本となる概念である．原子の中の電子の状態を雲に例えて，**電子雲** とよぶことがある．

1.4 水素原子

原子の種類の中で最も単純な水素原子（^{1}H）を考える．^{1}H では，原子核は陽子1個でできており，その周りに1個の電子が存在する．原子核（陽子）と電子は互いにクーロン力によって引き合うが，両者が衝突しないためには軽い電子は高速で原子核の周りを飛び回っていなければならない．このような推察から，**ラザフォード**（1871～1937年）は，水素原子は中心に原子核（陽子）があり，その周りを電子が周回運動していると考えた．この原子モデルは，引力（向心力）が万有引力ではなくクーロン力であることを除けば，太陽の周りの軌道を地球が回っていることによく似ている．しかし，ラザフォードの単純な原子モデルでは，電子が回る軌道の距離を自由に変えることができ，やがて電子は電磁波を放出して原子核に衝突してしまう．正しい水素原子モデルを得るには量子力学の助けが必要であった．これについては次章で詳しく述べる．

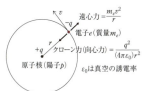

ラザフォードの原子模型

ラザフォードが水素の原子模型を発表した当時，原子の構造はまだよくわかっていなかった．トムソンは，原子はぶどうパン（パンが正電荷をもち，レーズンが電子）のような構造をもつと考えた．長岡半太郎は，原子は土星（土星が正電荷をもつ原子核，その周りをリング状に電子が回転）のような構造をもつと考えた．

1.5 同位体

原子は，その原子核を構成する陽子と中性子の数によって細かく分類される．まず，陽子の数によって原子は **元素** に分類され，次に，中性子の数によって **同位体** isotope に分類される．同位体とは，陽子の数が等しく中性子の数が異なる原子同士をいう．

たとえば，原子核に陽子が1つあれば水素 $_1$H，2つあればヘリウム $_2$He，3つあればリチウム $_3$Li という元素である．水素 $_1$H には，さらに原子核に含まれる中性子の数が0個，1個，2個の同位体が存在する．それぞれ水素（あるいは軽水素）^{1}H，重水素（deuterium）^{2}H(＝D)，三重水素（tritium）^{3}H(＝T) とよばれる．後に述べるように，原子（あるいは元素）の化学的性質は電子の数によって決まり，電子数は陽子数と等しいから，同じ元素の同位体の化学的性質は中性子数が異なってもほぼ同じである．ヘリウムやリチウムにも同位体は存在する．また，フッ素，ナトリウム，アルミニウム，リンのように1種類の安定な同位体しか存在しない元素もある．

原子量

原子量の基準は炭素12（^{12}C）同位体の質量であり、原子の原子量は ^{12}C の質量を12としたときの相対質量として表される。したがって、原子量はその質量数におおよそ等しい。

元素の原子量は、同位体の存在度を考慮した平均値である。たとえば、炭素には約1.07%の ^{13}C 同位体が含まれているので、炭素の原子量は、

$12 \times 0.9893 + 13 \times 0.0107 = 12.01$

となる。

表1.1　主な元素の同位体

元素	同位体	存在度（原子百分率）	元素	同位体	存在度（原子百分率）
水素 Hydrogen	^{1}H ^{2}H(D) ^{3}H(T)*	99.99 0.01 0	ネオン Neon	^{20}Ne ^{21}Ne ^{22}Ne	90.48 0.27 9.25
ヘリウム Helium	^{3}He ^{4}He	0.0001 99.9999	ナトリウム Sodium	^{23}Na	100
リチウム Lithium	^{6}Li ^{7}Li	7.6 92.4	マグネシウム Magnesium	^{24}Mg ^{25}Mg ^{26}Mg	78.99 10.00 11.01
ホウ素 Boron	^{10}B ^{11}B	19.9 80.1	アルミニウム Aluminum	^{27}Al	100
炭素 Carbon	^{12}C ^{13}C ^{14}C*	98.93 1.07 0	リン Phosphorus	^{31}P	100
窒素 Nitrogen	^{14}N ^{15}N	99.63 0.37	塩素 Chlorine	^{35}Cl ^{37}Cl	75.78 24.22
酸素 Oxygen	^{16}O ^{17}O ^{18}O	99.76 0.04 0.20	アルゴン Argon	^{36}Ar ^{38}Ar ^{40}Ar	0.337 0.063 99.600
フッ素 Fluorine	^{19}F	100	カリウム Potassium	^{39}K ^{40}K* ^{41}K	93.26 0.01 6.73

*　放射性同位体

1.6　放射性同位体

同位体の中には放射線を放出して自然に核分裂を起こすものと、自発的には核分裂を起こさないものがある。前者を**放射性同位体**（ラジオアイソトープ）、後者を**安定同位体**という。地球上に存在する原子はほとんどが安定同位体であるが、放射性同位体も多少は存在する。放射性同位体は、医療、年代測定、原子力発電など、様々な分野で広く利用されており、われわれの生活に多大な恩恵を与えている。一方で、放射性同位体のもつ放射能（放射線を放出する能力）は、取り扱いを間違えると人体へ悪影響を与える可能性がある。放射性同位体を取り扱うには、管理された施設が必要であり、法律に基づいた手順によって扱うことが義務づけられている。

放射性同位体から放出される放射線には、主にアルファ線、ベータ線、ガンマ線の3種類がある。アルファ線は+2の正電荷をもち、ヘリウム ^{4}He の原子核が高エネルギー状態で放出されたものである。質量があり物質に当たるとすぐに吸収される。ベータ線は負電荷をもつ高エネルギー状態の電子である。アルファ線と同じく物質に吸収されるが、アルファ線よりも透過性が良い。ガンマ線は高エネルギーの電磁波であり、電荷をもたず、物質を透過する能力が最も高い。たとえば、ウラン $^{238}_{92}$U が核分裂してトリウム $^{234}_{90}$Th となるとき、アルファ線が放出される（α崩壊）。

$$^{238}_{92}\text{U} \rightarrow {}^{234}_{90}\text{Th} + \alpha({}^4_2\text{He})$$

α崩壊が起こると、原子番号が2つ、質量数が4つ減少して別の原子になる。^{238}U の半減期は45億年であり、地球の年齢とほぼ等しい。した

放射性元素ラジウムの発見

[出典：Wikipedia]

マリ・キュリー（1867～1934年）は女性科学者の先駆けであり、生涯に2度のノーベル賞を受賞した（1903年物理学賞、1911年化学賞）。化学賞の受賞理由は、放射性元素のラジウム Ra とポロニウム Po の発見であった。彼女は1トンの鉱石からわずか0.1gの新元素ラジウムの塩化物を単離し、その性質を明らかにした。

がって，^{238}U の量は地球ができたときから現在までに約半分になったと考えられる．一方，炭素 $^{14}_{6}$C の半減期は 5730 年であり，ベータ線を放出（β崩壊）して窒素 $^{14}_{7}$N となる．

$$^{14}_{6}\text{C} \rightarrow {}^{14}_{7}\text{N} + \beta(e^{-})$$

この核反応は，有機物質の年代測定に広く利用されている．β崩壊が起こると，原子番号が 1 つ増える．形式的には，原子核中の中性子が陽子と電子に分裂したことになる．

1.7 原子核の反応

通常の化学反応においては，化学反応の前後で原子核が変化することはなく，したがって反応によって原子が新たに生成したり消滅したりすることはない．しかし，高エネルギーをもつ粒子を物質に照射したり，放射性同位体（ラジオアイソトープ）を含む物質を反応したりすると，原子核の反応が起こり，原子が別の原子に変化することがある．このような核反応は自然界でも，わずかながら日常的に起こっている．^{14}C 年代測定法で用いる ^{14}C 放射性同位体は，宇宙線によって生じる中性子 n と窒素原子 ^{14}N が反応することで生じ，大気中に一定の濃度でわずかに存在している．

$$^{1}_{0}n + {}^{14}_{7}\text{N} \rightarrow {}^{14}_{6}\text{C} + {}^{1}_{1}p$$

イオンや電子を光速に近い速さに加速し，これを原子核に当てることで人工的に核反応を起こすことができる．このようにして，ウランよりも原子番号の大きい元素が人工的に合成され，その化学的性質が明らかにされている．113 番目の元素である **ニホニウム** Nh は，2004 年に日本の森田浩介ら（理化学研究所）によって合成された．ニホニウムは日本人が発見した唯一の元素である．

■問題

1.1 塩素 $_{17}$Cl の 2 種類の同位体は，それぞれ陽子と中性子をいくつずつもっているか．アルゴン $_{18}$Ar ではどうか．

1.2 塩素 $_{17}$Cl の原子量はいくらになるか計算し，元素の周期表（図 4.1）の値と比較せよ．

1.3 リン $_{15}$P には 1 種類の同位体 ^{31}P しか存在しないが，リンの原子量は 30.97 であり，この値は ^{31}P の質量数よりもわずかに小さい．これはどのような理由によるものと考えられるか．

1.4 ラジウム $^{226}_{88}$Ra が α 崩壊してラドン Rn となるときの反応式を書きなさい．

1.5 ある遺跡から出土した土器に付着した有機物を調べたところ，^{14}C の濃度が現在に比べて 4 分の 3 に減少していた．この土器は何年前に作られたものと推定できるか．

---

^{14}C 年代測定法

[出典：信濃川火焔街道連携協議会]

放射性核種は自発的に壊変し，その速さ（確率）v は放射性核種の数 N に比例する．

$$v = \frac{dN}{dt} = -\lambda N$$

λ は核種に固有の定数で壊変定数という．この式より

$$\ln \frac{N}{N_0} = -\lambda t$$

が得られる．N_0 は壊変前の放射性核種の数．半減期 τ は $\ln 2/\lambda = 0.693/\lambda$ となる．^{14}C の濃度は地上では炭素の循環によって一定に保たれているが，地中に埋もれて炭素循環から遮断されると ^{14}C の濃度は β 崩壊によって次第に減少する．したがって，^{14}C の半減期（5730 年）を用いて，有機物質の年代測定を行うことができる．

超ウラン元素

現在地上に存在する元素の中で最も原子番号が大きいものはウラン $_{92}$U である．ウランよりも原子番号の大きい元素は超ウラン元素とよばれ，基本的には核融合によって人工的につくられ，その化学的性質が明らかにされている．超ウラン元素はすべて寿命の短い放射性元素であり，核分裂して原子番号の小さい元素に崩壊する．

113 番元素ニホニウム Nh

新しい元素の命名権はそれを発見した研究者に与えられる．超ウラン元素である 113 番元素については，ロシア，アメリカ，日本の研究チームで合成が報告され，その命名権の帰属が注目されていたが，2015 年 12 月に理化学研究所の森田浩介博士が率いる日本の研究チームに正式に命名権が与えられた．森田博士は，亜鉛 $_{30}$Zn とビスマス $_{83}$Bi の原子を衝突させることでウンウントリウム $_{113}$Uut の合成に成功していた．

第2章

原子軌道

第1章では，原子の構造を示し，中心にある原子核の成り立ちと性質について詳しく述べた．第2章では，原子核の周りに存在する電子について詳しく見ていこう．

2.1 原子スペクトル

単体（1種類の元素のみからなる物質）を封入し，高電圧をかけて放電すると，原子が発光して，光が放出される．この光をプリズムに通して波長に応じて展開する（分光する）と原子スペクトルが得られる．太陽光をプリズムに通すと7色の虹に連続的に展開されるが，原子の発光によって生じる光を分光すると連続スペクトルとはならず，ある特定の波長の光による線スペクトルに展開される．

たとえば，水素封入管に高電圧をかけると，水素分子 H_2 は開裂して原子状態の水素 H となり，この水素原子が発光する．発光の原因は原子に含まれる電子であり，放電によって高エネルギー状態となった電子が安定な低エネルギー状態に変化（遷移）するときに，余分なエネルギーを光として放出するのである．バルマー（1825〜1898年）は，**水素の原子スペクトル**において可視光領域に一連の線スペクトル（バルマー系列）を観測し，その光の波長にはある規則性があることを発見した．その後，リュードベリ（1854〜1919年）は，紫外線領域や近赤外線領域に観測される他の系列の線スペクトルも含めて，水素の原子スペクトルの波長 λ は次の一般式に従うことを明らかにした．

$$\frac{1}{\lambda} = R_\infty \left(\frac{1}{n^2} - \frac{1}{m^2} \right)$$

n と m は自然数（$n<m$）であり，R は定数で**リュードベリ定数**（$R_\infty = 109737\ \mathrm{cm}^{-1}$）という．$n=2$ のときがバルマー系列であり，$n=1$ の系列はライマン系列（紫外線領域），$n=3$ の系列はパッシェン系列（近赤外線領域）という．水素以外の原子でも原子スペクトルは不連続な線スペクトルとなる．

原子から放出される光が不連続であることは，原子の中の電子のエネルギー状態も不連続であることを意味する．このことは第1章で紹介したラザフォードによる古典的な原子模型では説明することができない現象であった．エネルギー状態が不連続でとびとびとなっていることを，**エネルギーが量子化されている**という．

2.2 光電効果（光の粒子性）

光は電磁波（波動）であり，回折や干渉といった波の性質を示す．一方で，光は粒子としてもふるまうことが知られている．その代表的な現象が**光電効果**である．光電効果とは，金属表面に光を当てると電子が放出される物理現象で，このとき，ある振動数よりも大きな振動数の光を

単体と化合物
1種類の元素で構成される物質を単体，2種類以上の元素で構成される物質を化合物という．水素 H_2 や酸素 O_2 は単体であるが，水 H_2O や過酸化水素 H_2O_2 は化合物である．酸素 O_2 とオゾン O_3 のように，同じ元素からできているが異なる単体を互いに同素体という．

原子発光の利用
原子による発光は日常生活の中でも利用されている．ナトリウム Na の発光はナトリウムランプ（黄）として，ネオン Ne の発光はネオンサイン（赤，ピンクなど）としてよく見かける．花火の色は，火薬に含まれる銅 Cu（青）やストロンチウム Sr（紅）などの金属原子の発光を利用している．学生実験で行う炎色反応も原子発光を利用した元素分析法である．

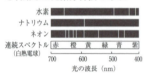

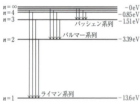

水素原子の電子のエネルギー状態

電子が原子核から遠く離れた位置にあるときの電子のポテンシャルエネルギーを 0 eV とすると，電子が原子核に近づくにつれて電子のポテンシャルエネルギーは減少する．このとき電子が取り得るエネルギー状態が不連続であると，電子はある状態 m から別の状態 n に飛び降りることになる（$m>n$）．この遷移に伴い，余ったエネルギーが光として放出される．これが水素の発光スペクトルである．逆に，エネルギーが低い状態からエネルギーが高い状態に電子が遷移するためには，電子は光や熱を吸収する必要がある．

照射すると電子を取り出すことができるが，ある振動数よりも小さな振動数の光をいくら照射しても電子を取り出すことはできない．このことは，光のエネルギーが振動数によって決まっていることを示している．アインシュタイン（1879〜1955年）は光電効果を説明するために，振動数 ν（ニュー）の光はエネルギー $h\nu$ をもつ粒子（光子）の集まりであると考えた．

$$E = h\nu$$

E は光子1個のもつエネルギー，h はプランク定数（$6.626 \times 10^{-34}\,\mathrm{m^2\,kg/s}$），$\nu$ は光の振動数（単位：Hz）である．ν は光速 c を光の波長 λ で割ったものなので，大きな振動数をもつ光は，エネルギーが大きく波長が短いことがわかる．

2.3 ボーアの原子模型

ボーア（1885〜1962年）は，水素原子の電子のエネルギー状態が量子化されていることから，ラザフォードの原子模型を改良して次のような原子模型を考えた．原子は原子核を中心として電子がその周りを高速で等速円運動している．電子が回ることのできる軌道は原子核からの距離がとびとびの場所しか許されない．電子が軌道の間を遷移するときに光の吸収や放出が起こる．

ボーアはさらに，電子のもつ角運動量 $m_e vr$ も量子化されている

$$m_e vr = nh/2\pi \tag{2.1}$$

との考察から，電子が回ることのできる軌道半径 r の条件を求めた．式2.1を**ボーアの量子化条件**という．光が波動と粒子の2面性をもつのと同様に，高速で運動する電子も波動としての性質をもち，ド・ブロイ（1892〜1987年）によるとその波長は

$$\lambda = h/m_e v \tag{2.2}$$

となる．運動する物質のもつ波動を物質波またはド・ブロイ波という．式2.1と式2.2より，

$$2\pi r = n\lambda \tag{2.3}$$

の関係が導かれる．式2.3は電子が回ることのできる軌道の円周は電子の物質波の波長の整数倍になることを示している．$n=1$ のときの水素原子の電子の軌道半径を**ボーア半径** a_0 という．a_0 の値（0.53 Å）は量子力学で用いられる原子単位系の基本単位の1つである．ボーアの原子模型は古典力学に基づくラザフォードの原子模型に量子化条件を取り入れた半古典的なものであり正確さに欠けるものであったが，水素原子の性質をうまく説明でき，現在でも原子の構造を表すモデルとして広く使用されている．

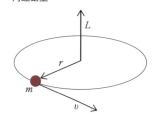

角運動量

質量 m の物体が速度 v で，ある場所を中心に半径 r の軌道を円運動しているとき，その物体の角運動量 L は $r \times mv$ で表される．角運動量はベクトル量であり，その大きさは $|r \times mv| = mvr$ である．

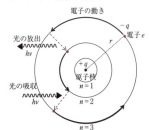

ボーアの水素原子模型

エネルギーは量子化され，電子は決まった軌道上を等速円運動している．$n=1, 2, 3$ はそれぞれ K 殻，L 殻，M 殻に対応する．電子が K 殻にいるときに最もエネルギーが安定であり，これを**基底状態**という．電子が K 殻以外にいるときは，エネルギー的に不安定であり，これを**励起状態**という．基底状態にある電子を無限遠に引き離すのに必要なエネルギーが水素の**イオン化エネルギー**であり，その値は $n=1$ の軌道のエネルギー（$-13.6\,\mathrm{eV}$）の絶対値と等しい．

第2章 ● 原子軌道

ポイント
1. シュレーディンガーの波動方程式の解は，波動関数ψ_iとそれに対応するエネルギー固有値E_iである（$i=1,2,3,\cdots$）.
2. ψは電子が動く軌道を表す.
3. Eは軌道のエネルギーを表す.

波動関数ψの性質

$$\iiint_{-\infty}^{+\infty}\psi_i\psi_j dxdydz=\begin{cases}1(i=j)\\0(i\neq j)\end{cases}$$

波動関数ψの物理的な意味づけは難解であるが，ψを2乗したものはその空間に電子を見出す確率として解釈できる．電子は必ずどこかに存在しているので，ψ_i^2を全空間で積分すると1になる（規格化）．一方，電子は同時に2つの軌道に存在することはないので，$\psi_i\psi_j$を全空間で積分すると0になる（直交性）．これら2つの性質を合わせて**波動関数の規格直交性**という.

原子軌道のエネルギー準位

	$l=0$	$l=1$			$l=2$				
$n=3$	ψ_6 3s	ψ_7	ψ_8	ψ_9	ψ_{10}	ψ_{11}	ψ_{12}	ψ_{13}	ψ_{14}
			3p				3d		
$n=2$	ψ_2 2s	ψ_3	ψ_4	ψ_5					
			2p						
$n=1$	ψ_1 1s								

水素原子では，主量子数nが同じ軌道はすべて縮重しているが，水素以外の原子では，方位量子数lの違いによって縮重が解け，2sと2p，3sと3pと3dは互いに異なるエネルギーとなる.

2.4 水素原子のシュレーディンガー方程式

水素の原子模型は量子力学の登場によって完成された．量子力学では電子の運動をシュレーディンガーの波動方程式を用いて表す.

$$\boldsymbol{H}\psi(x,y,z)=E\psi(x,y,z) \quad (2.4)$$

$\boldsymbol{H}$はハミルトン演算子といい，電子の運動エネルギーと電子が原子核から受けるクーロン引力（ポテンシャルエネルギー）をその成分として含む．$\psi(x,y,z)$とEが波動方程式の解であり，$\psi(x,y,z)$は波動関数（電子が動く軌道），Eはエネルギー固有値（軌道のエネルギー）である．シュレーディンガーの波動方程式を解くことは困難であり，解くこと自体が不可能な場合が多い．しかし，水素原子については方程式を解いて$\psi(x,y,z)$とEの正確な解を求めることができる.

2.5 水素原子の原子軌道

水素原子のシュレーディンガー方程式を解くと，多数のψとEの組が解として求められる．こうして明らかになった水素原子の描像は，ボーアの原子模型と共通点は見られたものの，想像を超える複雑なものであった．電子のエネルギー状態や角運動量が量子化されている点や軌道のエネルギーが上がるとともに電子の軌道が大きくなる点では，ボーアの原子模型とシュレーディンガー方程式を解いて得られた水素原子の軌道（これを**原子軌道**という）は一致している．しかし，実際の原子軌道は円形ではなく，3次元空間に球状に広がっており，原子核からの距離も等速円運動のように常に一定なのではなく，いろいろな距離を取りうる．また，原子軌道には亜鈴形など，球状以外の複雑な形をとるものもある．水素原子の原子軌道は，他の原子の原子軌道を考えるうえで基本となるものなので，以下に詳しく解説する.

シュレーディンガー方程式の解の組をエネルギーEの小さいものから順番に$(\psi_1,E_1),(\psi_2,E_2),(\psi_3,E_3),\cdots$としよう．そうすると，最もエネルギー準位の低い原子軌道は1つであるが，次にエネルギー準位の低い原子軌道は4つあり，$\psi_2\sim\psi_5$が同じエネルギー準位になっている（これを軌道が縮重あるいは縮退しているという）．その次は9つの軌道が縮重している．ψ_1がボーアの原子模型の$n=1$（すなわちK殻）に相当し，$\psi_2\sim\psi_5$が$n=2$（L殻），$\psi_6\sim\psi_{14}$が$n=3$（M殻）に相当する．nを**主量子数**という.

主量子数nが1のとき，原子軌道は1つ存在し，この原子軌道を1s軌道と表記する．記号sの前の1は$n=1$であることを示している．1s軌道は球状であり，電子は原子核の周りに等方的に存在している．実際の電子は原子核から相当遠いところにいる確率もあるが，便宜的にある確率で電子が見いだされる空間を考え，その境界面を用いて軌道の形を表す.

主量子数nが2のとき，原子軌道は4つ存在する．これらの軌道は空

8

間的な形の違い（**方位量子数** l の違い）から，1つの 2s 軌道（$l=0$）と 3つの 2p 軌道（$l=1$）に分類される．2s 軌道は 1s 軌道と同じ形をしているが空間的な広がりが 1s 軌道よりも大きい．2p 軌道は亜鈴形で，原子核を挟んで上下に広がり，波動関数の符号が上下で逆転する．p 軌道には x 軸方向，y 軸方向，z 軸方向に伸びているものがあり，これら 3 つの p 軌道は互いに**磁気量子数** m の値（$-1, 0$ または $+1$）が異なる．

主量子数 n が 3 になると，原子軌道の数は 9 つに増え，空間的な広がりはさらに大きくなる．これらの軌道は方位量子数 l の違いから，1つの 3s 軌道（$l=0$）と 3 つの 3p 軌道（$l=1$）と 5 つの 3d 軌道（$l=2$）に分類される．5 種類の d 軌道はかなり複雑な形をしている．これらは互いに磁気量子数 m の値（$-2, -1, 0, +1$ または $+2$）が異なる．

主量子数 n が 4 では，原子軌道の数は 16 に増え，これらは 1 つの 4s 軌道（$l=0$），3 つの 4p 軌道（$l=1$），5 つの 4d 軌道（$l=2$），7 個の 4f 軌道（$l=3$）に分類される．主量子数 n が 5 になるとさらに複雑になる．

水素原子の原子軌道にはたくさんの種類があり，それらは決められたエネルギー準位と空間的な広がりをもつ．電子は原子軌道のどこかにいるが，通常は最もエネルギー準位の低い 1s 軌道に存在している．

原子軌道の節の数
波動関数の符号が＋から－に入れ替わる面を節（せつ）とよぶ．節の面上は波動関数の値が 0 であり，電子の存在確率も 0 となる．原子軌道（1s, 2s, 2p, 3s, 3p, 3d, …）は，主量子数 n が 1 増えるごとに節の数も 1 つずつ増える．1s 軌道には節はないが，2p 軌道には節が 1 つ，3d 軌道には節が 2 つある．2s 軌道には節がないように見えるが，軌道の内部に球状の節があり，原子核付近は波動関数の符号が逆転している．

原子軌道の大きさ
原子の大きさは原子核の周りの電子雲の大きさと考えてよい．シュレーディンガー方程式の解によると，水素原子の 1s 軌道の大きさは，ボーア半径 a_0 の 1.5 倍（$\langle r \rangle_{1s} = 1.5 a_0$）である．これに対し，2s 軌道の大きさは 1s 軌道の 4 倍（$\langle r \rangle_{1s} = 6 a_0$），3s 軌道の大きさは 1s 軌道の 9 倍（$\langle r \rangle_{1s} = 13.5 a_0$）である．主量子数 n が異なると原子軌道の大きさが著しく異なることがわかる．

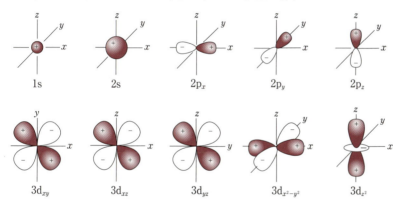

図 2.1　水素原子の原子軌道の形（p 軌道は正確にはずっと丸まった形をしている）

■問題

2.1 リュードベリによって導かれた式を用いて，水素原子の 2s 軌道の電子が 1s 軌道に遷移するときに放出される光の波長を求めよ．また，3s→1s，4s→1s の遷移ではどうなるか．

2.2 問 2.1 で求めた光の振動数を求めよ．

2.3 4p 軌道，4d 軌道，5s 軌道，5f 軌道について，それぞれの原子軌道の主量子数 n と方位量子数 l の値を答えよ．

2.4 1s 軌道と $2p_x$ 軌道を図示し，この 2 つの軌道が直交していることを確認せよ．

2.5 $2p_x$ 軌道と $2p_y$ 軌道を図示し，この 2 つの軌道が直交していることを確認せよ．

第 3 章

電子スピンと電子配置

3.1 水素以外の原子の原子軌道

水素原子のシュレーディンガー方程式は解くことができ，その原子軌道を求めることができた．しかし，水素以外の原子では，電子が 2 個以上存在するためにシュレーディンガー方程式を正確に解くことはできない．これは，シュレーディンガー方程式のハミルトン演算子の中に電子間のクーロン反発による項が入り込むためである．電子は互いのクーロン場を感じながら複雑な動きをすることになる．このような電子間の相互作用を **電子相関** という．

シュレーディンガー方程式の解を求めることはできないが，その近似解は求めることができる．近似解を求めるためには，1 つの電子だけに着目し，それ以外の電子は原子核の周りに平均的に存在すると考えればよい．このような近似を **1 電子近似** という．1 電子近似したシュレーディンガー方程式は，原子核の正電荷の大きさ（陽子の数）とその周りに存在する平均的な電子の影響を除けば，水素原子のそれと似ており，したがってその解（波動関数とエネルギー固有値）も水素原子の原子軌道に似たものとなる．

水素以外の一般の原子にも 1s, 2s, 2p, 3s, 3p, 3d, … といった原子軌道が存在する．これらの軌道の形状と数は水素の原子軌道（図 2.1）と同じである．しかし，実際には原子核の正電荷が水素原子より大きいので，一般の原子では電子はより強く原子核に引き寄せられている．その結果，各原子軌道の大きさは水素原子の場合よりも小さくなり，これにともない軌道のエネルギーも低くなる．また，水素原子では縮重していた 2s 軌道と 2p 軌道のエネルギー準位が分裂し，2p 軌道は 2s 軌道よりも少し高いエネルギーとなる．同様に，3s 軌道，3p 軌道，3d 軌道も縮重が解け，それぞれ異なるエネルギーをもつようになる．これらのうち最もエネルギーの高い 3d 軌道のエネルギー準位は，主量子数が 1 つ大きい 4s 軌道のエネルギー準位に近くなっている．

最外殻の原子軌道の比較

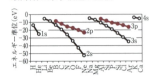

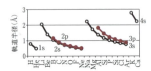

原子番号の増加とともに，原子軌道のエネルギー準位は低下し，軌道半径は小さくなる．同じ周期では，s 軌道と p 軌道の大きさはさほど変わらないが，エネルギー差は次第に大きくなることがわかる．[『基礎量子化学―軌道概念で化学を考える』友田修司著，東京大学出版会（2007 年）を参考に作成]

表 3.1 一般の原子の原子軌道の数と種類

主量子数 n	方位量子数 l	原子軌道の数	原子軌道の記号
5	4	9	5g（この軌道に電子が入ることは通常はない）
	3	7	5f（7 種類の軌道がある）
	2	5	$5d_{xy}, 5d_{xz}, 5d_{yz}, 5d_{x^2-y^2}, 5d_{z^2}$
	1	3	$5p_x, 5p_y, 5p_z$
	0	1	5s
4	3	7	4f（7 種類の軌道がある）
	2	5	$4d_{xy}, 4d_{xz}, 4d_{yz}, 4d_{x^2-y^2}, 4d_{z^2}$
	1	3	$4p_x, 4p_y, 4p_z$
	0	1	4s
3	2	5	$3d_{xy}, 3d_{xz}, 3d_{yz}, 3d_{x^2-y^2}, 3d_{z^2}$
	1	3	$3p_x, 3p_y, 3p_z$
	0	1	3s
2	1	3	$2p_x, 2p_y, 2p_z$
	0	1	2s
1	0	1	1s

一般の原子には電子が多数存在する．これらの電子はどの原子軌道にどのように収まるのだろうか．すべての電子を最も安定な原子軌道，すなわち1s軌道に収容することができれば，安定なエネルギー状態となるように思われる．しかし，そのような電子の配置は，多数の電子を同じ空間（波動関数）の中に閉じ込めることになり，許されない．電子同士が強く反発してしまうためである．実際には，1つの原子軌道には電子は2個まで収容できるのだが，このことを説明する前に，まず電子スピンについて理解しておく必要がある．

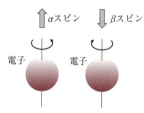
電子スピン

3.2 ナトリウムの原子スペクトル

ナトリウムランプの光（あるいはナトリウムの炎色反応による発光）を分光すると，黄色の線スペクトルが得られる．この線スペクトルには波長 589.6 nm と 589.0 nm（1 nm＝10^{-9} m＝10 Å）の2種類の光が含まれ，D線とよばれる．ナトリウムのD線は，ナトリウム原子の最も外側にある電子が励起状態（3p軌道）から基底状態（3s軌道）へと遷移するときに放出されるものである．ハウシュミットとウーレンベックはD線が2本に分裂する現象を説明するために，電子は自転していて，左あるいは右回転の自転によって上向き（α）あるいは下向き（β）の磁気モーメントを生じていると仮定した．電子の自転を**電子スピン**という．電子スピンによって電子は小さな磁石のようにふるまい，3p軌道（方位量子数 $l=1$）に励起された電子は α 状態と β 状態でエネルギーにわずかな差を生じるようになる．3s軌道（方位量子数 $l=0$）のエネルギーは電子スピンの状態によって差を生じないので，3p→3s遷移によって放出される光は2本に分裂することになる．

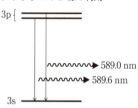
ナトリウムのD線の利用

ナトリウムのD線は屈折計や旋光計の光源として用いられている．通常，屈折率や旋光度の大きさは，ナトリウムのD線の波長（589 nm）における値として測定される．

3.3 電子スピン

原子の中の電子の運動（あるいは波動関数の形状）は，主量子数 n，方位量子数 l，磁気量子数 m によって規定されている．しかし，上で述べたように，ナトリウムのD線の分裂を説明するためには n, l, m 以外に電子のスピン状態も考慮する必要が生じた．そこで，新たに電子スピンの状態を表すスピン磁気量子数 m_s を導入し，α 状態を $m_s=+1/2$，β 状態を $m_s=-1/2$ とする．電子は α か β のいずれかの状態で存在し，2つの状態を同時に取ることはできない．すなわち，電子はある原子軌道に必ず α か β のいずれかのスピン状態で存在すると考えられる．

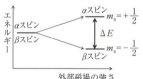
電子スピン共鳴

不対電子をもつ遷移金属化合物や有機フリーラジカル分子を磁場の中に置くと，不対電子のエネルギー準位が分裂して，αスピン状態と β スピン状態で異なるエネルギーをもつようになる．ここに外部から電磁波（マイクロ波）を照射すると，不対電子がエネルギーを共鳴吸収する．この現象を電子スピン共鳴（electron paramagnetic resonance（EPR），または electron spin resonance（ESR））といい，物質中の不対電子を検出する方法として利用されている．

3.4 パウリの排他原理

電子スピンを考慮すると，1つの原子軌道にはスピン状態の異なる電子が2つまで収容されることになる．α 状態の電子と β 状態の電子は同じ空間を占有することになるが，互いにほとんど影響を及ぼし合わない（実際には，わずかに電子相関してエネルギーはやや不安定になる）．

軌道に電子を配置する方法

↑↓	↑	↓
(a)	(b)	(c)

パウリの排他原理より，1つの軌道に電子を収容する方法は上の3種類しかない．(a) では，2個の電子がスピンを逆向きにして対（電子対）として軌道に収容されている．このような軌道の状態を**閉殻**という．(b) と (c) では，1個の電子が α スピンまたは β スピンとして収容されている．このような軌道の状態は**開殻**といい，その電子を**不対電子**という．

　パウリ（1900～1958年）は原子の中の電子の取りうる状態に関して，いわゆる**パウリの排他原理**を提案した．これによると「1つの原子中では，2個の電子が同じ4つの量子数 (n, l, m, m_s) をもつことはない．」すなわち，量子数 n, l, m の原子軌道にはスピン磁気量子数 m_s が異なる α スピンの電子と β スピンの電子が1つずつ収容でき，3個以上の電子が1つの原子軌道に存在することはないことになる．

3.5 電子配置

　各原子軌道には電子が2個ずつ対をつくって収容されることを理解したところで，いよいよ原子の電子配置について考えよう．軌道に電子がどのように収容されているのかを**電子配置**という．原子の電子配置は，元素の化学的性質を考えるうえで基本となるものなので，しっかりと理解しておく必要がある．

　なるべく安定な電子配置を実現しようとすると，パウリの排他原理に基づいて電子はエネルギー準位の低い軌道から2個ずつ順番に収容されることになる．電子が収容される原子軌道の順番は，おおよそ図3.1のようになる．ここで注意しておきたいのは，この順番は必ずしも原子軌道のエネルギー準位の順番と一致しているわけではないことである．

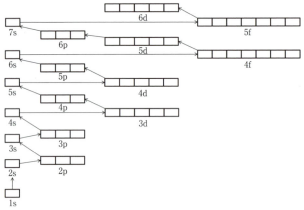

図3.1　原子軌道に電子が収容される順番

　図3.1の順番に従って電子を原子軌道に詰めていくと，ホウ素 $_5$B までは問題なく電子配置を考えることができる．しかし，次の炭素 $_6$C になると，どの2p軌道に6個目の電子を詰めるべきか様々な可能性が生じる．このように同じエネルギー準位の軌道に電子をいくつか配置する場合，**フントの規則**に従って，電子スピンをなるべくそろえるように別々の軌道に電子は収容される．したがって，$_6$C の6個目の電子は別の2p軌道にスピンを平行にそろえるように配置される．

　原子番号10のネオン Ne までの電子配置を図3.2に示す．また，別の表記法を用いて，ウラン $_{92}$U までのすべての原子の電子配置を表3.2にまとめる．これらの電子配置は覚える必要はないが，どのような規則に従って電子が配置されているのかは知っておく必要がある．

フントの規則

↑↓	↑ ↓	↑ ↑
(a)	(b)	(c)

p軌道に2個の電子を配置する場合，1つの軌道に2個の電子を配置した (a) の配置よりも，電子を別々の軌道に配置したほうが安定で，(b) と (c) の配置では，スピンを平行に配置した (c) の配置のほうが安定になる．3個の電子を配置する場合は，電子は別々のp軌道にスピンをそろえるように配置される．

3.5 電子配置

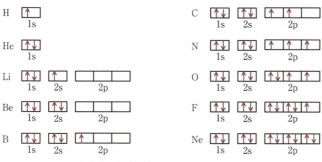

図 3.2　ネオンまでの原子の電子配置

電子配置の表記法

電子配置を表す方法は様々である。よく用いられる表記法を，炭素原子を例として以下に示す．

(a) $1s^2 2s^2 2p_x^1 2p_y^1$
(b) $1s^2 2s^2 2p^2$
(c) $[He] 2s^2 2p^2$
(d)

(c) の表記法は，電子が満たされた内殻（すなわち 1s 軌道）の部分を同じ電子配置をもつ He で置き換えている．残された電子が外殻電子である．

表 3.2　$_1$H から $_{92}$U までの原子の電子配置

原子番号	元素記号	電子配置
1	H	$1s^1$
2	He	$1s^2$
3	Li	[He] $2s^1$
4	Be	[He] $2s^2$
5	B	[He] $2s^2 2p^1$
6	C	[He] $2s^2 2p^2$
7	N	[He] $2s^2 2p^3$
8	O	[He] $2s^2 2p^4$
9	F	[He] $2s^2 2p^5$
10	Ne	[He] $2s^2 2p^6$
11	Na	[Ne] $3s^1$
12	Mg	[Ne] $3s^2$
13	Al	[Ne] $3s^2 3p^1$
14	Si	[Ne] $3s^2 3p^2$
15	P	[Ne] $3s^2 3p^3$
16	S	[Ne] $3s^2 3p^4$
17	Cl	[Ne] $3s^2 3p^5$
18	Ar	[Ne] $3s^2 3p^6$
19	K	[Ar] $4s^1$
20	Ca	[Ar] $4s^2$
21	Sc	[Ar] $4s^2 3d^1$
22	Ti	[Ar] $4s^2 3d^2$
23	V	[Ar] $4s^2 3d^3$
24	Cr	[Ar] $4s^1 3d^5$
25	Mn	[Ar] $4s^2 3d^5$
26	Fe	[Ar] $4s^2 3d^6$
27	Co	[Ar] $4s^2 3d^7$
28	Ni	[Ar] $4s^2 3d^8$
29	Cu	[Ar] $4s^1 3d^{10}$
30	Zn	[Ar] $4s^2 3d^{10}$
31	Ga	[Ar] $4s^2 3d^{10} 4p^1$
32	Ge	[Ar] $4s^2 3d^{10} 4p^2$
33	As	[Ar] $4s^2 3d^{10} 4p^3$
34	Se	[Ar] $4s^2 3d^{10} 4p^4$
35	Br	[Ar] $4s^2 3d^{10} 4p^5$
36	Kr	[Ar] $4s^2 3d^{10} 4p^6$
37	Rb	[Kr] $5s^1$
38	Sr	[Kr] $5s^2$
39	Y	[Kr] $5s^2 4d^1$
40	Zr	[Kr] $5s^2 4d^2$
41	Nb	[Kr] $5s^1 4d^4$
42	Mo	[Kr] $5s^1 4d^5$
43	Tc	[Kr] $5s^2 4d^5$
44	Ru	[Kr] $5s^1 4d^7$
45	Rh	[Kr] $5s^1 4d^8$
46	Pd	[Kr] $5s^0 4d^{10}$
47	Ag	[Kr] $5s^1 4d^{10}$
48	Cd	[Kr] $5s^2 4d^{10}$
49	In	[Kr] $5s^2 4d^{10} 5p^1$
50	Sn	[Kr] $5s^2 4d^{10} 5p^2$
51	Sb	[Kr] $5s^2 4d^{10} 5p^3$
52	Te	[Kr] $5s^2 4d^{10} 5p^4$
53	I	[Kr] $5s^2 4d^{10} 5p^5$
54	Xe	[Kr] $5s^2 4d^{10} 5p^6$
55	Cs	[Xe] $6s^1$
56	Ba	[Xe] $6s^2$
57	La	[Xe] $6s^2 5d^1$
58	Ce	[Xe] $6s^2 4f^1 5d^1$
59	Pr	[Xe] $6s^2 4f^3$
60	Nd	[Xe] $6s^2 4f^4$
61	Pm	[Xe] $6s^2 4f^5$
62	Sm	[Xe] $6s^2 4f^6$
63	Eu	[Xe] $6s^2 4f^7$
64	Gd	[Xe] $6s^2 4f^7 5d^1$
65	Tb	[Xe] $6s^2 4f^9$
66	Dy	[Xe] $6s^2 4f^{10}$
67	Ho	[Xe] $6s^2 4f^{11}$
68	Er	[Xe] $6s^2 4f^{12}$
69	Tm	[Xe] $6s^2 4f^{13}$
70	Yb	[Xe] $6s^2 4f^{14}$
71	Lu	[Xe] $6s^2 4f^{14} 5d^1$
72	Hf	[Xe] $6s^2 4f^{14} 5d^2$
73	Ta	[Xe] $6s^2 4f^{14} 5d^3$
74	W	[Xe] $6s^2 4f^{14} 5d^4$
75	Re	[Xe] $6s^2 4f^{14} 5d^5$
76	Os	[Xe] $6s^2 4f^{14} 5d^6$
77	Ir	[Xe] $6s^2 4f^{14} 5d^7$
78	Pt	[Xe] $6s^1 4f^{14} 5d^9$
79	Au	[Xe] $6s^1 4f^{14} 5d^{10}$
80	Hg	[Xe] $6s^2 4f^{14} 5d^{10}$
81	Tl	[Xe] $6s^2 4f^{14} 5d^{10} 6p^1$
82	Pb	[Xe] $6s^2 4f^{14} 5d^{10} 6p^2$
83	Bi	[Xe] $6s^2 4f^{14} 5d^{10} 6p^3$
84	Po	[Xe] $6s^2 4f^{14} 5d^{10} 6p^4$
85	At	[Xe] $6s^2 4f^{14} 5d^{10} 6p^5$
86	Rn	[Xe] $6s^2 4f^{14} 5d^{10} 6p^6$
87	Fr	[Rn] $7s^1$
88	Ra	[Rn] $7s^2$
89	Ac	[Rn] $7s^2 6d^1$
90	Th	[Rn] $7s^2 6d^2$
91	Pa	[Rn] $7s^2 5f^2 6d^1$
92	U	[Rn] $7s^2 5f^3 6d^1$

■問題

3.1 図 3.2 の表記法を用いて，ナトリウム $_{11}$Na，硫黄 $_{16}$S，クロム $_{24}$Cr，マンガン $_{25}$Mn の電子配置を書きなさい．

3.2 外殻の原子軌道において，s 軌道に 2 個，p 軌道に 2 個の電子をもつ原子をすべて列挙せよ．

3.3 外殻の原子軌道において，s 軌道に収容された電子数と d 軌道に収容された電子数の和が 10 となる原子をすべて列挙せよ．

第4章

元素の周期律

4.1　原子の分類

第3章の表3.2に示した原子の電子配置をよく観察すると，原子番号が1つ増えるごとに外殻の原子軌道の電子配置が規則的に変化していることがわかる．そして，その規則性は原子番号92のウラン U までに何度か現れる．たとえば，ホウ素 $_{5}$B からネオン $_{10}$Ne までは p 軌道の電子数が1つずつ増加しているが，同じ変化はアルミニウム $_{13}$Al からアルゴン $_{18}$Ar，ガリウム $_{31}$Ga からクリプトン $_{36}$Kr，タリウム $_{81}$Tl からラドン $_{86}$Rn の間でもみられる．このように，原子の電子配置には周期性がある．

ロシアの化学者**メンデレーエフ**（1834～1907年）は，元素の化学的性質を統一的に説明するために，元素を原子番号の順に並べてみた．すると，元素の性質に周期性が現れることを発見した．原子の電子配置を考えると元素の性質に周期性があることはごく当然のことであるが，当時はまだ電子配置は知られていなかった．メンデレーエフは**元素の周期表**を作成し，元素の周期性をわかりやすく説明しようと試みた．今日用いられている元素の周期表は，メンデレーエフが作成した周期表を改良したものである．

原子番号	元素記号[注1]
元素名	
原子量(2017)[注2]	

周期＼族	1	2	3	4	5	6	7	8	9	10	11	12	13	14	15	16	17	18	族／周期
1	1 H 水素 1.00784～1.00811																	2 He ヘリウム 4.002602	1
2	3 Li リチウム 6.938～6.997	4 Be ベリリウム 9.0121831											5 B ホウ素 10.806～10.821	6 C 炭素 12.0096～12.0116	7 N 窒素 14.00643～14.00728	8 O 酸素 15.99903～15.99977	9 F フッ素 18.998403163	10 Ne ネオン 20.1797	2
3	11 Na ナトリウム 22.98976928	12 Mg マグネシウム 24.304～24.307											13 Al アルミニウム 26.9815385	14 Si ケイ素 28.084～28.086	15 P リン 30.973761998	16 S 硫黄 32.059～32.076	17 Cl 塩素 35.446～35.457	18 Ar アルゴン 39.948	3
4	19 K カリウム 39.0983	20 Ca カルシウム 40.078	21 Sc スカンジウム 44.955908	22 Ti チタン 47.867	23 V バナジウム 50.9415	24 Cr クロム 51.9961	25 Mn マンガン 54.938044	26 Fe 鉄 55.845	27 Co コバルト 58.933194	28 Ni ニッケル 58.6934	29 Cu 銅 63.546	30 Zn 亜鉛 65.38	31 Ga ガリウム 69.723	32 Ge ゲルマニウム 72.630	33 As ヒ素 74.921595	34 Se セレン 78.971	35 Br 臭素 79.901～79.907	36 Kr クリプトン 83.798	4
5	37 Rb ルビジウム 85.4678	38 Sr ストロンチウム 87.62	39 Y イットリウム 88.90584	40 Zr ジルコニウム 91.224	41 Nb ニオブ 92.90637	42 Mo モリブデン 95.95	43 Tc* テクネチウム (99)	44 Ru ルテニウム 101.07	45 Rh ロジウム 102.90550	46 Pd パラジウム 106.42	47 Ag 銀 107.8682	48 Cd カドミウム 112.414	49 In インジウム 114.818	50 Sn スズ 118.710	51 Sb アンチモン 121.760	52 Te テルル 127.60	53 I ヨウ素 126.90447	54 Xe キセノン 131.293	5
6	55 Cs セシウム 132.90545196	56 Ba バリウム 137.327	57～71 ランタノイド	72 Hf ハフニウム 178.49	73 Ta タンタル 180.94788	74 W タングステン 183.84	75 Re レニウム 186.207	76 Os オスミウム 190.23	77 Ir イリジウム 192.217	78 Pt 白金 195.084	79 Au 金 196.966569	80 Hg 水銀 200.592	81 Tl タリウム 204.382～204.385	82 Pb 鉛 207.2	83 Bi* ビスマス 208.98040	84 Po* ポロニウム (210)	85 At* アスタチン (210)	86 Rn* ラドン (222)	6
7	87 Fr* フランシウム (223)	88 Ra* ラジウム (226)	89～103 アクチノイド	104 Rf* ラザホージウム (267)	105 Db* ドブニウム (268)	106 Sg* シーボーギウム (271)	107 Bh* ボーリウム (272)	108 Hs* ハッシウム (277)	109 Mt* マイトネリウム (276)	110 Ds* ダームスタチウム (281)	111 Rg* レントゲニウム (280)	112 Cn* コペルニシウム (285)	113 Nh* ニホニウム (278)	114 Fl* フレロビウム (289)	115 Mc* モスコビウム (289)	116 Lv* リバモリウム (293)	117 Ts* テネシン (293)	118 Og* オガネソン (294)	7

ランタノイド	57 La ランタン 138.90547	58 Ce セリウム 140.116	59 Pr プラセオジム 140.90766	60 Nd ネオジム 144.242	61 Pm* プロメチウム (145)	62 Sm サマリウム 150.36	63 Eu ユウロピウム 151.964	64 Gd ガドリニウム 157.25	65 Tb テルビウム 158.92535	66 Dy ジスプロシウム 162.500	67 Ho ホルミウム 164.93033	68 Er エルビウム 167.259	69 Tm ツリウム 168.93422	70 Yb イッテルビウム 173.045	71 Lu ルテチウム 174.9668
アクチノイド	89 Ac* アクチニウム (227)	90 Th* トリウム 232.0377	91 Pa* プロトアクチニウム 231.03588	92 U* ウラン 238.02891	93 Np* ネプツニウム (237)	94 Pu* プルトニウム (239)	95 Am* アメリシウム (243)	96 Cm* キュリウム (247)	97 Bk* バークリウム (247)	98 Cf* カリホルニウム (252)	99 Es* アインスタイニウム (252)	100 Fm* フェルミウム (257)	101 Md* メンデレビウム (258)	102 No* ノーベリウム (259)	103 Lr* ローレンシウム (262)

注1：元素記号の右肩の*はその元素には安定同位体が存在しないことを示す．そのような元素については放射性同位体の質量数の一例を（　）内に示した．ただし，Bi，Th，Pa，U については天然で特定の同位体組成を示すので原子量が与えられる．

注2：この周期表には最新の原子量「原子量表（2017）」が示されている．原子量は単一の数値あるいは変動範囲で示されている．原子量が範囲で示されている12元素には複数の安定同位体が存在し，その組成が天然において大きく変動するため単一の数値で原子量が与えられない．その他の72元素については，原子量の不確かさは示された数値の最後の桁にある．

備考：原子番号104番以降の超アクチノイドの周期表の位置は暫定的である．

図 4.1　元素の周期表

周期表の横の行を**周期**，縦の列を**族**という．たとえば，モリブデン $_{42}$Mo は第5周期，第6族の元素である．元素の周期表では，原子番号の順に元素が横に並び，価電子の電子配置が同じ元素は縦に並んでいる．

4.2 価電子

最外殻の原子軌道に収容されている電子を**価電子**という．価電子は原子核から一番遠い場所に位置しているので，原子核からのクーロン引力が最も弱く，容易に取り去ることができる．また，第5章で述べるように，化学結合をつくる際には，原子の表面に存在する価電子が重要な役割を果たす．したがって，価電子の電子配置（あるいは，その数）が同じ原子，すなわち元素の周期表で縦に並んだ原子は互いに似た化学的性質をもつことになる．なお，第18族元素（**貴ガス元素**）は化学結合をつくらないので，価電子数は0となる．

図4.2に原子番号の増加に伴う原子の価電子の数の変化を，図4.3には原子のイオン化エネルギーの変化を示す．いずれの変化においても周期性がある．また，両者の変化はよく似ていることがわかる．各周期において，第17族の**ハロゲン元素**までは原子番号が増えるごとに価電子の数は1つずつ増える．これに伴い，原子核の正電荷も大きくなるので，電子はより強く原子核に引き寄せられる．そのため，電子を取り去るのに要するエネルギー（**イオン化エネルギー**）は，一般的な傾向としては大きくなる．しかし，図4.3をよくみると，イオン化エネルギーの順番が逆転している場所や，イオン化エネルギーがほとんど変化しない場所があることがわかる．第2周期においてBeとBのイオン化エネルギーが逆転しているのは，Beの電子配置が$2s^2$であるのに対してBの電子配置は$2s^2 2p^1$であり，s軌道に比べてp軌道のほうがややエネルギー準位が高いからである．NとOの間の逆転は，3個のp軌道に電子がスピンをそろえて過不足なく1つずつ詰まったNの電子配置が両隣のCやOの電子配置に比べて安定だからである．一方，ScからCuにかけては，イオン化エネルギーはほとんど変化していない．これは，これらの原子では電子が内殻の3d軌道に詰まっていくためで，価電子の数が1または2から変化しないためである．

K殻, L殻, M殻

K殻（主量子数$n=1$）には1s軌道のみがあり，電子は2個まで収容される．L殻（$n=2$）には2s軌道と2p軌道があり，電子は8個まで収容される．M殻（$n=3$）では，3s軌道と3p軌道と3d軌道をあわせると計算上は全部で18個まで電子を収容できる．実際に原子軌道に電子が収容される順番は，M殻以上では主量子数の順番とは一致しなくなる．そのため，貴ガス元素のArの電子配置はM殻がすべて電子で満たされているわけではなく，同様にKrの電子配置はN殻がすべて電子で満たされているわけではない．

CrとCuの電子配置

CrとCuでは，5つの3d軌道の電子が1個あるいは2個ずつ詰まっている．このような電子配置は，3つのp軌道に電子が1個ずつ詰まったNの電子配置と同じく，安定である．そのため，Crでは本来であれば$4s^2 3d^4$となる電子配置が$4s^1 3d^5$となっている．同様に，Cuでは本来であれば$4s^2 3d^9$となる電子配置が$4s^1 3d^{10}$となっている．

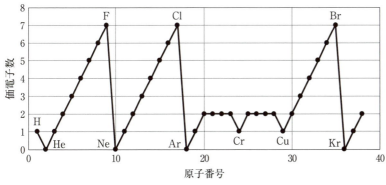

図4.2　価電子の数の周期性

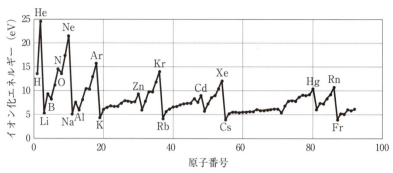

図 4.3　イオン化エネルギーの周期性

4.3　典型元素

周期表の第 1 族，第 2 族，第 12 族〜18 族の元素を，**典型元素**（main group elements）という．これらの元素の原子は，価電子が s 軌道あるいは s 軌道と p 軌道の両方に配置されていて，d 軌道や f 軌道に収容されている電子がないか，あるいはすべての d 軌道もしくは f 軌道が電子で満たされている．

第 1 族元素の原子は最外殻の電子配置が s^1 であり，電子を失って 1 価の陽イオンになりやすい（すなわちイオン化エネルギーが小さい）という共通の性質をもつ．水素を除く第 1 族元素を**アルカリ金属**という．アルカリ金属 M は，水素 H_2 を発生しながら水と激しく反応する．このとき生じる 1 価の水酸化物 MOH は強塩基性を示す．第 2 族元素の原子は最外殻の電子配置が s^2 であり，2 個の電子を失って 2 価の陽イオンになりやすい．第 2 族元素を**アルカリ土類金属**という（ベリリウム Be とマグネシウム Mg を除くこともある）．第 2 族の金属は，アルカリ金属より穏やかではあるが，水素を発生しながら水と反応し，2 価の水酸化物 $M(OH)_2$ となる．

第 12 族〜18 族元素の原子の最外殻の電子配置は s^2p^n（$n=0〜6$）であり，族番号とともに p 軌道の電子数が 1 ずつ増える．第 12 族元素では，価電子の電子配置が s^2p^0 であり，2 個の電子を失って 2 価の陽イオンになりやすい．第 13 族元素では，価電子の電子配置が s^2p^1 であり，第 2 周期の B を除いて 3 個の電子を失って 3 価の陽イオンになりやすい．

第 14 族〜第 17 族の元素は，共有結合によって分子性の化合物をつくりやすい．このうち，第 16 族元素（**カルコゲン元素**という）の原子は，基本的には 2 本の共有結合を形成するが，電子 2 個を受け取って 2 価の陰イオンとなることもできる．第 17 族元素（**ハロゲン元素**）の原子は，電子 1 個を受け取って 1 価の陰イオンとなりやすい．

第 18 族元素（**貴ガス元素**）の原子は，価電子数が 0 であり，化合物をつくらない．しかし，高周期の元素では XeF_2，XeF_4 などの分子性化合物をつくることが知られている．

イオン化エネルギー
(ionization energy, *IE*)
$M = M^+ + e^- - IE^1$
$M^+ = M^{2+} + e^- - IE^2$
原子（ガス状態）から電子を 1 つ取り去るにはエネルギーが必要である．このエネルギー IE^1 を第一イオン化エネルギー（あるいは単にイオン化エネルギー）という．生じた 1 価陽イオンからさらにもう 1 つの電子を取り出すにはより大きなエネルギーが必要であり，このエネルギー IE^2 を第二イオン化エネルギーという．$IE^1 < IE^2$．

第 14 族元素の性質

第 14 族元素は，炭素 C に代表されるように，4 本の共有結合を形成することができ，正四面体型（tetrahedral）の配位空間をとる．二重結合や三重結合を形成することも知られている．高周期の元素では，共有結合の数が 4 本より多かったり，少なかったりすることがある．

4.4 遷移元素

第 3 族〜第 11 族元素を**遷移元素**（transition elements）という．遷移元素では，族番号とともに d 軌道の電子数が増加する．遷移元素の価電子は最外殻の s 軌道に収容されている電子であり，その数は 1 あるいは 2 である．第 12 族元素を遷移元素に含めることもある．

第 3 族元素には，スカンジウム Sc とイットリウム Y，それにランタン La からルテチウム Lu までの 15 種類のランタノイドとアクチニウム Ac からローレンシウム Lr までの 15 種類のアクチノイドが含まれる．これらのうち，スカンジウムとイットリウムとランタノイドは，地殻中に少量含まれる金属の元素であり，これらを**希土類元素**（rare earth elements）という．希土類元素は，高性能・高機能の電子部品などの原材料として広く応用されている．第 5 周期，第 7 族のテクネチウム Tc は放射性同位体のみが知られており，人工的につくられた元素である．第 8 族，第 9 族，第 10 族の元素は周期表で隣り合うもの同士で，性質が似ている．そのため，第 4 周期の Fe と Co と Ni の 3 元素を**鉄族元素**，第 5 周期と第 6 周期の第 8 族，第 9 族，第 10 族の元素を総称して**白金族元素**とよぶことがある．第 11 族元素の Cu と Ag と Au は貴金属として装飾品や貨幣に利用されている（→第 30 章 30.1 節）．また，高い電気伝導性をもつため，電子部品の配線の材料としても用いられている．

4.5 ランタノイドとアクチノイド

これらの元素は，f 軌道に電子が順次詰まっていくので，f ブロック元素ともいう．周期表では，表の下に別に 2 行に並べられている．ランタノイドはプロメチウム Pm を除いて放射能（→第 1 章 1.6 参照）をもたない安定な元素であるが，アクチノイドはいずれも放射能をもつ元素である．

■問題

4.1 カルコゲン元素と貴ガス元素の電子配置を調べ，それぞれの共通点を述べよ．

4.2 次の元素が周期表のどこにあるかを探し，その場所からその元素の性質を予測せよ．
(a) Se (b) Xe (c) Cs (d) Ba (e) Pb (f) Cd (g) Zr (h) W

4.3 $_{18}$Ar と $_{19}$K のイオン化エネルギーを比べると，$_{18}$Ar のほうがはるかに大きい．これはなぜか．原子軌道のエネルギー準位と電子配置に基づいて説明せよ．

第 15 族元素の性質

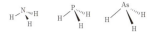

第 15 族元素は，基本となる共有結合の数は上図のように 3 本である．高周期になると，原子周りの結合角は次第に小さくなり，90 度に近くなる．

元素のブロック

元素を分類する際に，最後の電子が充塡された原子軌道のタイプによって分類することがある．たとえば，s 軌道に最後の電子が充塡される原子は s ブロック元素，p 軌道に最後の電子が充塡される原子は p ブロック元素に分類される．この方法に従うと，s ブロック元素は，第 1 族元素と第 2 族元素と He になる．p ブロック元素は He を除く第 13 族〜第 18 族の元素，d ブロック元素は第 3 族〜第 12 族の元素，f ブロック元素はランタノイドとアクチノイドということになる．

第2部
化学結合

第1部では，宇宙で誕生した原子がどのような構造をもち，どのような性質をもつのかを述べた．原子はその後，宇宙の温度が低下するに従って互いに集合して星（物質）を形づくることになる．原子が集まって物質をつくるとき，原子は自身がまとっている電子を利用して互いに結びつく．このようにして形成される原子同士をつなげる強い力を化学結合という．第2部では化学結合の種類とその性質について学習する．

原子が互いに近づくとき，初めに接するのは空間的に最も外側に位置する電子，すなわち価電子であるから，化学結合に関与するのは主に価電子である．原子核の近傍に存在する内殻電子は化学結合にはほとんど関与しないといってよい．したがって，価電子の数が化学結合の種類，すなわち物質を構成する原子の性質を規定していることになる．

第5章

化学結合の種類

自然界において原子が単独で存在することは，第18族の貴ガス元素を除くとまれである．通常は，原子は化学結合によって互いに強く結びついていて，分子やイオン結晶，金属結晶などの物質を構成する．化学結合の結合エネルギーは原子 1 mol 当たりおおよそ 100〜1000 kJ であり，結合の種類によって大きく異なる．化学結合を断ち切って原子をばらばらの状態にするためには大きなエネルギーが必要であり，物質を 1000℃ 以上の高温としたり，紫外線のような大きなエネルギーをもつ光を物質に当てたり，電気を通じたりする必要がある．本章では原子同士を結び付けている化学結合の種類について概観し，その特徴を理解する．それぞれの化学結合の詳細は，第6章〜第9章で詳しく述べる．

5.1 イオン結合

イオン結合は，正電荷をもった陽イオンと負電荷をもった陰イオンが静電引力（クーロン力）で結びついてできる強い化学結合である．イオン結合でできた物質は，多数の陽イオンと陰イオンが規則的に密集し，**イオン結晶**とよばれる固体となる．イオン結晶は，融点・沸点が高く，硬くて脆いという性質をもつ．また，固体状態では，イオンが移動できないので電気を通さないが，高温の液体状態（**溶融塩**）では，イオンが自由に動けるために電気がよく通る．

代表的なイオン結晶である塩化ナトリウム NaCl を例として，イオン結合の成り立ちと結晶の構造を見てみよう．NaCl は形式的には，ナトリウム原子が 3s 軌道に収容されている価電子を 1 個失って生じるナトリウムイオン Na^+ と，塩素原子がナトリウム原子から放出された電子をその 3p 軌道に捕獲して生じる塩化物イオン Cl^- が静電引力で結合してできた物質と考えることができる．

$$Na(g) \rightarrow Na^+(g) + e^- \tag{5.1}$$
$$Cl(g) + e^- \rightarrow Cl^-(g) \tag{5.2}$$
$$Na^+(g) + Cl^-(g) \rightarrow NaCl(s) \tag{5.3}$$

式 5.1 の反応熱（吸熱）は Na の**イオン化エネルギー**（ionization energy）に相当する（→第4章4.2節，第6章6.1節）．一方，式 5.2 の反応熱（発熱）は Cl の**電子親和力**（electron affinity）に相当する（→第6章6.2節）．生じた気体状態の Na^+ と Cl^- が近づくとイオン結合を形成して固体となる（式 5.3）．このときの反応熱（発熱）を NaCl の**格子エネルギー**（→第6章6.5節）といい，このエネルギーがイオン結合の結合エネルギーに相当する．NaCl の格子エネルギーは 786 kJ/mol である．

NaCl の結晶を構成する Na^+ と Cl^- は，いずれも電子配置が貴ガス元素と同じであり，最外殻の s 軌道と p 軌道に収容された電子の合計が 8 個である．このように s 軌道と p 軌道に電子が過不足なく詰まった電

イオン結合
価電子は片方の原子からもう一方の原子に完全に移動しており，電子は共有されていない．

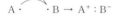

イオン結晶の融点と格子エネルギー

化合物	融点(℃)	格子エネルギー(kJ/mol)
NaF	993	924
NaCl	801	786
NaBr	747	751
NaI	661	702
LiCl	605	858
KCl	770	717
RbCl	718	692
AgCl	455	916
MgCl$_2$	714	2747
CaCl$_2$	772	2489
SrCl$_2$	874	2386
MgO	2852	3760

塩化ナトリウム NaCl の構造

イオン液体
イオン結晶は高温にすると液体となるが，通常は固体として存在する．しかし，ある種のイオン化合物は常温・常圧において液体で存在する．このような化合物をイオン液体という．イオン液体は，電気を通し揮発性が低いなど独特の性質をもつことから，特殊溶媒や機能性電解質としての用途が研究されている．

子配置は安定であり，典型元素の原子はこのような電子配置を取ろうとする性質がある．たとえば，第 2 族元素のマグネシウムの原子は電子 2 個を失って 2 価陽イオンであるマグネシウムイオン Mg^{2+}，第 13 族元素のアルミニウムの原子は電子 3 個を失って 3 価陽イオンであるアルミニウムイオン Al^{3+} を生じる．第 16 族の硫黄は電子 2 個を受け取って 2 価陰イオンである硫化物イオン S^{2-} を生じる．これらのイオンはイオン結合によって互いに結合して，塩化マグネシウム $MgCl_2$，塩化アルミニウム $AlCl_3$，硫化ナトリウム Na_2S など，様々なイオン結晶となる．

5.2 共有結合

2 個の原子が互いの価電子を出し合って，その電子を共有することでできる化学結合を共有結合という．電子 1 個ずつを出し合い計 2 個の電子を共有してできる結合を **単結合**，電子 2 個ずつを出し合い 4 個の電子を共有してできる結合を **二重結合**，電子 3 個ずつを出し合い 6 個の電子を共有してできる結合を **三重結合** という．共有結合は水素及び第 14 族〜第 17 族の典型元素（非金属元素）の原子同士が近づくときに形成される．

共有結合で原子が結合すると，分子を生じる．分子は 2 個以上の原子からなる電気的に中性な原子の集まりである．分子量の小さな分子の集団は気体となり，分子量が大きくなると，液体や固体となる．分子が規則正しく配列してできる固体（**分子結晶**）は，融点が低く，一般に常圧で加熱すると液体となるが，液体を経ずに固体から直接気体となる（昇華する）ものもある．また，分子量が 10,000 以上の分子は高分子とよばれ，分子が規則正しく配列することができずに無定形固体（**アモルファス**）となる．ダイヤモンド C や水晶 SiO_2 のように 1 個の分子が目に見えるほど大きな結晶をつくっているものもある．これを **共有結合の結晶** という．ダイヤモンドや水晶は，きわめて硬く，電気を通さないという性質をもつ．

共有結合の結合エネルギーは大きく，この結合を切断するためには大きなエネルギーを必要とする．最も単純な分子である水素分子 H_2 を例として，共有結合ができる仕組みを説明しよう．

2 個の水素原子が近づくと，それぞれの原子の 1s 軌道に入った電子同士は相互作用を及ぼし合う．このとき，一見すると電子はクーロン力によって反発し合い，水素原子同士は近づかないように思うかもしれない．しかし実際には，正電荷をもつ 2 個の水素原子の原子核が負電荷をもつ 2 個の電子を共有することで生じる静電引力の方が，電子間の静電反発力より勝り，その結果，2 個の水素原子の間には互いに近づこうとする力が働く．ただし，原子同士が近づきすぎると，原子核間の静電反発力が大きくなり，原子は互いに遠ざかろうとする．それゆえ，2 個の水素原子はある距離で最もエネルギーの安定な状態となる．この距離を

イオンの電子配置

$Na \underset{2s}{↑↓} \underset{2p}{↑↓↑↓↑↓} \underset{3s}{↑} \xrightarrow{-e^-} Na^+ \underset{2s}{↑↓} \underset{2p}{↑↓↑↓↑↓}$

$Mg \underset{2s}{↑↓} \underset{2p}{↑↓↑↓↑↓} \underset{3s}{↑↓} \xrightarrow{-2e^-} Mg^{2+} \underset{2s}{↑↓} \underset{2p}{↑↓↑↓↑↓}$

$Cl \underset{3s}{↑↓} \underset{3p}{↑↓↑↓↑} \xrightarrow{+e^-} Cl^- \underset{3s}{↑↓} \underset{3p}{↑↓↑↓↑↓}$

$S \underset{3s}{↑↓} \underset{3p}{↑↓↑↑} \xrightarrow{+2e^-} S^{2-} \underset{3s}{↑↓} \underset{3p}{↑↓↑↓↑↓}$

単原子イオンの電子配置は貴ガス元素の電子配置と同じになる．上図では，内殻の電子は省略して示してある．

共有結合

価電子を互いに出し合って共有する．

$A \cdot \curvearrowright \cdot B \rightarrow A : B$

共有結合の結合距離と結合エネルギー

結合	結合距離 (Å)	結合エネルギー (kJ/mol)
H−H	0.74	436
C−C	1.54	344
N−N	1.45	161
O−O	1.5	143
Cl−Cl	1.99	243
Br−Br	2.28	193
I−I	2.67	151
C−H	1.09	415
N−H	1.02	391
O−H	0.95	463
C=C	1.34	615
C≡C	1.20	812
C−O	1.43	350
C=O	1.21	725
O=O	1.21	498
N≡N	1.10	942
C≡N	1.16	791

この表では代表的な値を示してあり，正確な値は化合物によって若干異なる．

H_2 分子の共有結合

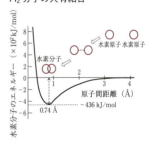

共有結合の**結合距離**といい，このとき得られたエネルギーの安定化量が**結合エネルギー**に相当する．H₂分子の結合距離は 0.74 Å であり，結合エネルギーは 436 kJ/mol である．

共有結合を表すには，共有された電子対を—や：の記号で表す．たとえば，H₂分子は H—H や H：H のように表記する．このとき，共有結合に関与していない価電子（**孤立電子対**，もしくは**ローンペア** lone pair）を対として明記することもしばしばある．このような表記を用いることで，原子が貴ガス元素の原子の電子配置と同じになろうとする性質をもっていることが理解できる．たとえば，H₂ では各水素原子の周りには電子 2 個が存在することになり，これはヘリウム原子の電子配置と同じである．以下に共有結合でできた代表的な分子の構造式を示す．

H—H	H—O—H	H—N—H（H）	H—C—H（H,H）	O=O	N≡N
H:H	H:Ö:H	H:N:H（H）	H:C:H（H,H）	:Ö::Ö:	:N:::N:
水素	水	アンモニア	メタン	酸素	窒素

金属結合

すべての原子が価電子を出し合い，その電子をすべての原子で共有する．

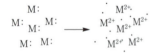

金属の融点と気化熱

金属	融点 (℃)	気化熱 (kJ/mol)
Li	181	158
Na	98	108
K	64	90
Rb	39	82
Cs	28	78
Mg	650	146
Ca	842	178
Ba	729	181
Al	660	324
Zn	420	130
Hg	−39	64
Sn	232	302
Pb	328	196
Cr	1857	395
Mn	1246	279
Fe	1536	414
Cu	1085	337
Ag	961	284
Pt	1769	564
Au	1064	366

5.3　金属結合

金属元素の原子は，価電子を放出して陽イオンとなりやすい．このような金属原子が互いに近づくとき，放出された電子はどのようなふるまいをするのだろうか．イオン結合では，ある原子から放出された電子は別の原子に捕獲されて陽イオンと陰イオンが生じ，これらが結合することでイオン結晶を形成した．共有結合では，放出された電子を 2 個の原子が共有して分子をつくり，各原子は貴ガス元素の原子と同じ電子配置をとることで安定化した．しかし，金属原子同士が近づくときには，放出された電子の受け手となる原子がないために，電子は行き場を失い，空間をさまようことになる．このような電子を**自由電子**という．自由電子は，金属イオンからの静電引力が作用するために完全に自由というわけではないが，金属イオンの間を縫ってかなり自由に動くことができる．これを別の見方をすると，金属結晶では，原子から放出された価電子をすべての原子が共有することで原子同士が近づいていることになる．このような金属原子同士の化学結合を**金属結合**という．

金属結合でできた物質は自由電子をもつため熱や電気がよく通る．また，光沢をもち，延性や展性を示す．金属結合の結合エネルギーは金属の気化熱におおよそ相当する．アルカリ金属は気化熱（すなわち結合エネルギー）が小さく，加熱すると容易に液体になる．また，水銀は気化熱が極端に小さく，常温で液体の金属である．

5.4 その他の化学結合

化学結合には，基本となるイオン結合，共有結合，金属結合以外にも，特殊な結合様式をもつものがいくつか知られている．その中の代表的なものに，配位結合と3中心2電子結合がある．

配位結合は，アンモニウムイオン（NH_4^+）やヒドロニウムイオン（H_3O^+），金属の錯イオン（$[Cu(NH_3)_4]^{2+}$ など）でみられる化学結合で，形式的には1つの原子から電子2個が供与され，これを別の原子と共有することでできる化学結合である．電子を供与する側の原子（ドナー）の非共有電子対（ローンペア）が電子を受け取る側の原子（アクセプター）の空軌道（電子が1つも入っていない原子軌道）に配位するので，配位結合とよばれる．配位結合と共有結合は，共有される電子対のもともとの帰属が異なるが，できた結合は電子対が共有されている点において本質的には同じである．

ヒドロニウムイオン
（三角ピラミッド形）

アンモニウムイオン
（正四面体形）

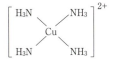
テトラアンミン銅（II）イオン
（正方形）

3個の原子で電子2個を共有してできる結合を，**3中心2電子結合**（3-centered-2-electron bond）という．この結合様式をもつ代表的な化合物はジボラン B_2H_6 である．2個のホウ素原子は水素原子を介して，折れ曲がったB—H—B 3中心2電子結合で結合している．結合1個あたり1個の電子しか共有されていないので，3中心2電子結合は共有結合に比べると結合エネルギーが約半分と考えられる．

ジボランの構造

■問題

5.1 硫化マグネシウム MgS を構成する陽イオンと陰イオンは，それぞれどの貴ガス元素の原子と電子配置が同じになっているか．

5.2 水素原子と酸素原子または窒素原子が共有結合して，水分子 H_2O またはアンモニア分子 NH_3 ができるときの反応式を，各原子の価電子を明示して書きなさい．

5.3 金属の融点と気化熱にはどのような関係があるか．その理由を含めて説明しなさい．

5.4 ボラン BH_3 とアンモニア NH_3 が配位結合して錯体 BH_3—NH_3 ができるときの反応式を，価電子を明示して書きなさい．できた錯体中で，各原子はどの貴ガス元素の原子と同じ電子配置となっているか．

5.5 イオン結合，共有結合，金属結合のそれぞれの特徴をまとめなさい．

配位結合
片方の原子から電子2個が供与される．

$A: \curvearrowright B \rightarrow A:B$

化学式
物質を表すのに，それを構成する元素の元素記号を用いて表したものを化学式という．化学式には様々な種類がある．イオン化合物や金属では，それを構成する元素の組成（原子数の比）を用い，これを組成式という．共有結合でできた物質の場合は，一般に分子式（1つの分子を構成する原子の数を並べたもの）を用いる．

組成式の例
    塩化カリウム　KCl
    金　　　　　　Au
    黒鉛　　　　　C

分子式の例
    塩素　　　　　Cl_2
    塩化水素　　　HCl
    メタン　　　　CH_4
    エタノール　　C_2H_6O

化学反応式の書き方
反応物1＋反応物2＋…
　→ 生成物1＋生成物2＋…

矢印の上または下に触媒，溶媒，反応温度，圧力などを記入することがある．

第6章

イオン結合

第5章で述べたように，正電荷をもつ陽イオンと負電荷をもつ陰イオンがクーロン引力で引き合うことで生じる化学結合を**イオン結合**という．本章では，イオン結合とイオン結合でできた物質（**イオン結晶**）について，詳しく見ていこう．

6.1 イオン化エネルギー　Ionization Energy

原子や分子から電子を1個とり去ると，1価の陽イオンを生じる．このとき必要となるエネルギーを**イオン化エネルギー**（IE）という．いま，原子 A から電子を1個とり去って陽イオン A^+ が生じる反応を考える（式6.1）．この反応は吸熱反応であり，反応熱の絶対値がイオン化エネルギー（IE_A）に相当する．イオン化エネルギーが小さい原子ほど陽イオンになりやすく，そのような原子は陽性が強いという（→第4章4.2節）．第1族，第2族の金属元素は特に陽イオンになりやすく陽性が強い．

$$A(g) = A^+(g) + e^- - IE_A \tag{6.1}$$

6.2 電子親和力　Electron Affinity

式6.1の反応とは逆に，原子や分子に電子を1個結合させると，1価の陰イオンが生じ，このときエネルギーが放出される．このとき放出されるエネルギーを**電子親和力**（EA）という．原子 B が電子1個をとり入れると陰イオン B^- が生じる．この反応は一般に発熱反応であり，反応熱が電子親和力（EA_B）である．電子親和力が大きい原子ほど陰イオンになりやすく，陰性が強い．第16族（カルコゲン），第17族（ハロゲン）などの非金属元素の原子は陰イオンになりやすく，陰性が強い．

$$B(g) + e^- = B^-(g) + EA_B \tag{6.2}$$

6.3 イオン半径

原子が陽イオンになると，正電荷をもつ原子核がひきつける電子の数が減るので，原子の大きさはもとの原子よりやや小さくなる．反対に原子が陰イオンになると，原子核がひきつける電子の数が増えるので，原子の大きさはもとの原子よりも大きくなる．同じ価数のイオンで比べると，高周期元素のイオンほどイオン半径は大きくなる．

それぞれの原子のイオン半径は直接測定することができないので，イオンを剛体球と考え，次のようにして経験的にイオン半径が求められている．まず，ある化合物（イオン結晶）の陽イオンと陰イオンの原子間距離（原子核間の距離）を精密に測定し，その距離を陽イオンの半径と陰イオンの半径の和とする．次に，同様の測定を様々なイオン結晶で行い，すべてのイオンについてつじつまが合うようにイオン半径を決定する．このようにして求められたイオン半径の値（表6.1）には，多少の誤差が含まれ，配位数によっても変化する．

定義
イオン化エネルギー
　IE = 気体状の原子（または分子）から電子を1個とるのに必要なエネルギー
電子親和力
　EA = 気体状の原子（または分子）が電子を1個とり入れたときに放出するエネルギー

イオン
電荷をもつ原子や原子の集まり（原子団）をイオンという．中性の原子や分子が電子を放出して正電荷を帯びると陽イオンとなり，電子を受け取って負電荷を帯びると陰イオンとなる．このとき放出した，もしくは受け取った電子の数を，そのイオンの価数という．単原子イオンの化学式は，元素記号の右肩に価数（1の場合は省略）と電荷の正負の区別をあわせて記載したイオン式で表す．

単原子イオンの例
　1価陽イオン：H^+, Na^+, K^+
　2価陽イオン：Mg^{2+}, Ca^{2+}
　1価陰イオン：F^-, Cl^-
　2価陰イオン：O^{2-}, S^{2-}

電荷をもつ2つ以上の原子の集団（原子団）を多原子イオンという．元素記号を書く順番は，その原子団の化学的な構造や性質を反映している．

多原子イオンの例
　アンモニウムイオン：NH_4^+
　ヒドロニウムイオン：H_3O^+
　水酸化物イオン：OH^-
　硝酸イオン：NO_3^-
　酢酸イオン：CH_3COO^-
　硫酸イオン：SO_4^{2-}
　硫酸水素イオン：HSO_4^-
　炭酸イオン：CO_3^{2-}

表 6.1 イオン半径の値（単位：nm）

Li⁺	Be²⁺	B³⁺	N³⁻ (N⁵⁺)	O²⁻	F⁻
0.090	0.059	0.025	0.132 (0.027)	0.126	0.119
Na⁺	Mg²⁺	Al³⁺	P³⁻ (P⁵⁺)	S²⁻	Cl⁻
0.116	0.086	0.068	0.058 (0.031)	0.170	0.167
K⁺	Ca²⁺	Ga³⁺	As³⁻ (As⁵⁺)	Se²⁻	Br⁻
0.152	0.114	0.076	0.072 (0.060)	0.184	0.182
Rb⁺	Sr²⁺	In³⁺	Sb³⁻ (Sb⁵⁺)	Te²⁻	I⁻
0.166	0.132	0.094	0.090 (0.074)	0.207	0.206

6.4 イオン結晶

金属元素と非金属元素からなる物質の多くはイオン結合でできており，固体状態では陽イオンと陰イオンが3次元的に規則正しく配列している．このような固体をイオン結晶という．鉱物や宝石などの多くは，実際にイオン結晶である．代表的なイオン結晶の構造を図6.1に示す．

閃亜鉛鉱型構造（AB型）

塩化ナトリウム型構造（AB型）

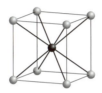
塩化セシウム型構造（AB型）

蛍石型構造（AB₂型）

ルチル型構造（AB₂型）

ペロブスカイト型構造（ABX₃型）

● 陽イオン
○ 陰イオン

図 6.1 イオン結晶の代表的な結晶構造

通常は陽イオンよりも陰イオンのほうが大きいので，イオン結晶では陰イオンの隙間に陽イオンが入るとみなせる．その際にどのような結晶構造で陽イオンと陰イオンが配列するか，また，陽イオンの周囲にいくつの陰イオンが最近接するかは，陽イオンと陰イオンの半径の比 (r_+/r_-) と価数の比 (z^+/z^-) でおおよそ決まる．一般に，電荷の比が1のとき，イオン半径の比 (r_+/r_-) が大きいほど陽イオンの周囲の陰イオンの数（配位数）が大きくなる．

塩化ナトリウム型構造で陽イオンを小さくしていくと陰イオン同士が互いに接するようになり，不安定な構造となる（図6.2）．このとき $2r_+ + 2r_- = \sqrt{2} \times 2r_-$ の関係があるので，限界のイオン半径比は $r_+/r_- = 0.414$ となる．配位数は6であるが，イオン半径比 r_+/r_- が0.414より小さくなると配位数が6から4になる．陽イオンと陰イオンが1：1の割合で形成されるイオン結晶（$z^+/z^- = 1$）については，イオンの配位数とイオン半径比は表6.2のようになる．

イオンを含む反応式の書き方
反応に関与するイオンをイオン式で示した反応式をイオン反応式という．イオン反応式では，左右両辺で各元素の原子数が等しいだけでなく電荷の総和も等しくなる．

イオン反応式の例
Na⁺ + Cl⁻ → NaCl
H⁺ + OH⁻ → H₂O
Zn → Zn²⁺ + 2e⁻

鉱物や宝石
ルビー・サファイア
　（コランダム，α-Al₂O₃）
エメラルド
　（ベリル，Be₃Al₂Si₆O₁₈）
キャッツアイ
　（クリソベリル，BeAl₂O₄）
トパーズ（Al₂SiO₄(F, OH)）
ひすい輝石（NaAlSi₂O₆）
ペリドット
　（オリビン，(Mg, Fe)₂SiO₄）
孔雀石（マラカイト）
　（Cu₂(CO₃)(OH)₂）
水晶（SiO₂）
辰砂（硫化水銀，HgS）
黄鉄鉱（パイライト，FeS₂）

宝石の色や輝きは微量に含まれる金属イオンや不純物に由来することが多い．

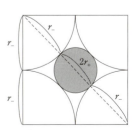

図 6.2 塩化ナトリウム型構造での限界イオン半径比の算出

表6.2 イオン半径比と配位数の関係（$z^+/z^-=1$）

配位数*	イオン半径比 r_+/r_-	陰イオンと陽イオンの模式図	結晶の型	イオン結晶の例
12	>1	○●		
8	0.732〜1	○●	塩化セシウム型構造	CsCl
6	0.414〜0.732	○●	塩化ナトリウム型構造	NaCl
4	0.225〜0.414	○●	閃亜鉛鉱型構造	ZnS
3	0.155〜0.225	○●		

*陽イオンと陰イオンの数が等しいので，配位数は陽イオンから見ても陰イオンから見ても同じになる．

6.5 格子エネルギー

1 mol のイオン結晶のイオン結合を切断して気体状態の孤立したイオンにするのに必要なエネルギーを**格子エネルギー**という（→第5章5.1節）．格子エネルギーを直接測定して求める方法はないので，図6.3に示す化学変化にともなう反応熱の出入り（エンタルピーの変化量 ΔH）（→第11章）を記載した図を用いて間接的に求める．図6.3をボルン-ハーバーサイクルといい，反応の前後の状態が同じであれば反応熱（ΔH）が同じであるというエネルギー保存則（ヘスの法則）（→第11章）に基づくものである．上向きの矢印は外部から物質（系）へ熱が加わる（物質（系）が吸熱する）こと，下向きの矢印は物質（系）から外部へ熱が逃げる（物質（系）が発熱する）ことを表す．

図6.3からNaCl結晶の格子エネルギーを求めると，763 kJ/mol となる（これは298 Kでの値で，実際には0 Kに補正するので0〜10 kJ/mol程度の差が生じる）．すなわち，気体状態の Na^+ と Cl^- が近づいてイオン結合を形成して固体のNaClとなるとき，格子エネルギーに相当するエネルギーが放出されて安定化することになる．

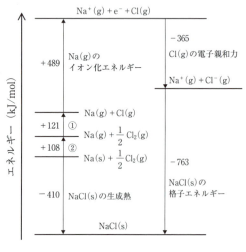

① $Cl_2(g)$ の結合エネルギーの半分の値
② Na(s)の昇華熱

図6.3 NaCl結晶の生成におけるボルン-ハーバーサイクル

6.6 格子エネルギーの計算 発展

格子エネルギーはイオン間に働く相互作用のポテンシャルエネルギーをもとに計算することもできる．まず，クーロン力に基づく相互作用について考える．価数 z^+ の陽イオンと電荷 z^- の陰イオンの間の距離を r_{+-} とすると，クーロン引力によるポテンシャルエネルギーは，

$$V = -\frac{1}{4\pi\varepsilon_0}\frac{z^+z^-e^2}{r_{+-}}$$

と表せる（ε_0：真空の誘電率，z^+：陽イオンの価数，z^-：陰イオンの価数，e：電子の電荷（電気素量））．NaCl 結晶の場合に，最近接の Na^+ と Cl^- 間の距離（単位格子の 1 辺の半分の値）を r_0 とすると，ある Na^+ には，r_0 だけ離れた 6 個の Cl^- のクーロン引力によるポテンシャルエネルギー，その向こう側に近接している 12 個の Na^+ によるクーロン斥力によるポテンシャルエネルギー，…をすべて足し合わせたポテンシャルエネルギーが働く．したがって，NaCl 結晶全体のクーロン相互作用のポテンシャルエネルギー（マーデルングエネルギー）を求めると，

$$V = V_1 + V_2 + V_3 + \cdots = \left(-6 + \frac{12}{\sqrt{2}} - \frac{8}{\sqrt{3}} + \cdots\right) \times \frac{1}{4\pi\varepsilon_0}\frac{e^2}{r_0}$$

$$= \frac{M}{4\pi\varepsilon_0}\left(\frac{e^2}{r_0}\right)$$

となる．M をマーデルング定数といい，種々の結晶構造の型について求められている（表 6.3）．このエネルギー V は引力的相互作用を表すが，陽イオンと陰イオンが近づきすぎると安定な閉殻電子構造になったイオン間に斥力が働くので，その影響を考慮すると，全ポテンシャルエネルギーとして

$$V_{\text{total}} = \frac{N_A M z^+ z^-}{4\pi\varepsilon_0 r_0}\left(1 - \frac{1}{n}\right)$$

が得られる．これをボルン-ランデの式という．n の値には経験的に，He，Ne，Ar，Kr，Xe と同じ電子配置をもつイオンについて，それぞれ 5，7，9，10，12 を用いる．陽イオンと陰イオンの電子配置が異なる場合は平均値を n として用いる．この式から，格子エネルギーは，イオンの価数が増加するほど，イオン半径が小さい（r_0 が小さい）ほど大きくなることがわかる．

■問題

6.1 塩化セシウム型構造における限界イオン半径比を求めなさい．

6.2 閃亜鉛鉱型構造における限界イオン半径比を求めなさい．

マーデルングエネルギーの導出

NaCl 結晶の場合に，最近接の Na^+ と Cl^- 間の距離（格子定数の半分の値）を r_0 とすると，ある Na^+ は r_0 だけ離れた 6 個の Cl^- で囲まれているので，ポテンシャルエネルギーの和は

$$V_1 = 6 \times \left(-\frac{1}{4\pi\varepsilon_0}\frac{e^2}{r_0}\right)$$

と表せる．次に近接しているイオンは，$\sqrt{2}r_0$ だけ離れた 12 個の Na^+ なので，Na^+ 同士に働くポテンシャルエネルギーは

$$V_2 = 12 \times \left(+\frac{1}{4\pi\varepsilon_0}\frac{e^2}{\sqrt{2}r_0}\right)$$

と表せる．次に近接しているのは $\sqrt{3}r_0$ だけ離れた 8 個の Cl^- であり，イオン間に働くポテンシャルエネルギーは

$$V_3 = 8 \times \left(-\frac{1}{4\pi\varepsilon_0}\frac{e^2}{\sqrt{3}r_0}\right)$$

である．NaCl 結晶全体の引力的相互作用のポテンシャルエネルギー（マーデルングエネルギー）はこれらの和として，

$$V = V_1 + V_2 + V_3 + \cdots$$
$$= \left(-6 + \frac{12}{\sqrt{2}} - \frac{8}{\sqrt{3}} + \cdots\right)$$
$$\times \frac{1}{4\pi\varepsilon_0}\frac{e^2}{r_0} = \frac{M}{4\pi\varepsilon_0}\left(\frac{e^2}{r_0}\right)$$

と求められる．

表6.3 マーデルング定数

結晶の型	$-M$
閃亜鉛鉱型	1.638
塩化ナトリウム型	1.748
塩化セシウム型	1.763
蛍石型	2.519
ルチル型	2.408

第 7 章

共有結合 1

7.1 二原子分子（水素分子）

共有結合は，不対電子をもつ原子が互いの電子雲を重ねて電子対をつくり，それを共有することによって生成する結合である（→第 5 章 5.2 節）．電子を受け取りやすい非金属元素の原子同士で形成される傾向がある．実際には図 7.1 のように，2 個の原子が近づくと各原子の電子雲が重なり，原子間に高電子密度領域が生じる．この高電子密度領域は負電荷をもつため，2 つの正電荷をもつ原子核の間に存在することで仲立ちとなり，原子核同士がエネルギー的に安定になる距離（平衡核間距離）まで近づいて存在することが可能となる．これを単純化して表現すると，"原子間で電子を共有して結合を形成する" ということになり，H_2 分子であれば H−H や H:H のように表す．共有結合については，電子密度の高い場所が化学結合の存在する場所であるといえる．

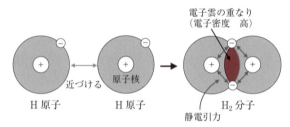

図 7.1　共有結合のイメージ

共有結合は，結合エネルギーが概ね 400 kJ/mol と大きく，強い結合である（→第 5 章 5.2 節）．共有結合で分子が生じる場合は，分子同士を結びつける分子間力（ファンデルワールス力，水素結合など）は，共有結合に比べて非常に弱い．このことが分子性物質の性質を特徴づける一因となっている（→第 10 章 10.1 節）．ダイヤモンドやケイ素，石英（二酸化ケイ素）など，共有結合のみで構成される物質では，物質の性質は共有結合が強い結合であることを反映したものとなる（→第 8 章 8.4 節）．

現在では，共有結合の理論的な扱いは分子軌道法（→第 8 章 8.1 節）によって行われることが多い．分子軌道法を用いると，数学的に分子（の中の電子）のエネルギーを求めることができ，分子の電子物性（色，スペクトルなど）や反応性を説明・予測することが可能となる．しかし，計算から得られる分子軌道の形状は実際の分子の形からかけ離れていることが多い．このような場合，古典的な原子価結合法に基づく混成軌道の概念（→第 8 章 8.2 節）が有用であり，有機化合物を中心とした比較的電子数の少ない原子から構成される分子の形状を表現するのに広く用いられている．

分子説

ドルトン (1766-1844) は「すべての物質はそれ以上分割できない最少粒子（原子）からできている」という原子説を提案した（1803 年）．またゲーリュサックは「気体同士が反応するとき，それらの体積は簡単な整数比で表される」という気体反応の法則を見出した（1808 年）．この気体反応の法則を説明するために，アボガドロは「気体は何個かの原子が結合した分子からなり，同温・同圧・同体積の気体には種類に関係なく同数の分子が含まれる」という分子説を提唱した（1811 年）．これはその後の研究により正しいことが認められ，アボガドロの法則とよばれている．

構造式の書き方

共有結合でできている分子は，共有電子対を結合線 "—" で表して元素記号の間に表記する．水素分子 H_2 は共有電子対が 1 つなので，H−H と表す．二酸化炭素分子 CO_2 は共有電子対を 2 つずつもつので，O=C=O と表す．窒素分子 N_2 では，共有電子対が 3 つなので，N≡N と表す．

これらの分子を電子式で表すと，すべての電子を・で表すので共有電子対だけでなく非共有電子対（ローンペア）も含めて，それぞれ

H:H　:Ö::C::Ö:　:N⋮⋮N:

と表される．

7.2 多原子分子

水や二酸化炭素など3つ以上の原子が共有結合して形成される分子も数多く存在し，多原子分子とよばれる．多原子分子では，多くの場合，分子内の各原子は電子を共有することで安定な閉殻構造になっている．すなわち，各原子の最外殻電子数は共有電子対と非共有電子対の電子数を足して8個（水素のみ2個）となり，オクテット則を満たしている．

二原子分子は必ず直線状の分子になるが，多原子分子の形状にはいくつかの種類がある．それを簡便に判断するには，電子対反発モデル（原子価殻電子対反発モデル：VSEPRモデル）で考えるとよい．これは，「ある原子の周囲に存在する共有電子対・非共有電子対などの高電子密度領域は，互いの反発を避けるため，互いに遠くなる方向に配置する」というものである．

> **オクテット則**
> 最外殻電子数が8個（水素の場合は2個）となるように結合が生じるという経験則．八隅説ともいう．共有結合性の化合物だけでなく，NaClなどのイオン結合や，原子価の値についても説明できる．オクテット則はあくまで経験に基づく法則であり，これに従わない化合物も数多く知られている．

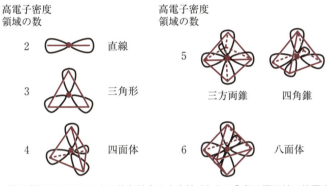

図 7.2　電子対反発モデルによる共有結合の方向性（中央の●印は原子核の位置を示す）

たとえば水 H_2O の場合，1つのO原子と2つのH原子の間に形成される共有電子対が2つあり，さらにO原子には非共有電子対が2つあり，計4つの高電子密度領域（電子対）がある．これら4つの電子対は反発を最小にするよう，図7.2からわかるようにO原子を中心として四面体の頂点方向を向く四面体型の配置になる（図7.3左）．4つの電子対のうち原子が結合しているのは2つなので，水分子の形状は折れ線型（図7.3右）になる．

共有結合が方向性をもつことはイオン結合とは大きく異なる点である．共有結合が方向性をもつため，それによって形成される分子が固有の3次元的な形状をもち，分子の極性の有無（→第7章7.5節）や水素結合（→第10章10.1節）の形成とも関連してくる．

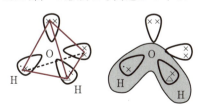

図 7.3　水分子の形状

7.3 電気陰性度

原子が結合に関わる電子を引き付ける能力を**電気陰性度**といい，原子の種類によって異なり，相対的な値として定義される．マリケンの定義では元素 A の電気陰性度は，$\chi_A = \frac{1}{2}(EA_A + IE_A)$ で定義される（EA_A：A の電子親和力，IE_A：A のイオン化エネルギー）．ポーリングの定義では，元素 A と B の電気陰性度の差を $|\chi_A - \chi_B| = 0.102 \times \{\Delta E\}^{1/2}$ とする（$\Delta E = E(A-B) - \frac{1}{2}\{E(A-A) + E(B-B)\}$，$E(A-B)$：A−B 結合エネルギー）．現在ではポーリングの電気陰性度の値がよく使われる（表7.1）．貴ガス元素の原子については，電気陰性度は定義されない．

表 7.1 周期表（第三周期まで）と電気陰性度（ポーリング）の値

H 2.2							He —
Li 1.0	Be 1.6	B 2.0	C 2.6	N 3.0	O 3.4	F 4.0	Ne —
Na 0.9	Mg 1.3	Al 1.6	Si 1.9	P 2.2	S 2.6	Cl 3.2	Ar —

7.4 結合の分極と双極子モーメント

> **双極子モーメント**
> 双極子モーメントの単位は，C m である．提唱者デバイの名にちなんで D（デバイ）という単位を用いることもある．1 D = 3.336×10^{-30} C m である．
> 双極子モーメントの向きは，負電荷から正電荷の向きにとるが，歴史的な経緯からその逆の向きに記述する場合も多い．

H_2 分子や F_2 分子のような左右対称の 2 原子分子では，共有電子対は 2 つの原子間に均等に分配されて電荷の偏りはないが，HF 分子のような左右非対称の 2 原子分子では，水素よりフッ素のほうが電気陰性度が大きい．その結果，H 原子と F 原子の間の共有電子対は F 原子のほうに引きつけられる．そのため，HF 分子では共有結合に電荷の偏りが生じる（図7.4）．これを結合の**分極**といい，異なる原子 A と X との間の共有結合 A−X は，元素 A と元素 X の電気陰性度が異なるため，程度の差はあるが必ず分極している．分極している結合にはベクトル量である永久双極子が生じている．永久双極子の大きさは**双極子モーメント** μ で表される．分極で生じた電荷を q とし，電荷間の距離（原子間距離）を d とすると，$\mu = q \times d$ である．

図 7.4 フッ化水素 HF における結合の分極（図中の➡は，結合の永久双極子モーメントを表す）

フッ化水素 HF の双極子モーメントを用いて，H−F 結合のイオン性を見積もることができる．H−F 結合長が一定（= 0.926×10^{-10} m）と仮定し，電子 1 つが完全に水素原子からフッ素原子に移動したとすると，イオン結合性分子 H^+F^- が生じる．このとき，生じる双極子モーメントは $\mu = (1.602\times10^{-19}) \times (0.926\times10^{-10}) = 4.45$ D（1 D = 3.336×10^{-30} C m）となる．実際のフッ化水素 HF の双極子モーメントは 1.82 D なので，（H−F 結合のイオン性）= 1.82/4.45 = 0.41 となり，H−F 結合のイオン結合性は，概ね 40% 程度となる．

7.5 分子の極性

前述のように，異なる原子間の共有結合 A−X は必ず分極しており，双極子モーメントが存在する．したがって，異核二原子分子は必ず分子内に消えることのない双極子モーメント（永久双極子モーメント）をもつ．このような状態を**極性**をもつといい，極性をもつ分子を極性分子という．フッ化水素（図7.4）は極性分子である．一方，等核二原子分子は，分子内の共有結合が分極していないので，極性はもたない．

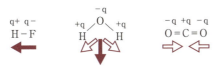

図7.5　分子性化合物の結合の分極（⇨）と分子全体の双極子モーメント（➡）

一方，多原子分子の場合は，分子の幾何学的形状（対称性）を考慮する必要がある．水 H_2O の分子は折れ線形の分子（図7.3）であり，分子内の2つのO−H結合にはそれぞれ双極子モーメントがあり，その総和は打ち消しあうことはない（図7.5中）．したがって水分子は，分子内に双極子モーメントをもつので，極性分子である．一方，二酸化炭素 CO_2 も水と同じように3つの原子からなる分子であるが，その形状は直線型である．分子内の2つのC−O結合にもそれぞれ双極子モーメントがあるが，その大きさが等しく向きが逆であるため，全体として打ち消しあう（図7.5右）．したがって，二酸化炭素は分子全体では双極子モーメントはもたないので，無極性分子である．

多原子分子が極性をもつか否かは，分子の形状を考慮した上で，分子全体で結合の双極子モーメントが打ち消されるか否かによる．分子の形状の対称性が高いほど，結合の双極子モーメントが打ち消される傾向が強くなるので，無極性分子になりやすいといえる．

■問題

7.1　アンモニア NH_3 の分子の形状はどのような形状か．

7.2　次のデータを用いて，ハロゲン化水素の結合のイオン性を求めなさい．

	μ(D)	r(Å)
HCl	1.09	1.28
HBr	0.79	1.41
HI	0.38	1.60

7.3　メタン CH_4 は極性分子か否か，理由とともに答えなさい．

振動スペクトル

分子内の共有結合（化学結合）は，わずかながら振動しており，結合距離や結合角が変化している．この振動のエネルギー状態はどんな値でもとれるわけではなく，結合を形成する原子に応じて決まるとびとびの値をとる（量子化されている）．

分子に電磁波（赤外線）をあてると，分子の振動のとびとびのエネルギー値の差に相当する振動数の電磁波を吸収して分子の振動状態が変化する．このようにして分子の構造や性質を調べることができる．

振動によって双極子モーメントが変化する場合は赤外分光法で観測することができる．また，振動によって分極率（結合の分極の程度）が変化する場合はラマン分光法で調べることができる．

無極性分子でも双極子モーメントが変化する振動状態があれば，赤外線を吸収する．赤外線をよく吸収する分子は，温室効果をもつ分子である．一方，等核二原子分子は双極子モーメントが変化する振動状態をもたないので赤外分光法では調べることはできず，ラマン分光法が用いられる．

・ 1Å＝10⁻¹⁰ m

第 8 章

共有結合 2

8.1 分子軌道

現在では分子の共有結合を理論的（数値的）に扱う場合は，**分子軌道法**を用いる．分子軌道法では，原子が接近して分子が形成されるとき，原子軌道（≒原子の中の電子が入る場所）から新たに分子軌道（≒分子の中の電子が入る場所）が形成される，と考える．その際にできる分子軌道のエネルギーを数学的手法（変分法）から求めて分子のエネルギー状態を記述することにより，多くの実験結果を正確に（定量的に）説明できることが明らかとなっている．

分子軌道法では，分子を構成する原子の原子軌道 $\phi_1, \phi_2, \cdots$ の線形結合で分子軌道 Ψ を $\Psi = c_1\phi_1 + c_2\phi_2 + \cdots$（$c_1, c_2$ は実数）のように近似的に表す．この近似的な分子軌道の形は $c_1, c_2 \cdots$ の値によって変化する．分子軌道のエネルギーを E とし，分子（内の電子）に関するハミルトニアンを H とすると，シュレディンガー方程式は $H\Psi = E\Psi$ となり，これを解けば近似的な分子軌道 Ψ とそれに対応するエネルギー E が求まる．このエネルギーは真の分子軌道のエネルギーより小さくなることはないので，近似的な分子軌道 Ψ に対応するエネルギー E が最少になるように $c_1, c_2 \cdots$ の値を決めれば，それが真の分子軌道に最も近い近似的な分子軌道になると考えられる（変分法）．同時に最も真のエネルギーに近い分子軌道エネルギー E を求めることができる．

変分法により分子軌道のエネルギーを求めると，近似的な分子軌道 Ψ を表現するのに用いた原子軌道 $\phi_1, \phi_2 \cdots$ の数と同じ数だけ，分子軌道のエネルギー（と分子軌道）が求まる．たとえば，2原子分子である水素分子 H_2 については，分子軌道のエネルギーは図 8.1 のようになる．2個の水素原子軌道 ϕ_1, ϕ_2 から 2 個の水素分子軌道 Ψ_1, Ψ_2 ができるが，そのうち 1 つ（Ψ_1）は元の原子のエネルギーよりも安定に（低く）なり，結合性分子軌道とよばれる．もう一方（Ψ_2）は元の原子のエネルギーよりも不安定に（高く）なり，反結合性分子軌道とよばれる．水素の原子軌道 ϕ_1, ϕ_2 にあった 2 つの孤立電子は，新たにできた分子軌道のうちエネルギーの低い結合性分子軌道に電子対を形成して入る（構成原理）．すると，分子内の電子の総エネルギーは元の孤立電子 2 つのエネルギーの和より小さくなるので，水素分子 H_2 が形成される．これが分子軌道法による分子形成の説明である．

ハミルトニアン H
ある粒子のエネルギーは，その粒子に関するハミルトニアン（ハミルトン演算子）を用いてシュレディンガー方程式を解けば得られる．ハミルトニアンはいわばその粒子の全エネルギーを表現するものであり，運動エネルギーを表現する部分とポテンシャルエネルギーを表現する部分からなる．
電子が 2 つ以上ある原子や分子の場合，電子は原子核からの引力だけでなく他の電子からの反発力も受けるので，ポテンシャルエネルギーを表現する部分は非常に複雑になる．実際の計算では，適切な近似をすることになる（→第 3 章 3.1 節）．

酸素分子 O_2 の分子軌道
酸素分子の分子軌道は，近似的に下図のように考えることができる．2 つの酸素原子の 2 つの 1s 軌道から 2 つの分子軌道が，2 つの 2s 軌道から 2 つの分子軌道が，3 つの 2p 軌道から 6 つ（3+3）の分子軌道ができる．そこへ，酸素原子の電子 8×2＝16 個の電子が入る．その結果，一番エネルギーの高い分子軌道に入っている 2 つの電子は，それぞれ不対電子となるので，酸素分子は常磁性（磁石に吸い付く性質）をもつ．

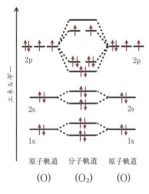

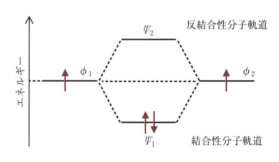

図 8.1 水素分子 H_2 の分子軌道

8.2 混成軌道

分子軌道法では，分子（の中の電子）のエネルギーを定量性よく計算することができる．しかし，計算された分子軌道の形状は，分子の実際の形（および人間の直観）とかけ離れているため，分子の取りうる形状などについての情報には乏しい．それに対して，原子価結合法に基づく**混成軌道**の概念は，エネルギーの計算には不向きであるが，電子数の少ない軽原子（Be, B, C, N）とくに炭素化合物（有機化合物）の化学結合や分子の形を説明するのに便利である．

混成軌道では，s軌道やp軌道（→第2章2.5節）などの軌道から，それらの方向性（向き）を反映した混成軌道が生成して結合が形成されると考える．たとえばC原子では，最外殻電子は4つであるが，基底状態ではそのうち2つがs軌道で電子対をつくり，残り2つが1つずつ別のp軌道に入っている．この状態では，炭素原子が等価な4つの結合（単結合）を形成することは説明できないので，仮想的にs軌道の電子が励起されて空のp軌道に移り，1つのs軌道と3つのp軌道が"混成"（いわば平均化）して4つの等価な混成軌道を形成すると考える（図8.2）．このとき生成された混成軌道をsp^3混成軌道という．p軌道の右肩の数字は混成軌道の生成に使用されたp軌道の数である（$sp^3=s×p×p×p$と考えるとよい）．

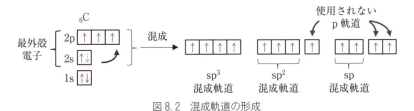

図 8.2 混成軌道の形成

化合物によっては，混成軌道の形成に関わるp軌道の数が3つではない場合がある．3つのp軌道のうち2つが使用されてできる混成軌道をsp^2混成軌道，1つのp軌道のみが使用されて形成されるものをsp混成軌道という．

8.3 σ結合とπ結合

C原子が形成する混成軌道は，上記の3種類，すなわち**sp^3混成軌道**，**sp^2混成軌道**，**sp混成軌道**のいずれかであり，それぞれの混成軌道の状態においてC原子に結合する他の原子の数（配位数）は混成軌道の数と一致する．たとえば，sp^3混成軌道は1つのs軌道と3つのp軌道が混成してできるので，4つの原子と結合する（図8.3）．4つのsp^3混成軌道には1つずつ不対電子が入り，互いに反発して四面体型の配置をとる（→第7章7.2節）．それぞれのsp^3混成軌道は不対電子をもつ別の原子と軌道を重ね合わせることにより共有電子対を形成して結合が形成される．このようにして形成される共有結合をσ結合といい，炭素-炭素原

原子価結合法

化学結合を理論的に扱う方法の1つであり，分子軌道法と同じく原子軌道の線形結合で分子を記述する方法の1つである．原子価結合法では，不対電子が存在する軌道同士を，軌道の方向性（向き）を考慮して重ね合わせることで共有結合が生成すると考える．

電子対反発理論や混成軌道の概念は原子価結合法に基づくものであり，人間の直観にも合うが，電子数の多い原子を含む分子の形状を説明できないことが多い．また分子内の電子のエネルギーを計算（予測）することには不向きであり，分子軌道法に比べて著しく汎用性に欠ける．しかし，炭素化合物や配位化合物の結合を定性的に説明するには今なお有用である．

原子価

1つの原子がつくりうる結合の数を原子価といい，その原子がもつ不対電子の数に等しい．有機化合物中のC原子の原子価は通常4であるが，これはC原子が混成軌道を形成していると考えるとうまく説明することができる．

H原子，N原子，O原子，F原子では，不対電子の数に応じて原子価はそれぞれ1, 3, 2, 1である．しかし，高周期の典型元素の化合物では，同族の第2周期の元素の化合物ではみられないような異常な数の共有結合（原子価）をもつものがある．通常よりも多い数の共有結合をもつ化合物を超原子価化合物，その結合を超原子価結合という．例として，五塩化リンPCl_5，六フッ化硫黄SF_6などがある．

PCl_5 SF_6

子間の単結合などがこれに当たる．混成軌道から形成される結合は常にσ結合であり，強い結合をつくる．σ結合では，共有される電子対は2つの原子間の結合軸上で存在確率が最大となっている．

一方，sp²混成軌道は1つのs軌道と2つのp軌道が混成してできるので，3つの原子と結合する．sp²混成軌道は反発のため，三角形型（平面型）の配置をとる（図8.4）．余ったp軌道は，3つのsp²混成軌道がつくる三角形（平面）に垂直に存在する．sp²混成軌道はそれぞれσ結合を形成するが，sp²混成軌道が結合する3つの原子のうち，少なくとも1つの原子はsp²混成軌道をもつ原子である．sp²混成軌道をもつ原子同士が近づいてσ結合を形成する場合，それと同時に余ったp軌道同士が重なって電子対をつくる．このようにして形成された結合をπ結合といい，π結合をつくる電子をπ電子とよぶ．π電子は2つの原子間の結合軸上には存在せず，結合軸から上下に少し離れた場所に存在する．そのため，π結合は軌道の重なりが少なく，σ結合に比べると弱い．

sp²混成軌道をもつ2つの炭素原子と4つの水素原子からエチレン（エテン）C₂H₄分子が形成される場合，炭素原子同士の間にはσ結合とπ結合が形成され，炭素-炭素原子間の二重結合になる．

また，sp混成軌道の数は1つのs軌道と1つのp軌道が混成してできるので，2つの原子と結合する．sp混成軌道は反発のため，直線型の配置をとる（図8.5）．余った2つのp軌道は，2つのsp混成軌道がつくる直線とそれぞれ垂直をなす．sp混成軌道はσ結合を形成するが，sp混成軌道が結合する2つの原子のうちの1つの原子はsp混成軌道をもつ原子である．sp混成軌道をもつ原子同士が近づいてσ結合を形成する場合，それと同時に余った2つのp軌道同士が重なって電子対をつくり2つのπ結合ができる．sp混成軌道をもつ2つの炭素原子と2つの水素原子からアセチレン（エチン）C₂H₂分子が形成される場合，炭素原子同士の間にはσ結合と2つのπ結合が形成され，炭素-炭素原子間の三重結合になる．

単結合
メタンのC-H結合のように1組の共有電子対によってできる結合をいう．

H:C:H の図　H-C-H の図（メタン）

二重結合
エチレンのC=C結合のように2組の共有電子対によってできる結合をいう．

H₂C::CH₂ の図　H₂C=CH₂ の図

三重結合
アセチレンのC≡C結合のように3組の共有電子対によってできる結合をいう．

H:C⋮⋮⋮C:H　H-C≡C-H

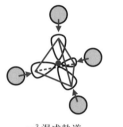
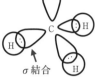

図8.3 sp³混成軌道とメタンCH₄分子

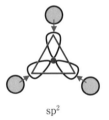

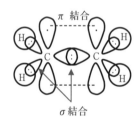

図8.4 sp²混成軌道とエチレンC₂H₄分子

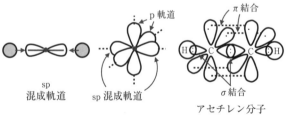

図8.5 sp混成軌道とアセチレンC₂H₂分子

8.4　混成軌道と分子の形や物質の性質との関係

上記のように，分子の形状は分子内の原子がとる混成軌道の形状から説明できる．メタン（sp³混成軌道）は四面体型，エチレン（sp²混成軌道）は平面型，アセチレン（sp混成軌道）は直線型になる．ベンゼンC_6H_6はsp²混成軌道をとる炭素原子6つからなる平面型の分子であり，6員環の上下にπ電子が非局在化している．

また，炭素の単体にはダイヤモンドやグラファイト（黒鉛）など，いくつかの同素体が存在する．ダイヤモンドは硬く（モース硬度10），融点（約4700℃（12 GPa））が非常に高い．3次元的な網目構造（図8.6左）をとり，電気伝導性はないといってよい．天然のものは宝石として珍重される．一方，グラファイトはやわらかく（モース硬度1〜2），2次元的な層状構造をしている（図8.6右）．金属光沢のある黒〜鋼灰色であり，電気伝導性がある．このような違いは，ダイヤモンドがsp³混成軌道をとる炭素原子から，グラファイトがsp²混成軌道をとる炭素原子から生成していると考えると説明できる．ダイヤモンドは四面体型の構造をとる炭素原子がそれぞれ4つの炭素原子とσ結合で結合しているため，3次元的な網目構造になる．各C–C結合は単結合であり，切断するには多大なエネルギーが必要になるため，融点が高くなる．一方，グラファイトは三角形型（平面型）の構造をとる炭素原子が3つの炭素原子とσ結合で結合し，炭素原子からなる層をつくる．この層同士はファンデルワールス力で弱く結合しているため，グラファイトはやわらかい（劈開しやすい）．層の間にはsp²混成軌道の形成に使用されなかった2p軌道の電子がπ電子として非局在化しており，層に平行な方向に電気が流れやすい．

炭素–炭素二重結合や三重結合をもつ化合物は，反応条件によってπ結合が切れて高分子化合物（ポリマー）を生成する傾向がある．

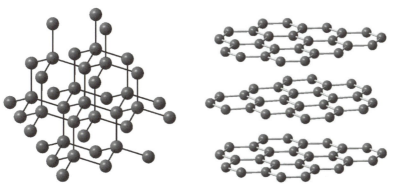

図8.6　ダイヤモンド（左）とグラファイト（右）の結晶構造

■問題

8.1　ダイヤモンドとグラファイトの特性の違いを混成軌道の概念を用いて説明しなさい．

ベンゼン

sp²混成軌道をとる6つの炭素原子からなる環状分子である．6員環の上下に広がるp軌道がπ結合を形成している．π結合を形成する6つの不対電子（π電子）は非局在化して環内を自由に動くことができる．ベンゼンの構造式は単結合と二重結合を用いて書くことが多いが，炭素原子同士の結合は単結合と二重結合の中間の強さ（結合距離）の結合となっている．

共有結合の結晶

多数の原子が共有結合してできている結晶をいう．きわめて硬く，融点や沸点もイオン結晶や金属結晶に比べて高いものが多い．ダイヤモンドCやケイ素Si，二酸化ケイ素SiO_2などが代表例である．ダイヤモンドは常温では絶縁体であるが，ホウ素などをドープすることで半導体になる．一方，グラファイトも共有結合の結晶であり，電極材料や鉛筆の芯などに用いられる．

第9章

金属結合

9.1 金属結晶

金属は特有の結晶構造をとる．金属の結晶構造を表現するには，金属原子を均一な大きさをもつ剛体球とみなし，それらの規則的な配列を考える．その際，金属原子の剛体球は互いに接すると考える．

同じ大きさの球が隙間を最小限にして配列すると最密充塡構造ができる．この構造には2種類ある．まず1層目の球の配列は図9.1上のA層のようになる．次に2層目の球の配列は1層目のA層の球の間のくぼみに乗せてB層のようになる．3層目に乗せる球の位置には2通りあり，1層目のA層の真上にくるように乗せると，ABAB…のように2通りの配列が繰り返される構造になる．これは図9.1下のような**六方最密充塡構造**になる．一方，3層目に乗せる球を1層目のA層の真上にこないように乗せると，ABCABC…のように3通りの配列が繰り返される構造になる．これは図9.2下のような**立方最密充塡構造（面心立方構造）**になる．これらの構造における各金属原子の配位数はいずれも12であり，金属結晶の空間充塡率はおよそ 0.74 である．

金属結晶の構造の例
六方最密充塡構造
　Be, Cd, Co, Mg, Ti, Zn
立方最密充塡構造（面心立方構造）
　Ag, Al, Au, Ca, Cu, Pb, Pt
体心立方構造
　Ba, Cs, Cr, Fe, K, Li, Na
単純立方構造
　Po

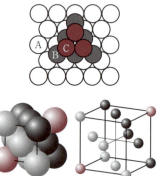

図9.1　六方最密充塡構造　　図9.2　立方最密充塡構造（面心立方構造）

最密充塡構造より充塡率が低い構造には，**体心立方構造**（図9.3）がある．金属原子の配位数は8であり，空間充塡率はおよそ 0.68 である．ほとんどの金属結晶は，これら3つの密な充塡構造のうちどれかをとっている．体心立方構造より低い充塡率をとる構造に単純立方構造（図9.4）があり，配位数は6で，充塡率はおよそ 0.52 である．単純立方構造をとる金属は稀であり，常温常圧下ではポロニウムのみである．

図9.3　体心立方構造　　図9.4　単純立方構造

9.2 自由電子

第5章5.3節で述べたように，金属中では，金属原子が放出した価電子（**自由電子**）を正に帯電したすべての金属原子が共有することで金属原子間の反発が抑えられて互いに接近することができ，**金属結合**が形成される．自由電子は金属原子間で非局在化しており，金属結合に特徴的な電子状態となっている．図9.5では便宜上，電子を粒子のように表現しているが，実際には自由電子は負電荷をもつ雲のように金属原子間に広がり，近い距離に存在する金属原子同士が反発することを防いでいる．イオン化エネルギーが小さいと自由電子が生成しやすい傾向があり，イオン化エネルギーが1000 kJ/mol程度かそれ以下の元素が金属となる．

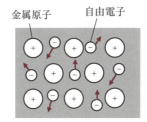

図9.5 金属結合の概念図

金属の性質としては，**電気伝導性・熱伝導性**が高いことが挙げられる．金属に電気（電流）が流れるのは自由電子が移動するためである．自由電子は自由に金属原子間（金属固体内）を移動できるので，電気伝導性が高いことになる．また，金属が加熱されると金属原子の熱振動が激しくなり，このエネルギーが自由電子の運動エネルギーとして別の金属原子へ伝えられる．運動エネルギーを受け取った金属原子の振動は激しくなり，熱が伝わることになる．自由電子は移動しやすいので，熱も伝わりやすく，熱伝導性が高くなる．

加熱とともに金属原子の熱振動が激しくなると，自由電子の移動はやや妨げられる．そのため，金属の電気伝導性は加熱とともに減少する．分子性物質でも，自由電子に似た振舞いをする電子をもつ物質は，金属的な振舞い（電気伝導性など）をするものがある．

金属に光が入射すると，入射光と自由電子が相互作用して，同じ波長の光が反射光として出ていく．多くの金属は可視光をほとんど反射するので，光沢のある物質に見える．

金属はすぐれた**延性・展性**をもつ．これも自由電子の存在によるものである．図9.6のように，力が金属固体にかかると，金属原子の位置が結晶構造中の安定な位置からずれる．しかし，金属原子間に負電荷をもつ自由電子が存在するため，金属原子同士が反発することがないので，金属結合が切れない（破壊されない）．さらに力が加わると金属原子が結晶構造中の安定な位置に再び落ち着くので，結晶構造を保持して外形

有機伝導体
電子ドナー性をもつ有機分子（テトラチアフルバレン（TTF）など）と電子アクセプター性をもつ有機分子（テトラシアノキノジメタン（TCNQ）など）を組み合わせて結晶化させると，電荷移動錯体（TTF$^{0.6+}$TCNQ$^{0.6-}$）ができる．この錯体はπ電子に由来する非局在化した電子をもち，金属的な電気伝導性を示す．半導体や超伝導体になるものもある．

TTF

TCNQ

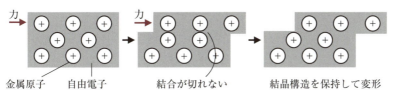

図9.6 金属の延性・展性の発現

イオン結晶の劈開
イオン結合でできた結晶は、電荷が局在化しているため、イオンが力学的に変位を受けると、同種イオン間で反発し、劈開する（欠ける）。そのためイオン結晶は固いが脆い。

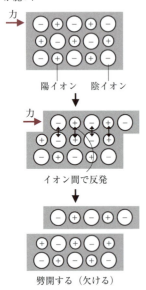

が変形することになる。その際、電気伝導性などの特性も失われることはない。イオン結合でできた結晶では、イオンの電荷が非局在化していないため、延性・展性は示さない（力が加わると変形（劈開）してしまう）。

9.3 バンド構造

第8章8.1節で述べたように、分子軌道法は分子が生成することによって安定化するエネルギーをうまく説明できる。これは固体にも適用することができる。いま価電子がs軌道に1つある金属原子M（Li, Na, Kなど）からできる分子軌道を考える。分子軌道は分子を形成する原子の数だけできる。1つの原子しかない場合は原子軌道そのものであり、2つの原子からは2つの分子軌道ができる。原子の数を増やしていくと、それに応じて分子軌道の数も増えていき、N個の原子からはN個の分子軌道ができる（図9.7）。このN個の分子軌道は有限のエネルギーの幅の間にあるため、しだいにN個の分子軌道同士のエネルギー差は小さくなる。実際の金属（固体）はNが無限大とみなせるので、分子軌道同士のエネルギー差は非常に狭くなり、本質的に連続になる。この連続した軌道をバンドという。s軌道からできるバンドをsバンド、p軌道からできるバンドをpバンドという。

価電子がs軌道に1つある金属Mでは、N個の原子からN個の分子軌道ができ、そこにN個の電子を入れることになる。各軌道には2個まで電子が入れるので、使用される軌道は下半分の$N/2$個になる（結合性分子軌道に電子が入る）。Nが無限大になると、生成したバンド（ここではsバンド）の半分が電子で満たされることになる。

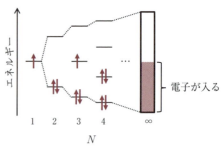

図9.7 金属のバンド構造

電気伝導は、外部からかけられた電場によって電子が固体内を移動して起こる。金属では電子の入っている軌道に連続して、電子の入っていない空の軌道があるので、電子は容易に移動できる。つまり電子は自由電子としてふるまうことができるため、金属の電気伝導性が高くなる。

ベリリウムのように価電子が2個ある場合は、N個の原子からN個の分子軌道ができ、そこに$2N$個の電子を入れることになる。するとすべての軌道に電子が入り、sバンドは電子で満たされてしまい、電子が移動できる空の軌道はなくなる。しかし、実際にはs軌道からsバンドのみができるだけでなくp軌道からpバンドも形成され、sバンドとpバンドが重なっている。すると、sバンドの一部の電子がpバンドに入ってsバンドに空の軌道ができるので、sバンドの電子は空の軌道に容

ベリリウムのバンド構造
s軌道からできるsバンドのみに電子が入るとすると、sバンドは電子で満たされてしまう。しかし、p軌道からできるpバンドがsバンドと重なっているため、sバンドの一部の電子がpバンドに入る。するとsバンドに空の軌道ができるので、sバンドの電子は空の軌道に移動でき、金属的性質を示す。

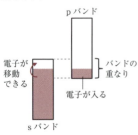

易に移動できるようになる．したがってベリリウムも，金属として高い電気伝導性をもつ．このように金属は，価電子の数が軌道の数に比べて少ない電子不足型，軌道過剰型の原子から形成される．

9.4 導体と半導体

物質によっては，s軌道からできるsバンドとp軌道からできるpバンドが重なっておらず，sバンドが電子で満たされている場合がある．電子で満たされたバンドを価電子帯，電子が入っていない空のバンドを伝導帯とよぶ．sバンドとpバンドの間にエネルギーギャップがあると，空のバンドがないため，価電子帯の電子は容易には移動できず，電気伝導性は高くない．

エネルギーギャップが小さい場合は，温度が高くなると価電子帯の電子が空の伝導帯に励起されるので，励起された電子は物質内を容易に移動できるようになり，電気伝導性をもつようになる．このような物質を**半導体**という（図9.8 中）．半導体は温度が上昇すると電気伝導性が増加し，温度が上昇すると電気伝導性が減少する金属とは逆の温度依存性を示す．一方，エネルギーギャップが大きい場合は，価電子帯の電子を伝導帯に励起することができないので，電気伝導性が低いままであり，**絶縁体**とよばれる（図9.8 右）．

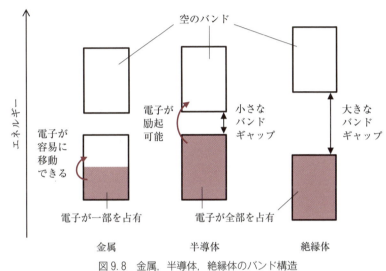

図9.8　金属，半導体，絶縁体のバンド構造

■問題

9.1 立方最密充填構造（面心立方構造）の充填率が0.74であることを確かめなさい．

9.2 体心立方構造の充填率が0.68であることを確かめなさい．

第3部
状態変化と化学平衡

宇宙に星が誕生すると，次にそれを構成する物質が互いに相互作用を及ぼし合い，物質を構成する粒子の会合や解離（状態変化），物質間での原子の組み換え（化学反応）など，様々な状態変化や化学変化が起こるようになった．このとき，どのような変化が起こるのかは，その時の温度と圧力によって決まっていて，十分に長い時間が経過した後は見かけ上反応が止まった状態となる．このような状態を平衡状態という．たとえば，密閉容器の中に水 H_2O を封入して一定の温度に保つと，水の一部が蒸発し，やがて水の体積は一定となり，それ以上の変化は起こらなくなる．このとき，水→水蒸気，水蒸気→水の変化の速度が釣り合った状態となっている．第3部ではまず，物質の状態には気体・液体・固体の三態があることを示し，これらの状態間の変化について概説する．次に，溶液の性質と基本的な化学反応である酸-塩基反応について概説する．

物質は，圧力や温度を変化させたり，新たに別の物質を混ぜ合わせたりすることで新たな平衡状態に向かって変化を始める．この変化を規定しているのは，状態変化や化学変化に伴う物質全体のエンタルピー enthalpy とエントロピー entropy の変化量である．エンタルピーは熱力学の第1法則より導かれる状態量，エントロピーは熱力学の第2法則から導かれる状態量である．この2つの状態量の概念を理解することは少し難しいが，宇宙で起こるすべての変化を考える上で大切な概念である．これらの状態量を，物質を構成する原子や分子の運動，物質内の化学結合や相互作用の変化と結び付けて理解することで，化学変化に対する理解が深まるであろう．

第10章

物質の三態

10.1 分子間力（ファンデルワールス力，水素結合）

分子間力は分子間にはたらく引力であり，主要なものとしてファンデルワールス（van der Waals）力と水素結合がある．

ファンデルワールス力の起源は双極子同士の引力的相互作用であり，永久双極子同士によるもの（配向力，図10.1左），永久双極子とそれによって誘起される双極子によるもの（誘起力，図10.1中），分子内の瞬間的な電荷の偏りによって誘起される双極子と，その誘起双極子によって誘起される双極子によるもの（分散力（ロンドン力），図10.1右）の総和である．このうち最も重要な相互作用は分散力（図10.1右）である．配向力，誘起力，分散力はいずれも距離の6乗に反比例するので，ファンデルワールス力は，荷電粒子間に働くクーロン引力（ポテンシャルエネルギーが距離の1乗に反比例）とは異なり，遠距離までは働かない．その値は2〜10 kJ/mol 程度であり，イオン結合や共有結合の結合エネルギーが数百 kJ/mol 程度であるのに比べると非常に弱い．しかし，電子を含む物質では必ず働き，電子数が増える（分子量が増える）と強くなるので，きわめて重要な分子間相互作用である．

> **レナード-ジョーンズのポテンシャル**
> 分子間の全ポテンシャルエネルギーは，引力的相互作用と反発相互作用（電子雲の重なりによる交換反発）をあわせたものである．引力的相互作用をファンデルワールス力によるものとして，全ポテンシャルエネルギーを
> $$E_{LJ} = -\frac{a}{r^6} + \frac{b}{r^{12}}$$
> と表したものをレナード-ジョーンズポテンシャルという．理論的に証明されたものではないが，式の形が簡便なためよく用いられる．

> **弱い相互作用**
> 分子間や分子内に働く弱い引力的相互作用には，C−H結合とベンゼン環などのπ電子の間に働くC−H/π相互作用や，芳香環のπ電子同士に働くπ···π相互作用がある．水素結合にも，N−H···OやO−H···O水素結合に比べると弱いがC−H···O水素結合やO−H···S水素結合などもある．また，水素原子の代わりにハロゲン原子が仲介して2つの原子同士を近づけるハロゲン結合（X−Br···Yなど）もある．これらの弱い相互作用の研究には，X線構造解析や核磁気共鳴法などが使われる．

図 10.1　ファンデルワールス力の起源

一方，**水素結合**は，電気陰性度が比較的大きな原子 X と Y との間に，水素原子が介在して形成される引力的相互作用である（図10.2）．X−H ···Y という水素結合の場合，X−H を水素供与体（水素ドナー），Y を水素受容体（水素アクセプター）という．水や生体内で見られる O−H···O 水素結合や N−H···O 水素結合のエネルギーは 20〜30 kJ/mol である．水素結合は，イオン結合や共有結合ほどではないが，ファンデルワールス力に比べると強い相互作用である．分子間に水素結合が働く場合，分子同士にはファンデルワールス力のみが働くよりも強く引力が働くため，沸点・融点が分子量に比べて高くなる（HF, H_2O, NH_3 など）．また，水素結合には方向性があり，タンパク質や DNA などの立体構造の形成にも重要な役割を果たしている．

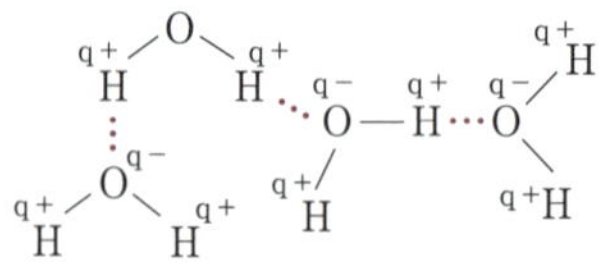

図 10.2　水の水素結合の模式図

10.2 気体，液体，固体

物質の状態には大きく分けて**気体**，**液体**，**固体**の3種類があり，これらを物質の三態という．これらの状態間の変化の名称を図10.3に示す．

物質の状態は，温度や圧力を変えると変化する．物質を構成する粒子

（原子，イオン，分子など）は，程度の差はあるが必ず熱運動している．粒子の運動エネルギーが小さく熱運動の程度が小さい場合は，粒子間に働く引力（分子間力など）によって粒子は凝集し固体となる．このとき，粒子間距離は小さく，粒子は位置を大きく変えることはできない．固体では，相対的に粒子の熱運動のエネルギーが小さく，粒子間引力の影響が大きい．粒子が互いに強く引き合って凝集しているため，粒子の位置は固定しており，固体の体積および形はほとんど変わらない．

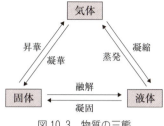

図 10.3 物質の三態

一方，気体では，相対的に粒子の熱運動のエネルギーが大きく，粒子間引力の影響がほぼゼロになる．粒子間の距離は温度や圧力などの条件が変わると容易に変わるため，気体の体積や形は大きく変化しうる．

液体は，固体と気体の中間的な状態である．固体に熱を加えると，粒子の熱振動が大きくなり，固体中で分子を固定していた粒子間の引力的な相互作用に打ち勝って粒子が移動できるようになる．この状態が液体である．液体状態では，固体よりも粒子間距離が大きく，粒子間引力の影響が相対的に小さいために，形を変えることができる．また，液体は気体に比べると粒子の熱運動のエネルギーが小さい．粒子間引力の影響が相対的に大きいため，液体の体積は気体に比べるとあまり変わらない．

10.3 圧力，温度，体積

圧力は単位面積あたりに働く力であり，単位は Pa（パスカル）である．1 Pa＝1 Nm^{-2} である．1 atm（1気圧）＝101325 Pa＝1013.25 hPa であり，1 bar＝10^5 Pa＝1000 hPa＝0.1 MPa である．

温度は一定量の物質に含まれる熱エネルギーの尺度である．日常的に用いられるセ氏（Celsius）温度 t（℃）と絶対温度 T(K)（ケルビン）の関係は，$T＝t＋273.15$ であり，1℃と1Kの目盛間隔は同じである．

体積は，物体が空間で占める大きさであり，単位は m^3 や dm^3(L) である．単位体積あたりの物質の質量を**密度**（単位：kg/m^3 や g/cm^3）という．

気体分子運動論（→第11章11.3節）の立場からは，圧力は気体分子が容器の壁に衝突する衝撃によるもの（毎秒，単位面積あたりに与える力積）である（分子の平均運動エネルギー×数密度でもある）．温度は，分子の平均運動エネルギーで

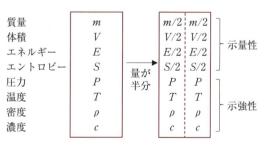

図 10.4 示量性の物理量と示強性の物理量

融点・沸点
一定圧力のもとで，固体が液体に変化する温度を融点といい，凝固点と一致する．通常は，圧力が1気圧（1.013×10^5 Pa）のもとでの融点をその物質の融点という．また一定圧力のもとで，液体が気体に変化する温度を沸点といい，液体の飽和蒸気圧が外圧に等しくなる温度である．通常は，圧力が1気圧（1.013×10^5 Pa）のもとでの沸点をその物質の沸点という．
1気圧のもとでの融点や沸点は，物質に固有の値である．また，融点や沸点は，圧力が変わると変化する．

物理量と単位
・質量：kg（キログラム）
・力：N（ニュートン）
　1 N＝1 kg m/s^2
・温度：1℃の差は1Kの差に等しいと定められている．K（ケルビン）は，ボルツマン定数 k を 1.380649×10^{-23} J/K と定めることによって定義される．この定義では，熱力学温度が1K変化すると，熱エネルギーが 1.380649×10^{-23} J 変化する，ということになる．2019年までは，K（ケルビン）は水の三重点を 273.16 K とすることにより定義されていた．新しい定義に基づいて決定された水の三重点は，従来と同じ 273.16 K である．

ある．体積は，分子が存在を許される領域の広さである．

物理量には，質量や体積，エネルギーのように物質量に比例する**示量性**の物理量と，圧力や温度，密度，濃度のように物質の量に依存しない示強性の物理量がある．物質の状態を決めるのに重要なのは，**示強性**の物理量である

10.4 状態図（相図）

物質の状態が均一になっている部分を**相**といい，**固相**，**液相**，**気相**がある．相は純物質でも混合物でもよく，異なる相は界面で隔てられる．

いま大気圧程度の一定圧力のもとにある氷（水 H_2O の固相）を加熱していくと温度が上昇していき，融点に達すると固相（氷）から液相（水）への状態変化が起こり始める（図 10.5）．融点ではすべてが液相になるまで温度は一定であり，固相と液相が共存している．すべてが液相になると再び温度が上昇し，沸点に達すると一部が気相（水蒸気）に変化し始める．沸点ではすべてが気相になるまで温度は一定であり，液相と気相が共存している．すべてが気相になると再び温度が上昇していく．状態変化の際の水分子間の距離の変化は，図 10.5 下の模式図のようになる．状態変化の際に加えられた熱は物質内部に蓄えられるので，物質のもつエネルギーは，固相＜液相＜気相の順に大きくなる．

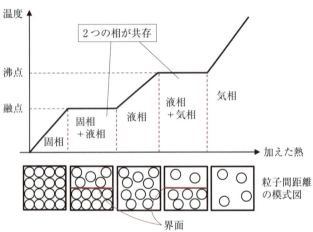

図 10.5　一定圧力下での加熱による水の状態変化

純物質の場合，物質の状態は温度と圧力（いずれも示強性物理量）で決まる．温度・圧力と物質の状態の関係を示したものを**状態図**（**相図**）という．水と二酸化炭素の状態図を図 10.6 に示す．図中の各相の境界線はそれぞれ，**OA：蒸気圧曲線**，**OB：融解曲線**，**OC：昇華曲線**とよぶ．またこれらが交わる点 **O** を**三重点**という．物質をこれらの線上の温度・圧力に保った場合，隣り合う相が共存した平衡状態になる．2 つの相が共存している場合は，圧力もしくは温度のどちらか一方の値を決めるともう一方の値も決まる．混合物（溶液，合金など）の場合は，温度と圧力に加えて濃度や密度（いずれも示強性物理量）が状態を決める物

純物質と混合物
不純物や夾雑物を含まない純粋な物質を純物質，そうでない物質を混合物という．空気や海水は混合物であるが，氷や水は純物質である．

混合物の融点と沸点
純物質の融点・沸点は一定である．一方，混合物の場合は一定でなく，組成によって変化する．この性質を利用すれば，融点を測定して物質の純度を判定できる．この方法は，融点が 100～300℃ 程度の有機化合物については，現在でも簡便かつ有効な純度の判定法である．

理量となる．

　水と二酸化炭素の状態図を比べると，水では融解曲線が左上がり，二酸化炭素では右上がりになっている．水の融解曲線の傾きは，他の多くの物質と比べると異常である．これは水では融点付近での密度が，固相（氷）より液相（水）のほうが大きいことに由来する．

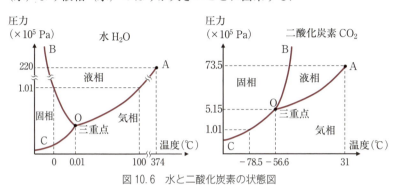

図10.6　水と二酸化炭素の状態図

クラペイロンの式
状態図（相図）の傾きはクラペイロンの式
$$\frac{dP}{dT} = \frac{\Delta S}{\Delta V}$$
で表される．$\Delta S, \Delta V$ はそれぞれ相変化に伴うエントロピー変化（→第12章）および体積変化である．通常温度が上がることで起こる相変化（固相→液相，固相→気相，液相→気相）では，$\Delta S, \Delta V$ はいずれも正になる．水の場合は，固相→液相の変化では $\Delta S>0$，$\Delta V<0$ になるので，$dP/dT<0$ になり，融解曲線が左上がり・右下がりになる．

10.5　相平衡

　状態図から，温度や圧力を変化させたときの物質の状態変化を判断することができる．たとえば，大気圧付近で圧力を一定に保って，固相の水（氷）の温度を上げていく（加熱する）場合の状態変化を考える．これは状態図では，図10.7の（ア）→（イ）→（ウ）の変化に対応し，固相→液相→気相と変化することがわかる．これは日常的に観察される氷→水→水蒸気という変化である．一方，固相（氷）の温度を一定に保って圧力をかけると，図10.7の（ア）→（エ）の変化に対応し，固相→液相と変化することがわかる．つまり，氷に圧力をかけると融解する．これはアイススケートをする際に起こる現象である．

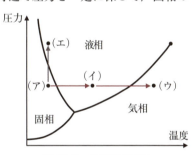

図10.7　水の状態変化

ギブズの相律
平衡状態にある物質については，ギブズの相律 $F=C-P+2$ が成り立つ．F は自由度の数で，その物質について自由に（独立に）決めることのできる示強性物理量の数である．C は成分の数，P は共存する相の数である．
たとえば純物質（一成分系）では，$C=1$ なので，$F=3-P$ となる．状態図の境界線上でなければ $P=1$ なので，$F=2$ となり，2つの示強性物理量（温度と圧力）を自由に決められる．一方，境界線上では $P=2$ なので，$F=1$ となり，1つの示強性物理量しか自由に決められない．つまり温度と圧力のどちらかを決めると，もう片方も決まってしまう．三重点では，$P=3$ なので，$F=0$ となり，自由に決められる示強性物理量はない．つまり三重点は1点しかない．

10.6　臨界点

　図10.6のAを**臨界点**という．臨界点以下の温度では気相に圧力をかけると液相になる（気体を液化できる）が，臨界点以上の温度では気相の密度が残っている液相の密度と区別できなくなり，気相と液相の界面が消失する．これを超臨界状態といい，気相を圧縮して得られる液体のような流体を**超臨界流体**という．

■問題

10.1　二酸化炭素が大気圧付近で昇華する理由を説明しなさい．

第 11 章

エンタルピー

11.1 熱力学第 1 法則

気体などのミクロな粒子集団の挙動を圧力・体積・温度といったマクロな物理量によって表現する方法を**熱力学**といい，対象とする物質（系）とそれを取り囲む外界との**エネルギー**のやり取り（エネルギー変換）を取り扱うことができる.

熱（熱エネルギー）は，系と外界の温度差によって移動するエネルギーである．一方，仕事は，物体に力を作用させて，ある距離を移動させる力学的エネルギーである．ジュールらによって，仕事や熱はエネルギーの 1 つの形態であり，その総量は不変であることが見出された．これを**熱力学第 1 法則**という．内部エネルギー（系がもつエネルギー，→ 11.2 節）の変化を ΔU，系が受け取る熱および仕事をそれぞれ Q, W とすると，熱力学第 1 法則は $\Delta U = Q + W$ と表される．

系として断面積 S のピストンに封入した体積 V の気体を考える（図 11.1）．この気体を一定圧力 P（一定の力 f）で圧縮すると，気体が受け取る仕事は $W = -f \times l = -PS \times l = -P\Delta V$ となる．図の右向き，つまり気体の体積が大きくなる向きを正に

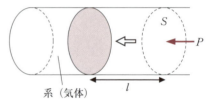

図 11.1 系に加わる仕事

とるので $l < 0, \Delta V < 0, W > 0$ である．このとき，熱力学第 1 法則は，$\Delta U = Q - P\Delta V$ と記述できる．熱力学第 1 法則は，「孤立系（エネルギーや物質の出入りがない系，→第 12 章 12.4 節）のエネルギーは消滅することはない」というエネルギー保存則を表したものでもある．ここで，(圧力)×(体積)＝(エネルギー) となることに注目されたい．熱力学ではエネルギーの関係を表す式がよく出てくるが，その場合，圧力 P と体積 V は積になった形で出てくる．

11.2 内部エネルギー

内部エネルギー U は系がもつエネルギーであり，系の物質を構成する原子や分子の運動エネルギーとポテンシャルエネルギーの総和である．

内部エネルギー U は，一定体積の場合に物質に蓄えられた熱エネルギーと考えるとよい．一定体積の変化では，$\Delta V = 0$ なので，熱力学第 1 法則は $\Delta U = Q_V$ となる．つまり系に加わる熱量 Q_V はすべて系の内部エネルギー変化 ΔU になる（図 11.2）．一方，一定圧力での変化では，熱力学第一法則は $\Delta U = Q_P + W_P = Q_P - P\Delta V$ となるので，系に加わる熱量は $Q_P = \Delta U - W_P = \Delta U + P\Delta V$ となる．したがって，物質は膨張して外部に仕事 $-W_P = P\Delta V$ をして，その分だけ余分に熱を吸収する．すなわち，系（物質）のもつエネルギー（内部エネルギー）は，系に加

仕事とエネルギー
物体（系）が周囲に仕事をする（何らかの影響を及ぼす）ことができる状態にあるとき，エネルギーをもつという．周囲にする仕事としては，力学的な仕事（押す，引くなど），電気的な仕事（電圧をかける，電流を流す），化学的な仕事（化学反応をおこす）などがある．これらのエネルギーは相互に変換可能なことも多く，熱力学により体系的に扱うことができる．エネルギーの単位は J（ジュール）で，$1\,\text{J} = 1\,\text{N m} = 1\,\text{kg m}^2/\text{s}^2$ である．

仕事の単位
ある物体が $f\,[\text{N}]$ の力を受けて $l\,[\text{m}]$ 移動したとすると，物体が受け取る仕事（力学的仕事）W は，
$$W = f \times l$$
で表される．仕事の単位は J（$= \text{N m} = \text{kg m}^2/\text{s}^2$）であり，エネルギーの単位と同じである．

エネルギー保存則
孤立系の中のエネルギーの総量は変化しない，という法則である．経験的に見出されたものであり，これまでに反例は報告されていない．
エネルギー保存則はいろいろなエネルギーについて成立している．物理学（力学）では，「運動エネルギーとポテンシャルエネルギーの総和は一定である」となる．化学では，反応熱について述べた「ヘスの法則（→11.4 節）」がある．

えられた熱エネルギーの総和よりも $P\varDelta V$ の分だけ減っていることになる．

ここで $H=U+PV$ という物理量を考え，**エンタルピー**とよぶことにする．すると一定圧力の場合，系（物質）のもつエンタルピーの変化 $\varDelta H=\varDelta U+P\varDelta V$ は，系に加えた熱量 Q_P に等しいことがわかる．つまり，一定圧力のもとでは，系に加えられた熱量はエンタルピー変化に等しい．化学で扱う状態変化や反応の多くは，一定圧力のもとで行われるので，これらに伴う熱の出入り（反応熱，蒸発熱，融解熱など）は系のもつエンタルピーの変化量 $\varDelta H$ を表していることになる（→ 11.4 節）．

エンタルピー H は，一定圧力の場合の系（物質）のもつ内部エネルギー（体積変化を考慮した物質そのもののエネルギー）とみなすことができる．

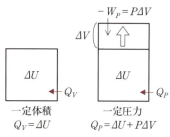

図 11.2　一定体積変化と一定圧力変化

11.3　気体分子運動論による解釈

単原子分子の理想気体（分子間力が働かず，分子が大きさをもたない仮想的な気体）について，分子の運動から気体のエネルギーと温度（絶対温度）の関係を考えてみる．理想気体には分子間力が働かず，分子間のポテンシャルエネルギーは無視できるので，この気体の内部エネルギーは，分子の運動エネルギーの総和であるとしてよい．

図 11.3 のように x, y, z 軸をとり，一辺の長さ L の立方体容器に N 個の分子が入っているとする．いま $x=L$ の面 S へ分子が衝突する場合を考え，分子は器壁と弾性衝突する（衝突の前後で速度の大きさが変わらない）とする．

1 つの分子（質量 m）が速度 $\vec{v}=[v_x, v_y, v_z]$ で壁 S に衝突して反射すると，速度の x 成分が v_x から $-v_x$ に変化するので，1 回の衝突における x 軸方向の運動量変化は $-mv_x-(mv_x)=-2mv_x$ である．これは，1 回の衝突において分子が壁 S から受ける力積 ft_m に等しい．よって，壁 S がこの分子から 1 回の衝突において受ける力積 ft_w は，$-(-2mv_x)=2mv_x$ となる．この分子が再び壁 S と衝突するまでの時間は $\dfrac{2L}{v_x}$ なので，1 秒間に壁 S に衝突する回数は $1 \div \dfrac{2L}{v_x} = \dfrac{v_x}{2L}$ となる．これより，1 秒間にこの分子が壁 S に及ぼす力積を v_x の関数で表すと $2mv_x \times \dfrac{v_x}{2L} = \dfrac{mv_x^2}{L}$ となり，これは壁 S が分子から受ける力 f そのものである．

分子の速度にはばらつきがあるので，v_x^2 の平均値を $\langle v_x^2 \rangle$，力 f の平

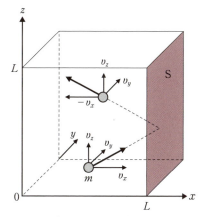

図 11.3　単原子分子理想気体の分子運動

運動量と力積

ある直線上を質量 $m[\mathrm{kg}]$ の物体が速度 $v_1[\mathrm{m/s}]$ で移動しているとする．この物体が力 $f[\mathrm{N}]$ を時間 $t[\mathrm{s}]$ の間だけ受けて，速度が $v_2[\mathrm{m/s}]$ になったとする．物体の質量 m と速度 v_1 を掛けた物理量 mv_1 を物体の運動量という．また，物体が受けた力 f と力が加わった時間 t を掛けた物理量 ft を物体が受けた力積という．このとき，

（物体の運動量変化）
$= mv_2 - mv_1$
$= ft$

の関係がある．運動量，力積ともにベクトル量なので向きがある．

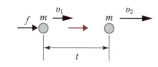

均値を $\langle f \rangle$ で表す．この気体の物質量を n，アボガドロ定数を N_A とすると，分子の数は $N = nN_A$ であるので，壁Sがすべての分子から受ける力は $F = N \times \langle f \rangle = nN_A \times \dfrac{m \langle v_x^2 \rangle}{L}$ となる．ここでベクトルの定義から，$\langle v^2 \rangle = \langle v_x^2 \rangle + \langle v_y^2 \rangle + \langle v_z^2 \rangle$ である．分子は方向性をもたずに無秩序に運動していると考えられるので，$\langle v_x^2 \rangle = \langle v_y^2 \rangle = \langle v_z^2 \rangle$ である．したがって $\langle v_x^2 \rangle = \dfrac{1}{3} \langle v^2 \rangle$ であるから，$F = \dfrac{1}{3} nN_A \cdot \dfrac{m \langle v^2 \rangle}{L}$ となる．よって，壁Sがすべての分子から受ける圧力 P は，L や $\langle v^2 \rangle$ などを用いて $P = \dfrac{F}{L^2} = \dfrac{1}{3} nN_A \cdot \dfrac{m \langle v^2 \rangle}{L^3}$ となる．これを気体の体積 $V = L^3$ であることを用いて書き換えると，$PV = \dfrac{1}{3} nN_A \cdot m \langle v^2 \rangle$ となる．この式と理想気体の状態方程式 $PV = nRT$ を比較すると，$\dfrac{1}{2} m \langle v^2 \rangle = \dfrac{3}{2} \cdot \dfrac{R}{N_A} T \cdots$ (11.1) となる．式11.1は，1個の気体分子の平均運動エネルギー（ミクロな量）と気体の絶対温度（マクロな量）が相関（比例）していることを示す．式11.1の定数 $\dfrac{R}{N_A}$ は**ボルツマン定数** k で，$k = 1.381 \times 10^{-23}$ J/K である．ボルツマン定数を用いると式11.1は，$\dfrac{1}{2} m \langle v^2 \rangle = \dfrac{3}{2} kT \cdots$ (11.2) となる．

また，式11.2と $\langle v^2 \rangle = \langle v_x^2 \rangle + \langle v_y^2 \rangle + \langle v_z^2 \rangle$，$\langle v_x^2 \rangle = \langle v_y^2 \rangle = \langle v_z^2 \rangle$ の関係を用いると，$\dfrac{1}{2} m \langle v_x^2 \rangle = \dfrac{1}{2} m \langle v_y^2 \rangle = \dfrac{1}{2} m \langle v_z^2 \rangle = \dfrac{1}{2} kT$ となるので，x, y, z 方向の3つの運動の自由度に対して $\dfrac{1}{2} kT$ ずつのエネルギーが割り当てられていることがわかる．これをエネルギー等分配の法則という．

気体の内部エネルギー U は個々の分子の運動エネルギーの総和であるから，$U = N \times \dfrac{1}{2} m \langle v^2 \rangle = \dfrac{3}{2} nRT$ となり，U は温度のみの関数であることがわかる．温度は分子の運動エネルギーに比例する物理量である．

11.4 エンタルピー変化

11.2節で述べたように，化学で扱う変化の多くは一定圧力で進行する．したがって，反応熱，蒸発熱，融解熱などは変化に伴う物質 1 mol あたりの**エンタルピー変化** ΔH を表す．反応前（変化前）の物質を原系，反応後（変化後）の物質を生成系という．原系のエネルギー（エンタルピー）が生成系のエネルギー（エンタルピー）より大きい場合は，その差が周囲（外界）に放出され，発熱反応となる（図11.4左）．原系のエネルギーが生成系のエネルギーより小さい場合は，その差が周囲（外界）から吸収され，吸熱反応となる（図11.4右）．

図11.4からわかるように，発熱反応では物質のもつエネルギー（エンタルピー）は変化後に減少するので，$\Delta H < 0$ となる．一方，吸熱反応では物質のもつエネルギー（エンタルピー）は変化後に増加するので，$\Delta H > 0$ となる．一般に反応

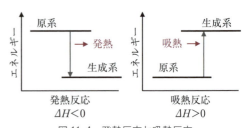

図11.4 発熱反応と吸熱反応

エネルギー等分配の法則
x, y, z 方向の3つの運動の自由度に対して割り当てられている $1/2 \times kT$ ずつのエネルギーを 25℃ (298K) での 1 mol あたりの値に換算すると，$1/2 \times kT \times N_A = 1/2 \times RT = 1/2 \times 8.315 \times 298 \fallingdotseq 1.2$ kJ となる．原子や分子に働く引力のポテンシャルエネルギーがこの値より小さいと，室温付近で気体になると予想される．
$1/2 \times kT = 1.2$ kJ という値は弱いファンデルワールス力によるポテンシャルエネルギーと同程度と考えられ，イオン結合や共有結合のエネルギーに比べると非常に小さい．

発熱反応と吸熱反応
図11.4の縦軸は，より正確には「エネルギー」ではなく，「エンタルピー」である．また，発熱反応や吸熱反応におけるエネルギー（エンタルピー）の変化は，熱の出入りとして起こるだけでなく，光エネルギー（光化学反応）や電気エネルギー（電池）の出入りとして起こることもある．

熱は，次式のようにエンタルピー変化として反応式とは別に記す．

発熱反応　C(s,黒鉛)+O₂(g) → CO₂(g)　$\Delta H = -394\,\mathrm{kJ/mol}$　(11.3)

吸熱反応　H₂(g) → 2H(g)　$\Delta H = +436\,\mathrm{kJ/mol}$　(11.4)

式 11.3 は黒鉛の完全燃焼を表しているが，CO₂(g) が成分元素の単体から生成する反応でもあるので，CO₂(g) の生成エンタルピーが $-394\,\mathrm{kJ/mol}$ であることがわかる．標準状態（1 bar = 10^5 Pa）における生成エンタルピーを標準生成エンタルピーといい，通常は 298.15 K（25℃）での値を用いる．単体の標準生成エンタルピーは 0 であり，標準生成エンタルピーを用いると様々な化学反応の反応熱を求めることができる．

式 11.4 は水素分子 H₂ の共有結合を断ち切って 2 個の水素原子にする反応である．これから，H–H 結合の結合エネルギー（結合エンタルピー）は，436 kJ/mol であることがわかる．

「化学反応で出入りする熱量の総和は，反応の始めと終わりの状態で決まり，途中の経路によらない」という**ヘスの法則**を利用すると，測定できない反応（変化）における反応熱を求めることができる．たとえば，一酸化炭素 CO の生成熱は

$$\mathrm{C(s,黒鉛)} + \frac{1}{2}\mathrm{O_2(g)} \rightarrow \mathrm{CO(g)} \quad \Delta H = x\,\mathrm{kJ/mol} \quad (11.5)$$

という反応式の反応熱だが測定できないので，一酸化炭素の燃焼反応

$$\mathrm{CO(g)} + \frac{1}{2}\mathrm{O_2(g)} \rightarrow \mathrm{CO_2(g)} \quad \Delta H = -283\,\mathrm{kJ/mol} \quad (11.6)$$

を利用すると，$x = -394 - (-283) = -111\,\mathrm{kJ/mol}$ と求まる（図 11.5）．ヘスの法則からわかるように，反応熱はエンタルピー（状態量）の変化量である．

> **熱化学方程式**
> 反応熱を化学反応式の右辺に書き加える熱化学方程式では式 11.3 と式 11.4 の反応は以下のようになる．
> 発熱反応
> 　C(黒鉛)+O₂(気)
> 　　= CO₂(気)+394 kJ
> 吸熱反応
> 　H₂(気) = 2H(気)−436 kJ
>
> 本文のような ΔH で発熱・吸熱を区別する場合と，反応熱の符号が逆になる．この違いは，ΔH では，系（物質）からみたエネルギーの増減を考えるのに対して，熱化学方程式では測定者（外界）からみたエネルギーの増減に着目するためである．
>
> **状態量**
> 系を放置しておいてもその性質が変化しないとき，その系は平衡状態にある，という．平衡状態にある系は一定の物理量を示し，これを状態量という．化学で扱う物理量のほとんどは状態量である．状態量は，系の状態が決まれば一意に決まり，変化の経路などには依存しない．
> 一方，力学的仕事や熱は経路に依存し，状態量ではないが，系を常に平衡状態に保つ準静的変化によって変化が起これば状態量として扱うことができる．

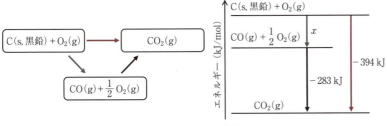

図 11.5　ヘスの法則

■問題

11.1　C(s,ダイヤモンド) → C(s,黒鉛) の反応は $\Delta H = -1.9\,\mathrm{kJ/mol}$ (298 K) である．発熱反応か吸熱反応か，答えなさい．

第 12 章

エントロピー

12.1 熱力学第 2 法則

熱力学第 2 法則

熱力学第 1 法則と同様に，これまで反例が報告されていない経験則である．熱力学第 1 法則が，ある変化において全エネルギーが保存されることを述べているのに対して，熱力学第 2 法則は，変化の向き（その変化が進行するのか，逆の変化が進行するのか，それともどちらの変化も進行しない平衡状態なのか）について述べたものである．

エントロピー

熱力学第 2 法則で熱やエントロピーの不可逆な移動を考えているのに，便宜的に可逆的な過程を想定して熱量を考えることに違和感を感じるかもしれない．エントロピー（エントロピー変化）は状態量なので，熱の移動が不可逆的でも可逆的でも，化学変化の最初と最後の状態が同じであれば同じ値となる．したがって，実際のエントロピー（エントロピー変化）は熱の移動が可逆的に起こった場合の熱量を用いて求めることが可能である．

元来，エントロピーは熱エンジン（カルノーサイクル）の考察から生まれた概念であり，系への熱の出入りによってどの程度温度が変化するかを表す指標といえる．たとえば，所持金が 100 円と 10000 円のときでは，新たに 100 円を入手したとき所持金の増加率は，それぞれ 100/100＝1（100％），100/10000＝0.01（1％）であり，影響（喜び）が異なる．エントロピーは，同熱量の変化でも，系の温度の違いにより，その影響が異なることを表す物理量である．一方で，統計力学的な考察からエントロピーは「乱雑さ」の指標ともいえることが明らかになった（→ 12.3 節）．

温かい緑茶を常温の室内に放置すると，次第に冷めて室内の温度と同じになる．冷めた緑茶は，ガスコンロや電子レンジを用いて外からエネルギーを加えない限り，ひとりでに温かくなることはない．このように熱は高熱源（温かい緑茶）から低熱源（常温の室内）へ不可逆的に移動する．**熱力学第 2 法則**は，元来はこのような熱の移動や仕事とのエネルギー変換が不可逆的に起こることを述べたものである．不可逆的に起こる変化とは自発的に起こる変化なので，熱力学第 2 法則により自発的に起こる変化について調べることができる．また，自発的に変化が進行しない安定な状態，つまり平衡状態についても，熱力学第 2 法則は多くの情報を与えてくれる．

熱力学第 2 法則には表現がいくつかある．クラウジウスは「熱が低温の物体から高温の物体に自発的に移ることはない」と表現した．クラウジウスは，熱力学第 2 法則をエントロピーの概念を用いて「孤立系（＝系＋外界＝"小さな宇宙"）のエントロピーは増大する」（**エントロピー増大則**）とも表現した．

エントロピーは，ものやエネルギーの乱れの尺度（「乱雑さ」）と考えることができ（→ 12.3 節），途中の経路によらない状態量である．温度 T にある系に，温度を一定に保って可逆的に熱 Q_{rev} を加えたとき，系のエントロピー変化 ΔS は，

$$\Delta S = \frac{Q_{\text{rev}}}{T} \tag{12.1}$$

と定義される．エントロピーの単位は J/K である．このエントロピーの定義は，可逆過程における熱力学第 2 法則の数学的表現でもある．系のエントロピーは系に熱が加わると増大し，系が熱を失うと減少するので，エントロピーは，固相＜液相＜気相の順に大きくなる．

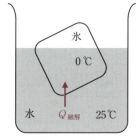

図 12.1 氷の融解

氷が融ける変化が自発的に起こるか，エントロピーの値から考えてみる．1 mol の氷が水から融解熱 $Q_{\text{融解}}$ を受け取って融解し，それ以外の熱の出入りはないとする．簡単のため，氷は 0℃，水は 25℃ で一定温度を保つとすると，氷の融解熱は 6.0 kJ/mol なので，

$$\Delta S_{氷} = Q_{\text{融解}}/T_{氷} = 6.0 \times 10^3/273 = 22.0 \text{ J/K}$$

$$\Delta S_{水} = -Q_{\text{融解}}/T_{水} = -6.0 \times 10^3/298 = -20.1 \text{ J/K}$$

となる．氷と水を合わせた系のエントロピー変化は $\Delta S_{系} = \Delta S_{氷} + \Delta S_{水} = 22.0 + (-20.1) = 1.9$ J/K ＞ 0 となり，系のエントロピーが増大するので，氷が融ける変化は自発的に起こるといえる．

12.2 ギブズエネルギー（ギブズ自由エネルギー）

系と外界が熱 $Q_系$ のやりとりをして，系内である変化が自発的に起こるとする（図12.2）．このときの系のエンタルピー，およびエントロピー変化を $\Delta H_系, \Delta S_系$ とする．系と外界を合わせた全体は孤立系（→12.4節）

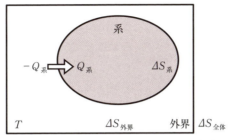

図 12.2 一定圧力，一定温度での系の自発的変化

であり，エネルギーや物質の出入りはないとする．また系および外界の圧力は一定であり，外界の絶対温度 T も一定とする．このとき，系のエンタルピー変化 $\Delta H_系$ は，$\Delta H_系 = Q_系$ である．また，外界の熱量の変化は $-Q_系$ で，外界の温度 T は一定なので，外界のエントロピー変化 $\Delta S_{外界}$ は，

$$\Delta S_{外界} = -Q_系/T$$

となる．系と外界を含めた全体のエントロピー変化は増大するので，

$$\Delta S_{全体} = \Delta S_系 + \Delta S_{外界} = \Delta S_系 + \frac{-Q_系}{T} = \Delta S_系 + \frac{-\Delta H_系}{T}$$

$$= -\frac{\Delta H_系 - T\Delta S_系}{T} > 0 \tag{12.2}$$

$$\therefore -T\Delta S_{全体} = \Delta H_系 - T\Delta S_系 < 0$$

が成り立つ．ここで $\Delta G_系 = \Delta H_系 - T\Delta S_系$ とし，これを**ギブズエネルギー変化**とよぶ．すると，自発的変化が起こり式12.2が成り立つ場合は，$\Delta G_系 < 0$ となることがわかる．（温度）×（エントロピー）＝（エネルギー）となっているので，エネルギーの関係を表す式では，温度 T とエントロピー S が積になった形で出てくる．

一般に**ギブズエネルギー**は，$G = H - TS$ と定義される．エンタルピー H は，一定圧力の場合の系（物質）のもつエネルギーとみなすことができる（→第11章11.2節）．一方，つねに $T > 0, S > 0$ なので，$TS > 0$ となり，系のもつエネルギー H のうち TS の分は仕事などに使えず，残りの G のみが"自由に"仕事などに利用できると考えてよい．そのため，ギブズエネルギーをギブズ自由エネルギー，または単に自由エネルギーということがある．

ギブズエネルギー G は，化学において非常に重要な物理量である．上記のように，ギブズエネルギー変化 ΔG の値は，一定温度・一定圧力の場合の自発的変化の方向を示す．$\Delta G < 0$ なら，その変化は自発的に進行する．$\Delta G > 0$ なら，その変化は自発的に進行しない（逆の変化は自発的に進行する）．$\Delta G = 0$ なら，その系は平衡状態にあり変化はどちらにも進行しない．

ギブズエネルギー G は，平衡状態を考える上で非常に重要である．反応混合物が平衡状態に移行するとき，系のギブズエネルギーは反応混合

エントロピーの符号
エントロピー S は絶対零度（0K）で0とされる（熱力学第3法則）．また系の温度が上がると，系に熱が加わるので，エントロピーは増加する．したがってエントロピーは負の値になることはない．

ギブズエネルギー変化の符号
ある変化について，$\Delta G > 0$ なら，その変化が自発的に進行することは決してない．しかし，$\Delta G < 0$ であっても，変化の速度が非常に遅い場合は，自発的に起こる変化が現実的に起こるとは限らない．そのような場合は，反応速度を増加させるために触媒を用いたりすることもある（ハーバー・ボッシュ法によるアンモニア合成など）．

第12章 ● エントロピー

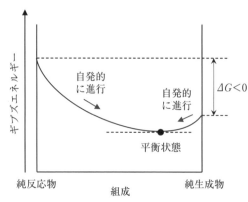

図 12.3 反応混合物の組成とギブズエネルギーの関係

物の組成によって変化する．1 例を図 12.3 に示す．この反応は純生成物と純反応物のギブズエネルギーの差 ΔG が $\Delta G < 0$ なので自発的に進行する．反応が進行すると反応混合物のギブズエネルギーが減少していくが，最少点に相当する組成から更に反応が進行するとギブズエネルギーが増加するので更なる反応は自発的に起こらず，逆反応が進行する．結果として，ギブズエネルギーが最少になる組成で平衡状態に達する．

標準状態（1 bar）での反応ギブズエネルギーを標準反応ギブズエネルギー $\Delta_r G°$ という．$\Delta_r G°$ は温度の関数であり，また，平衡定数 K との間には $\Delta_r G° = -RT \ln K$ の関係がある（→第 16 章）．

12.3 微視的な視点から見たエントロピーの解釈

11.3 節で見たように，圧力などの物質のマクロな（巨視的な，人間が観察可能な）性質は，物質内の個々の原子・分子のミクロな（微視的な）性質を加え合わせて平均したものとしてとらえることができる．エントロピーもそのように考えることができ，ボルツマンはある系中の原子や分子がとりうる微視的状態の数 W を用いると，エントロピー S を

$$S = k \ln W (= k \log_e W) \quad (k \text{ はボルツマン定数}) \quad (12.3)$$

と表せることを見出した．この式から，微視的状態の数 W が大きくなると，エントロピー S も大きくなることがわかる．この微視的状態の数 W が系の「乱雑さ」と考えることができるので，エントロピー S は「乱雑さ」の指標である，と言われるようになった．

たとえば，真空中に気体が拡散する場合を考えてみる（図 12.4）．図の容器の左側に気体分子（8 個）があり，それが右側の真空部分に拡散していくとする．実際には容器の全体にわたって均一に気体が存在する状態で拡散が平衡に達する．一方，拡散しない場合の微視的状態の数 W は，8 分子から 0 分子を選択する組合せの場合の数なので，$W = {}_8C_0 = 1$ となる．1 分子しか拡散しない場合は，8 分子から 1 分子を選択する組合せの場合の数で，$W = {}_8C_1 = 8$ となる．拡散する気体分子が増えると微視的状態の数

組合せの場合の数
n 個あるものから r 個選ぶ組合せの場合の数は
$${}_nC_r = \frac{n!}{(n-r)!r!}$$
である．たとえば
$${}_4C_1 = \frac{4!}{3!1!} = \frac{4 \times 3 \times 2 \times 1}{(3 \times 2 \times 1) \times 1}$$
$$= 4$$
である．

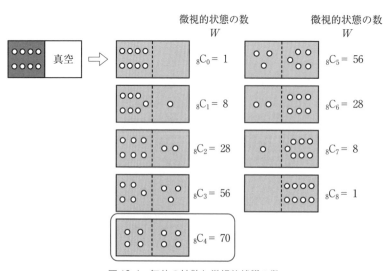

図 12.4 気体の拡散と微視的状態の数

W も増えていき，均一になったとき W は最大になる．

　水にインクを滴下した場合は，次第にインクが水に拡散して，最終的には均一な溶液になる．この場合の微視的状態の数を考えてみる．模式的に，水が20個のマスからなり，4マス分に相当する量のインクが滴下されたとする（図12.5）．インクは上のマスから次第に水に拡散していくとする．1番上の段にのみ拡散しているときは，微視的状態の数 W は4マスを4個のインクが占める組合せの場合の数に等しく，$W={}_4C_4=1$ となる．上から2番目の段まで拡散したとき，微視的状態の数 W は8マスを4個のインクが占める組合せの場合の数に等しく，$W={}_8C_4=70$ となる．拡散がすすむにつれて微視的状態の数 W が劇的に増加し，全体に均一にインクが存在するようになり，平衡に達する．

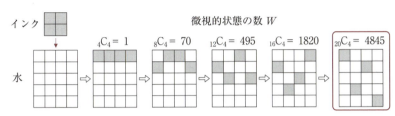

図12.5　インクの水への拡散と微視的状態の数

　このように，不可逆変化は，系の微視的状態の数 W が増加する方向に進行する．これは系（全体）が平均化される（均一になる）変化であるともいえる．このとき式12.3から，エントロピーが増大することがわかる．式12.3により系の微視的状態の数 W から定義されるエントロピーと，式12.1により熱量変化から定義されるエントロピーはまったく同じものであることが明らかとなっている．

12.4　孤立系・非孤立系

　孤立系は，外界との間でエネルギーの出入りも物質の出入りもない系である．これに対して，**閉鎖系**は，外界との間でエネルギーの出入りはあるが，物質の出入りはない系であり，**開放系**は外界との間で，エネルギーの出入りも，物質の出入りもある系である．我々の身の回りにある系は開放系もしくは閉鎖系がほとんどであるが，系と外界のとり方によっては孤立系として近似できる系もある．

■問題

12.1　水が100℃で沸騰するとき，蒸発熱は $\Delta H_{tr}=40.7\,\text{kJ/mol}$ である．水1 mol が100℃で水蒸気になるときのエントロピー変化 ΔS_{tr} を求めなさい．

12.2　光合成の反応は太陽光があると $\Delta G<0$ となり，自発的に進行する．このとき植物を含む系（孤立系）には他に何が含まれるか考えなさい．

第 13 章

気体

13.1 気体の体積

水（液体）と油（液体）が分離しているとき，水面のように水（液体）と空気（気体）が接しているとき，2つの相の界面は明瞭に観察することができる．しかし，異なる気体が接しているとき，その境目は互いに混じり合い明確な界面とならない．これは双方の気体分子が互いに拡散して混ざっていくためである．すなわち，気体分子は仕切りのない空間内であれば自由に飛び回ることができる．気体分子が飛び回ることができる空間の体積が気体の体積である．

いま，1 mol（18 g）の水 H_2O を考える．この水の体積は，密度を 1 g/mL とすると 18 mL である．この量は，1 mol 分（$6.02×10^{23}$ 個）の H_2O 分子が占める体積とみなせる．この水をすべて気体（水蒸気）にすると，その体積は 0℃，1 気圧（atm）において 22.4 L にもなる．分子の大きさは気体であっても液体であっても変わらないことから，分子自身が気体の体積に占める割合はごくわずか（水蒸気では 1200 分の 1 程度）であり，気体の体積の大部分は分子が運動することで占められる何もない空間（気体分子の間のすき間）であることがわかる．

13.2 気体の圧力とボイルの法則

気体分子は自由に動き回っており，壁に衝突すると跳ね返されて進行方向が逆になる．このとき，気体分子が壁に与える力〔力積（＝運動量 mv の変化量）×壁に衝突する頻度〕が気体の圧力である（→第 11 章 11.3 節）．すなわち，気体の圧力は，気体分子の質量 m，運動速度 v，壁との衝突頻度によって決まる．圧力の単位としては，パスカル（記号 Pa），ヘクトパスカル（記号 hPa＝10^2 Pa），気圧（記号 atm）などが用いられる．圧力は単位面積あたりの力で表され，1 m^2 あたり 1 N（ニュートン）の力が掛かっている状態が 1 Pa である．地球上の一般的な場所では，空気の圧力，すなわち気圧は 1013 hPa であり，これを 1 atm と表す．

ある容器の中の気体の圧力を P とする．同じ温度で容器の体積を半分にすると，分子の質量と運動速度は変わらないが，容器内壁への分子の衝突頻度は 2 倍になり，その結果，圧力は 2 倍になる．逆に容器の体積を 2 倍にすれば，衝突頻度が半分になり圧力も半分になる．このように，温度が一定のとき，一定量の気体の体積 V と圧力 P は反比例する．これを**ボイルの法則**とよぶ．

$$PV = k \quad (温度が一定のとき k は一定値) \tag{13.1}$$

ボイルの法則
気体がある温度で容器内にあるとき，その分子が壁に衝突する回数は体積 V に反比例する．

したがって，体積 V ×圧力 P は一定となる．

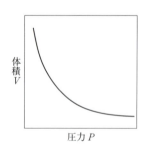

13.3 気体の温度とシャルルの法則

気体を加熱すると体積は大きくなる．これは，気体の温度が上昇すると気体分子の運動エネルギーが増大し，壁面への気体分子の衝突頻度が増して壁面を外側に押すからである．熱気球では，気球内の空気を加熱して膨張させ，気球内の空気の密度を外側の空気よりも小さくすることで浮力を得ている．気体の体積が温度の上昇によって大きくなるのとは対照的に，液体や固体の体積は，温度を上げてもあまり変化しない．これは，液体と固体は分子が互いに密に詰まった凝縮系であり，分子が互いに接した状態にあるためである．

日常生活で用いるセ氏温度（℃）は，1 atm での氷の融点を0℃，水の沸点を100℃として定義されていた．圧力一定のもとで，気体の温度を0℃から1℃にすると，体積が273分の1だけ増大する．0℃から10℃にすると体積は273分の10増大し，0℃から −5℃ にすると273分の5減少する．温度変化に対する体積の増減の割合は，どの気体であっても同じである．すなわち，温度 t℃ のときの体積 V は，その気体が0℃のときの体積を V_0 とすると，式13.2で表すことができる．この法則を**シャルルの法則**とよぶ．

$$V = V_0(1+t/273) \qquad (13.2)$$

式13.2において**絶対温度** T を $T=273+t$ と定義すると，シャルルの法則は T を用いて，

$$V = k'T \quad \text{（圧力が一定のとき } k' \text{ は一定値）} \qquad (13.3)$$

となる．式13.3は気体の体積 V は絶対温度 T に比例することを示している．$T=0$ K（すなわち，$t=-273$℃）において気体の体積はゼロとなるが，もちろんそのようなことは起こらない．ある程度低温にすると気体は凝縮して液体となるからである．なお，セ氏温度と絶対温度の1度の間隔は同じである．

13.4 気体の状態方程式

アボガドロは，異なる気体であっても同じ圧力，同じ温度，同じ体積であれば，同じ数の分子が含まれることを見出した．これを**アボガドロの法則**とよぶ．たとえば，0℃，1 atm において22.4 L の体積を占める気体中には，その気体が水素 H_2 であっても酸素 O_2 であっても，あるいは空気のように混合気体であっても，1 mol（$=6.02\times10^{23}$ 個）の分子が含まれている．

ボイルの法則では気体の体積 V は圧力 P に反比例し，シャルルの法則では気体の体積 V は絶対温度 T に比例する．これらをアボガドロの法則と合わせると，次の**気体の状態方程式**が得られる．

$$PV = nRT \qquad (13.4)$$

ただし，n は気体の物質量，R は気体定数とよばれる定数である．気体定数 R の値は気体の種類によらず一定の値であり，8.314×10^3 Pa L/

シャルルの法則
ある体積の容器に気体が含まれるとき，その容器の内壁に気体分子が衝突する．温度が高くなると，気体分子の運動エネルギーが増大し，その結果，気体の体積は大きくなる．

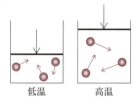
低温　　　高温

体積 V
絶対温度 T

第 13 章 ● 気体

(K mol) や 0.08205 atm L/(K mol) などの値が用いられる.

式 13.4 の気体の状態方程式は気体の温度・圧力・体積・物質量を定量的に関連付けることができる有用な方程式である. 物質量 n は質量 w ÷ 分子量 M で表されることから, 次のようにも表せる.

$$PV = \frac{w}{M}RT \tag{13.5}$$

この式を利用することで, 気体の分子量を気体の温度・圧力・体積・質量から求めることができる.

異なる気体が混じり合った混合気体においては, それぞれの気体成分について気体の状態方程式をそのまま適用することができる. たとえば, 空気を窒素と酸素の物質量比 4:1 の混合気体であると近似すると, 空気中の窒素の状態方程式と酸素の状態方程式では体積 V と気体定数 R と絶対温度 T の値は共通になるので, 物質量の比 (モル分率) が圧力の比になる. よって, 分圧 = 全圧 × モル分率と定義すれば, 1 atm の空気の窒素の分圧は約 0.8 atm, 酸素の分圧は約 0.2 atm となる.

地球の大気
地球の大気の成分は, 水蒸気を除くとモル % で 78 % が窒素, 21 % が酸素であり, 残りの 1 % がアルゴンや二酸化炭素などの気体である. したがって, 1 atm の大気中の窒素の分圧は正確には, 0.78 atm, 酸素の分圧は 0.21 atm である.

13.5 理想気体と実在気体

理想気体とは, 気体の状態方程式 (式 13.4) どおりに振る舞う仮想的な気体のことを指す. しかし, 実在する気体では, 我々の身の回りの環境に近い条件 (たとえば, 1 atm, 25℃) においては理想気体に近い振る舞いをする一方, 高圧や低温の条件では理想気体の振る舞いから離れていく. **実在気体**が理想気体とは異なる振る舞いをするのは, 次の 2 つの違いがあるからである.

1) 理想気体の分子は体積をもたない質点である. 実在気体の分子はある体積をもち, 分子の種類ごとにその体積は異なる.

2) 理想気体の分子同士には分子間力が働かない. 実在気体の分子同士には分子間力が働き, 分子の種類ごとにその強さは異なる.

常温・常圧においては, 前述のとおり気体の体積に対して気体分子そのものが占める体積は 1000 分の 1 程度と十分に小さく, また, 気体の運動エネルギーに対して分子間力は無視できるほど弱い. しかし, 低温あるいは高圧の条件下ではこれらは成り立たない. したがって, 実在気体の振る舞いを厳密に再現するためには, **ファンデルワールスの状態方程式** (式 13.6) を用いる必要がある. 表 13.1 にファンデルワールスの状態方程式で用いられる定数の値を示す.

$$\left(P + \frac{an^2}{V^2}\right)(V - nb) = nRT \tag{13.6}$$

定数 a は**分子間力** (ファンデルワールス力) に関する定数であり, 分子間力による圧力への影響を補正する. 体積 V の気体中に含まれる n mol の分子の間に働く分子間力は, 単位体積中に含まれる分子の数の 2 乗に比例する. そのため, 圧力は $(n/V)^2$ に比例して影響を受ける.

表 13.1 ファンデルワールスの状態方程式の定数

気体の種類	a(kPa L²/mol²)	b(L/mol)
H_2	24.7	0.0266
He	3.4	0.0237
N_2	141	0.0399
O_2	138	0.0318
H_2O	554	0.0305

このときの比例定数が a である．

定数 b は分子の体積に関する定数であり，分子の体積がゼロではないことによる気体の体積への影響を補正する．分子の体積の総量は物質量 n に比例するため，nb を V から差し引くことで補正できる．比例定数 b は他の分子が入り込めない体積を表し，**排除体積**とよばれる．H_2O の排除体積は 1 mol あたり 30.5 mL であり，液体のときの体積 18 mL と近い値になっていることがわかる．

理想気体を実在気体の状態方程式に当てはめると，理想気体では，分子間力が働かないことから定数 a がゼロであり，分子の体積がないとみなすことから定数 b もゼロである．

排除体積

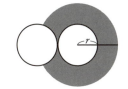

気体分子の排除体積は，ある分子に対して別の分子の中心が接近できない空間と定義される．球状の分子では，分子の半径 r に対し，2 つの分子の中心は $2r$ 以内に接近できないため，排除体積は $2r$ の球の体積となり，分子の体積のちょうど 8 倍である．

■問題

13.1 ある物質量の気体を一定温度で体積可変の容器に入れたところ，圧力が 1000 hPa のとき体積が 4 L であった．同じ温度でこの容器の体積を 10 L にすると，圧力は何 hPa になるか，ボイルの法則を用いて求めなさい．

13.2 ある物質量の気体を 1 atm で体積可変の容器に入れたところ，25℃のとき体積が 1.00 L であった．この気体の温度を 80℃に加熱すると，1 atm で体積は何 L になるか，シャルルの法則を用いて求めなさい．

13.3 温度 127℃，圧力 5.00×10^5 Pa で体積 25 L を占める気体の物質量は何 mol か，気体の状態方程式を用いて求めなさい．

13.4 質量 55.8 g のある気体が温度 27℃，圧力 1 atm で体積 49.2 L を占めるとき，この気体の分子量を気体の状態方程式を用いて求めなさい．

13.5 1 L の密閉容器内に空気が 600 hPa で入っており，2 L の密閉容器内に二酸化炭素が 900 hPa で入っている．この 2 つの容器をつなげて，混合気体とした．温度が変わらないとき，全圧と二酸化炭素の分圧はそれぞれ何 hPa になるか求めなさい．空気中の二酸化炭素は無視できる量とする．

13.6 液体ヘリウムは極低温の冷媒として用いられる．1000 hPa で 1 L の体積中に 1 mol の He が含まれるとき，その温度は何 K か，ファンデルワールスの状態方程式を用いて求めなさい．

第 14 章

液体

14.1 液体の温度

地球の表面のおよそ 7 割は海で占められており，その主たる成分は液体の水である．地球上では水は液体，気体（水蒸気），固体（氷）として存在し，その中で液体としての存在量が最も多い．一方，宇宙全体としては，液体の水は極めて稀な存在である．これは，水が液体として存在できるような適度の温度をもつ星の割合が極めて少ないためである．液体が存在できる温度範囲は気体や固体になる温度の間にあり，液体は温度が高ければ気体になり，温度が低ければ固体になる．液体の水が存在する星は生命がいる可能性が高いと考えられ，そのような星を探して天文観測が盛んに行われている．

液体は気体と同様に特定の形をもたない流体である．分子同士に働くファンデルワールス力（分子間力）によって分子が接触する距離まで集合した状態（**凝縮系**）と考えることができ，密度は気体より大きく，固体と同程度か，わずかに小さい．液体の状態では，分子は互いに接触しているが動くことはできる．液体の温度が低くなると分子同士の束縛によって分子の位置が決まった位置に固定され，固体となる．液体の温度が高くなると，分子は熱運動が激しくなり，ファンデルワールス力による束縛を断ち切って外部へ飛び出し，気体となる．

14.2 気液平衡と飽和蒸気圧

液体状態において，分子同士を束縛するファンデルワールス力の大きさはほぼ一定であるが，分子の運動エネルギーには分布があり，運動エネルギーが大きい分子は，液体の温度が沸点以下であってもファンデルワールス力による束縛を断ち切って気体になることができる．コップに入れた水が 100℃ に加熱しなくても，徐々に蒸発して減っていく現象がこれにあたる．一方，蓋を閉めたペットボトルのように密閉された容器内の水は減らない．これは，水分子の蒸発が起こらないのではなく，次に述べるように，液体から気体になる水の量と気体から液体になる水の量が同じになっているためである．

十分な量の水を入れて蓋を閉めた容器内では，液体の水分子の一部が気体として飛び出し，液面と蓋の間にある空間にたまる．しかし，たまった水蒸気の一部はエネルギーを失って再び水に戻る．この可逆的な変化は，水蒸気の分圧がある値に達すると，気体から液体への状態変化量と液体から気体への状態変化量が同じになり，見かけ上では蒸発が止まったように見える．このような状態を **気液平衡** 状態といい，このときの気体の分圧を **飽和蒸気圧**（あるいは単に **蒸気圧**）という．なお，容器の大きさに対して液体の量が少ない場合は，気液平衡に達する分圧にならないことがあり，その場合はすべての液体が気体になる．

気液平衡は，どの温度であっても成り立つ．気液平衡の概念図を図

液体における分子の運動
液体は固体と異なり容易にその形を変えるが，これは液体の分子が常に動いているためである．

時刻 A　　　時刻 B

ある時刻 A と異なる時刻 B とでは，分子の運動により液体分子の位置が異なる．時間を止めて考えると，液体と固体のアモルファス（→第 15 章 15.2 節）は同様であるが，アモルファスは時間が進んでも原子や分子が動かない．

液体状態での分子のエネルギー分布
液体の分子のもつ運動エネルギーの分布は，その温度によって決まる．ファンデルワールス力を超える分子の割合は温度が高いほど多くなる．

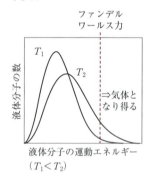

14.1 に示す.低温では,分子の運動エネルギーが小さく液体が蒸発する速度が小さいために,低い蒸気圧で気液平衡となる.高温では,より高い蒸気圧で気液平衡となる.このとき,気相が他の気体との混合気体であっても,気体の凝縮の速度はその気体の分圧のみに依存するため,全圧は気液平衡に影響を及ぼさない.

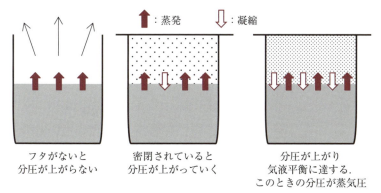

図 14.1 気液平衡

飽和蒸気圧の温度依存性を表した図を**蒸気圧曲線**という.水の蒸気圧曲線を図 14.2 に示す.25℃では水の蒸気圧は約 32 hPa であり,湿度(相対湿度)100%のときの空気は約 3%の水蒸気を含んでいることになる.10℃では水の蒸気圧は約 12h Pa である.冬の乾燥した日には湿度が 25%にまで下がることがあり,気温が 10℃とすると,この空気に含まれる水蒸気は 0.3%にまで低下していることになる.水をさらに冷却していくと蒸気圧はさらに下がるが,0℃になっても蒸気圧はゼロにはならない.水は一般に 0℃で凍るが,稀に凍らないで 0℃以下まで下がり,過冷却水になることがある.過冷却水にも蒸気圧はあり,同じ温度の氷に比べて少し高い.

雨が降る仕組み

日本のような中緯度地域の雨の発生には,過冷却水と氷の蒸気圧の差が寄与している.上空で 0℃以下の場所にある雲の中には過冷却水と氷が混在している.過冷却水の蒸気圧は氷の蒸気圧よりもやや高いので,過冷却水は蒸発し,その水蒸気が氷の周りに付着することで氷の結晶が成長して行く.氷の結晶が大きくなり重力によって落下し,0℃より高い温度の大気を通過する間に融解して水滴になり,地上に雨として降り注ぐ.

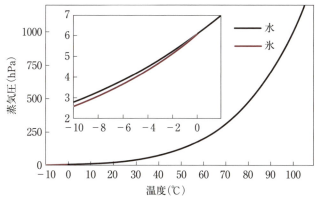

図 14.2 水と氷の蒸気圧曲線(内挿図は低温度部の拡大図)

14.3 沸騰

水を加熱すると蒸気圧は増大し，100℃で1013 hPa（1 atm）になる．よって平地では100℃以上の水は，その蒸気圧が外圧を超えて**沸騰**する．水の沸騰の様子を図14.3に示す．ガスバーナーなどで水の入ったビーカーを下から加熱すると，やがて底部から泡が発生して水は沸騰する．この泡は1 atmの水蒸気である．液体の水に比べて水蒸気の密度ははるかに小さいため，水蒸気の泡はすぐに水中を上昇して水面から大気へと放出される．放出された水蒸気は，外気によって冷却されると水滴に戻る．白い湯気はこの水滴であり，水蒸気そのものは透明である．

> **水の沸点**
> 沸騰は液体の蒸気圧が外圧を超えることで起こる現象であり，このときの温度を沸点という．沸点は外圧によって変わる．富士山の山頂では気圧は645 hPaほどであり，水は88℃で沸騰する．真空ポンプなどで圧力を下げると，25℃の水でも沸騰する．一方，水深50 mの位置では大気圧と水圧の合計が約6 atmであり，水は159℃で沸騰する．

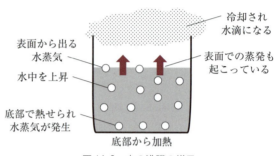

図14.3 水の沸騰の様子

沸点は外圧を超える蒸気圧になるときの温度を指す．特別な場合を除いて外圧は1 atmとみなすことが多い．エタノールの沸点は78.37℃と水より低い．そのため水とエタノールの混合溶液を加熱するとエタノールがより多く蒸発し，その蒸気を冷却するとアルコールの濃度の高い液体が得られる．ウイスキーや焼酎などの蒸留酒はこの**蒸留**とよばれる行程を経て作られる．窒素やメタンのように常温で気体の物質は，沸点が常温より低い．窒素の沸点は－195.8℃であり，液体窒素は比較的安価な冷却剤として使用される．

14.4 蒸発熱

ファンデルワールス力で分子が凝集している液体に対し，気体の分子はファンデルワールス力の束縛を解いて自由に運動できるだけの大きな運動エネルギーをもつ．したがって，液体が気体になるためには外部からかなりの熱エネルギーをもらう必要がある．この熱エネルギー（熱量）を**蒸発熱**という．外部から熱エネルギーの補給がない場合，液体が気化するのに必要な蒸発熱には，液体分子の運動エネルギーが使われることになり，したがって，液体が蒸発すると液体の温度は下がる．肌についた水が乾燥するときに冷たく感じるのは，この蒸発熱によって水と肌の温度が下がるためである．

容器に入れた水を加熱し続けても，水の温度は100℃より高くなることはない．これは，水が水蒸気として蒸発するときに蒸発熱を奪いながら沸騰するためであり，水が沸騰している間は加熱を続けても温度

> **フリーズドライ**
> コーヒーを真空ポンプで減圧していくと，加熱しなくても沸騰をはじめ，蒸発熱が奪われることでコーヒーが冷たくなる．0℃以下になると水が凍り始め，さらに減圧を続けると氷が水蒸気として昇華し，コーヒーを凍結したまま乾燥することができる．このような水分の除去法をフリーズドライ（凍結乾燥）といい，インスタントコーヒーの製造に使用されている．コーヒーのように香りが大事な食品では，加熱すると風味が変わるので，減圧によって水分を除去する製造方法が採用されている．

14.4 ● 蒸発熱

100℃に保たれる.

表 14.1 にいくつかの化合物の蒸発熱と分子量と沸点を示す. メタン, エタン, プロパンで比べると, 分子量が大きいほど蒸発熱も大きいことがわかる. 気体になるためには分子が液体中から飛び出していく必要があり, より分子量の大きい分子ほどより大きなエネルギーが必要になる. これは, 分子量の大きい分子ほどファンデルワールス力が大きいからである. 一方, 水の蒸発熱は, 水の分子量が小さいにも関わらず, 極端に大きい. これは液体の水がファンデルワールス力のみで互いに束縛されているのではなく, **水素結合**も分子間力に寄与していることによる. ファンデルワールス力による結合に比べて水素結合はより強い結合であり, 両者を振り切って分子が気体として飛び出すためには大きなエネルギーが必要である. 一般に, 水素結合しない化合物に比べて水素結合する化合物の蒸発熱は大きい. メタノールの分子間には水素結合が形成されるので, メタノールは, 分子量は小さいが気化するためには大きな蒸発熱を必要とする.

表 14.1 様々な物質の蒸発熱と沸点

物質	蒸発熱 (kJ/mol)	分子量	沸点 (℃)
メタン	8.17	16	−161.5
エタン	14.7	30	−89
プロパン	18.8	44	−42
水	40.6	18	100
メタノール	35.2	32	64.7

■問題

14.1 水の入った飲みかけのペットボトルの蓋を閉めると, 水は減らなくなる. 分圧, 蒸気圧, 気液平衡という単語を用いて, その理由を説明しなさい.

14.2 水が半分ほど入ったペットボトルの蓋を閉め, 気液平衡になるまで待った後, 温度を上げた. ペットボトル内の水面の上部には空気が入っている. この時のペットボトル内部の気体の全圧と水蒸気の分圧がどのように変化するか説明しなさい.

14.3 1 atm の空気雰囲気下において容器 A〜D のフタを開け, A と B にギ酸を, C と D に酢酸を入れた. A と C の容器を 49℃ に, B と D の容器を 88℃ に保ち, すべての容器のフタを閉じて密閉した. すべての容器を同じ速度で減圧し, 1×10^3 Pa まで減圧した. A〜D の容器内の液体はどのような順番で沸騰するか, または沸騰しないかを答えなさい. ギ酸の蒸気圧は 322 K で 16.5 hPa, 361 K で 67.7 hPa, 酢酸の蒸気圧は 322 K で 7.1 hPa, 361 K で 37.1 hPa である.

14.4 水とメタノールをそれぞれ沸騰させ, 水 100 g とメタノール 200 g を気体にするのに必要なエネルギーはどちらが大きいか. それぞれのエネルギーを求めて答えなさい.

第3部

61

第 15 章

固体

15.1 結晶

気体と液体は流体であり，原子や分子の位置は常に動いているため，粒子間の距離や方向は空間的にも時間的にもランダムである．これに対し固体は形が保たれており，ミクロな視点で見ても粒子の相対的な位置関係は変化していない．固体は，粒子が規則的に並んだものと，規則性がなくランダムに並んだものの2つに分類される．前者を**結晶**といい，後者を**アモルファス**（非晶質）という．アモルファスは，液体状態での粒子の運動がそのまま止まった状態と考えることができる．

結晶の内部では，原子や分子が周期的に配列している．一例として，氷の結晶構造を図15.1に示す．氷の結晶では，H_2O 分子の動きは止まっており，分子は規則的に整列している．分子間の O⋯H 原子間距離や O⋯O 原子間距離も決まった値になっている．

氷の結晶
氷には10種類以上の結晶構造が存在することが知られている．一般的な氷は六方晶系とよばれる結晶構造をもち，6方向に等方的に結晶が成長する．そのため六角形や，そこから枝分かれした形状の結晶が見られることが多い．

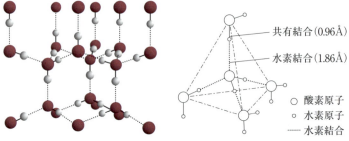

図 15.1 氷の結晶構造

氷の結晶構造をよく観察すると，四面体の中心と頂点に O 原子が存在する配置になっており，O 原子と O 原子の間に H 原子が存在している．したがって O 原子は4つの H 原子に取り囲まれているが，そのうち2つは共有結合であり，残りの2つは水素結合である．共有結合しているH—O—Hが水分子であり，H—O の距離（0.96Å）は気体状態や液体状態のときとほぼ同じである．O⋯H 水素結合距離（1.86Å）は共有結合の H—O 原子間距離（0.96Å）に比べて長い．水素結合は共有結合に比べてはるかに弱い結合であるが，結晶として水分子が周期的に配列することに強く寄与している．氷の結晶では，水分子同士が水素結合しやすい向きで結晶をつくるため，氷の結晶中には隙間があり，そのため氷の密度は水に比べて8％ほど小さい．ほとんどの物質で固体と液体の密度を比べると固体のほうが大きく，水と氷のように密度が逆転する関係は極めて珍しい（→第10章10.4節）．

鉄や銅などの金属の固体も結晶である．金属結合には方向性がなく，原子が最も密に配列した面心立方構造または六方最密充塡構造の結晶（充塡率74％）が多く，次いで体心立方構造の結晶（充塡率68％）が多い．金属の固体はその金属の液体よりも密度が大きい．

塩化ナトリウム NaCl や硫化亜鉛 ZnS はイオン結晶であり，異なる符号のイオン同士のクーロン引力と，同じ符号のイオン同士のクーロン斥

力，および各イオンの数と大きさ（イオン半径）によって結晶中のイオンの並び方が決まる．NaClとZnSはどちらも陽イオンと陰イオンの数の比は1:1であるが，陽イオンと陰イオンの半径比が異なり，違う結晶構造になる（→図6.1，表6.2）．

水晶は二酸化ケイ素SiO_2の結晶であり，共有結合の結晶である．氷の結晶と原子の配列の仕方が似ているが，氷と異なりSi原子とO原子の結合はすべて共有結合であり，結晶全体を1つの分子とみなせる．グラファイトとダイヤモンドはいずれも炭素の単体だが，C原子が異なる混成軌道をもつため結晶構造が異なる（図15.2）．ダイヤモンドではC原子は4つの共有結合により取り囲まれた正四面体型の配位構造をとる（sp^3混成）が，グラファイトではC原子は3つの共有結合により取り囲まれた平面三角形の配位構造をとる（sp^2混成）．グラファイトの平面構造の面内は共有結合であるが，面同士の結合はファンデルワールス力であり，結合は弱い（→第8章8.4節）．

ヨウ素I_2やドライアイス（二酸化炭素の固体）は，ファンデルワールス力による分子結晶である．他の結晶に比べて分子同士の結合力が弱く，分子結晶は柔らかく昇華しやすいものが多い．

ダイヤモンド

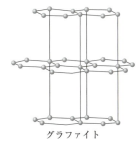
グラファイト

図15.2 ダイヤモンドとグラファイトの結晶構造

15.2 アモルファス

結晶は原子などの粒子が周期性をもって並んだ固体であるが，**アモルファス**には粒子の配列に周期性がない．このことからアモルファスは**非晶質**ともよばれる．図15.3に結晶とアモルファスの模式図を示す．

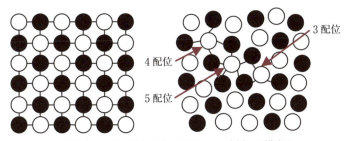

図15.3 結晶（左）とアモルファス（右）の模式図

水晶はSiO_2の元素組成をもつ共有結合の結晶であることを上に述べたが，同じ組成の石英ガラスはSiO_2のアモルファスである．水晶と石英ガラスはSi原子とO原子が周期性をもって配列するか，ランダムに存在するかの違いで分けられる．図15.3左の結晶では，黒丸で示した原子と白丸で示した原子が周期的に並んでおり，それぞれの原子の配位数は常に4である．右のアモルファスでは，3〜5配位の原子が混在し，一定の構造をとっていない．

アモルファスの特徴の1つとして，明瞭な融点をもたないことが挙げられる．ミクロな視点から融点を説明すると，融点とは固体中の粒子が周りの粒子によって束縛される力（結合）に対抗して，それを上回る熱

第 15 章 ● 固体

振動が与えられる温度である．したがって結晶のように均一な固体の場合，粒子はすべて同じ力で束縛されているために，ある決まった温度で一斉に融解する．これに対しアモルファスは構造がランダムであり，束縛が弱い粒子と強い粒子（図 15.3 右の 3 配位と 5 配位など）がある．束縛が弱い原子は低い温度で動き出し，強い原子は高い温度まで動かない．そのため，アモルファスの温度を上げると，液体になる前に固体のまま徐々に柔らかくなる．この現象をガラス転移とよび，ガラス転移を示すものを一般に**ガラス**とよぶ．ガラスとアモルファスの定義は明確には分けられていない．

　結晶とアモルファスのもう 1 つの違いとして，**粒界**の有無が挙げられる．結晶には，1 つの結晶である**単結晶**と小さな結晶が集まっている**多結晶**がある．多結晶では単結晶と単結晶との間には粒界とよばれる境目がある．粒界に接する 2 つの単結晶は，同じ結晶だがその並び方の向きが異なっており，光が粒界を通過するときに屈折が起こることが多い．そのため多結晶は，光の吸収がなくても一般に白く濁る．大きな単結晶を作ることは一般に難しく，そのため窓ガラスやアクリル板のように透明性が必要な場合，結晶材料ではなくアモルファス材料が用いられる．アモルファスは結晶と異なりランダムな構造のため，粒界に相当するものがなく，光の屈折が起こりにくい．

15.3　融解平衡

　気体と液体の気液平衡と同様に，固体と液体との間には**融解平衡**が成り立つ．0℃の水の中に 0℃の氷を入れ，外部との熱のやり取りがない状態とすると，融解平衡となる．気液平衡では気体から液体への凝縮の速度は気体の分圧に比例するが，融解平衡では固体の濃度（密度）と液体の濃度（密度）は変わることがないため，凝固と融解の速度は一定に保たれる．そのため，外部からの熱の出入りによって固体と液体の間の状態変化が起こり，その割合が変わる．融解平衡にある氷と水に外部から徐々に熱を加えると，加えられた熱は氷の融解に使われ，温度は 0℃の状態に保たれる．加熱を続けると，氷がなくなった後に水温が上昇する．

15.4　融解熱

　1 mol の固体の物質が融解するときに必要な熱量を**融解熱**といい，凝固熱と等しい．表 15.1 に融解熱の例を示す．金属の融解熱は，一般に融点が低い Hg や K では小さく，融点が高い Fe や Pt などでは大きい．融解熱は液体と固体のエンタルピーの差であり，融解熱の小さい金属は低温で容易に融解し，融解熱の大きな金属は融解するのに大きな熱量が必要であることを表している．氷の融解熱は 6.02 kJ/mol で，0℃の氷の融解に必要なエネルギーは 0℃の水を 80℃まで熱するのに必要なエネル

表 15.1　融解熱と沸点

物質	融解熱 (kJ/mol)	融点 (℃)
Hg	2.35	−39
K	2.40	64
Fe	15.1	1536
Pt	21.8	1769
エタノール	5.02	−115
ベンゼン	9.84	5.5
ナフタレン	18.8	80.5
H_2O	6.02	0

ギーに相当する.

15.5 過冷却

　液体の温度を下げていくとき，温度が凝固点より低くなっても固体（結晶）にならないことがある．このような現象を**過冷却**とよぶ．図 15.4 に液体を冷却するときの冷却時間と温度のグラフを示す．

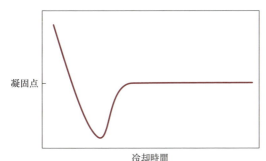

図 15.4　過冷却を示す冷却曲線

　液体が固体になるとき，結晶の種となる**核**が現れ，**結晶成長**によってその核が大きくなることで固体の割合が増えていく．凝固点は結晶成長が開始する温度であり，核生成が起こる温度と必ずしも同一ではなく，核生成はより低い温度で起こることが多い．そのため，液体は凝固点よりも低い温度の過冷却状態となることがある．過冷却状態で核が形成するとその周りに結晶が成長し，このとき融解熱が放出されるため，温度が上がる．結晶化は温度が凝固点になるまで進行し，凝固点に達したあとは冷却速度につりあう融解熱分の結晶化が進行することで温度が一定になる．過冷却は結晶の核がないことが原因であり，したがって，すでに液体と固体の結晶が混ざっている状態では過冷却にならず，その結晶が成長する．

過冷却とアモルファス
アモルファスは特定の構造ではないことから，アモルファスの形成には核生成を必要としない．アモルファスはしばしば過冷却液体が動かなくなった状態として表現される．たとえば石英ガラスは，高温で液体となっている SiO_2 を水晶として結晶化するよりも速く冷却したものと考えることができる．常温では Si 原子や O 原子は動くことができず，過冷却状態でランダムな構造のまま位置が固定され，固体になっている．

■問題

15.1 融点以下の低温でも氷に高い圧力をかけると液体になり，融点以上の高温でも液体の鉄に高い圧力をかけると固体になる．それぞれの理由を説明しなさい．

15.2 氷の結晶では H_2O 分子が存在するが，水晶の結晶には SiO_2 という分子はない．このことを，氷と水晶の結晶構造に基づいて説明しなさい

15.3 18 g の 50℃ の水と，18 g の 0℃ の氷を混ぜ，融解平衡となったときの氷の質量を求めなさい．氷の融解熱を 6.02 kJ/mol，水の比熱容量を 75 J·mol^{-1}K^{-1} とし，外部との熱のやり取りはないものとする．

第 16 章

化学平衡

16.1 可逆反応

水素（H_2）とヨウ素（I_2）を体積一定の容器に入れて一定温度（700 K程度）に保つと，

$$H_2 + I_2 \rightarrow 2HI \tag{16.1}$$

と反応して，ヨウ化水素（HI）が生成する．一方，HIを同じ体積の容器に入れて同じ温度に保つと，

$$2HI \rightarrow H_2 + I_2 \tag{16.2}$$

と反応して，H_2 と I_2 に分解する．このように，同じ条件でいずれの方向にも進行する反応を**可逆反応**といい，

$$H_2 + I_2 \rightleftarrows 2HI \tag{16.3}$$

のように表す．式 16.3 の可逆反応において，式 16.1 の反応を**正反応**，式 16.2 の反応を**逆反応**という．

同じ物質量の H_2 と I_2 を体積一定の容器に入れて一定温度に保つと，初めは主に式 16.1 の正反応が進むため，勢いよく HI が生成する．時間の経過とともに生成した HI の物質量が増えると，式 16.2 の逆反応も進むようになり，一部の HI が分解して H_2 と I_2 に戻る．ある時間 t_e が経過すると，反応物の H_2 と I_2 のモル濃度（それぞれ $[H_2]$ と $[I_2]$）と生成物の HI のモル濃度（$[HI]$）は一定になる（図 16.1）．これは，単位時間あたりに正反応によって消費される H_2 と I_2 の物質量と逆反応によって生成する H_2 と I_2 の物質量が同じになる，もしくは正反応によって生成する HI の物質量と逆反応によって消費される HI の物質量が同じになることを意味している．つまり，見かけ上反応が止まったようになり，反応物および生成物の物質量の割合が一定になる．このような状態を**化学平衡**という．化学平衡の状態では，反応物および生成物が一定の割合で共存しており，エントロピーの面から見ると反応物と生成物が共存して乱雑さが増加した有利な状態であるといえる．

いま，式 16.4 の可逆反応が化学平衡の状態にある場合を考える．

$$aA + bB \rightleftarrows cC + dD \tag{16.4}$$

このとき，物質 A，B，C，D のモル濃度をそれぞれ $[A]_e$，$[B]_e$，$[C]_e$，$[D]_e$ とすると，

$$K = \frac{[C]_e^c [D]_e^d}{[A]_e^a [B]_e^b} \tag{16.5}$$

という関係が成り立つ．これを**化学平衡の法則**（質量作用の法則）といい，K を**平衡定数**（濃度平衡定数）という．平衡定数は反応に固有の値であり，温度が同じであれば一定である．たとえば，上記の式 16.3 の反応が化学平衡の状態にあり，$[H_2]_e = 0.20$ mol/L，$[I_2]_e = 0.20$ mol/L，$[HI]_e = 1.60$ mol/L であったとすると，平衡定数は $K = \dfrac{[HI]_e^2}{[H_2]_e^1 [I_2]_e^1} = \dfrac{(1.60)^2}{(0.20)\times(0.20)} = 64$ となる．

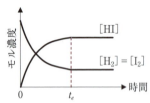

図 16.1 反応 $H_2 + I_2 \rightleftarrows 2HI$ におけるモル濃度の変化

平衡定数の単位

式 16.3 の反応例では平衡定数 K に単位はなくなるが，式 16.4 の一般的な可逆反応においては反応式の両辺の係数の和が $a+b \neq c+d$ であれば，平衡定数 K に単位があることになる．しかし正しくは，平衡定数 K は各物質の活量（実効的な濃度に相当する量で，単位はない）を用いて定義されるので，どのような可逆反応であっても平衡定数 K には単位はない（無次元数になる）ことになる．

16.2 解離平衡

塩化ナトリウム NaCl などのイオン化合物は程度の差こそあれ，水溶液中で NaCl→Na$^+$+Cl$^-$ のように解離してイオンになっている．これを電離といい，電離する物質を電解質，電離しない物質を非電解質という（→第 19 章 19.2 節）．

酢酸 CH$_3$COOH は弱酸であり，水溶液中で

$$CH_3COOH \rightleftarrows H^+ + CH_3COO^- \qquad (16.6)$$

のように，わずかに電離する．反応物である酢酸の大半は電離せずに残るので，反応物と生成物が共存する化学平衡の状態が成り立つ．これを**解離平衡**（電離平衡）という．H$_2$SO$_4$ などの強酸でも濃度が濃くなると完全には解離せず（すべての H$_2$SO$_4$ が解離することはなく），解離平衡の状態になる．

16.3 いろいろな平衡反応

多くの反応が可逆反応，つまり平衡反応である．気体が関わる反応は平衡反応が多く，

$$N_2(g)+3H_2(g) \rightleftarrows 2NH_3(g) \qquad （ハーバー・ボッシュ法）$$
$$CH_4+H_2O \rightleftarrows 3H_2+CO \qquad （天然ガスからの水素生成）$$
$$C(s, 石炭)+H_2O(g) \rightleftarrows H_2(g)+CO(g)$$
$$N_2(g)+O_2(g) \rightleftarrows 2NO(g) \qquad （窒素酸化物の生成）$$
$$2SO_2+O_2 \rightleftarrows 2SO_3(g)$$

などがある．また，酢酸とエタノールから酢酸エチルができる反応〔CH$_3$COOH(l)+C$_2$H$_5$OH(l) $\rightleftarrows$ CH$_3$COOC$_2$H$_5$(l)+H$_2$O(l)〕やテレフタル酸とエチレングリコールからポリエステルのポリエチレンテレフタレート（PET）が生成する反応も平衡反応である．固体，液体，気体の溶媒への溶解も平衡反応である（溶解平衡）．

16.4 平衡移動

平衡定数は温度が一定であれば同じ値となる．ある温度において，式 16.5 を満たす [A]$_e$, [B]$_e$, [C]$_e$, [D]$_e$ の組合せは無限にある．平衡状態の温度が変わると，平衡定数が変わり，[A]$_e$, [B]$_e$, [C]$_e$, [D]$_e$ の組合せも変化する．また，平衡状態にあるこの系に物質 A を加えるなどの変化を加えると，濃度 [A]，[B]，[C]，[D] が変化して，新たな平衡状態に達する．このように，ある変化を平衡状態に与えて平衡濃度 [A]$_e$, [B]$_e$, [C]$_e$, [D]$_e$ の割合が変化することを「**平衡が移動する**」という．平衡が移動するのは，正反応が促進されて新たな平衡状態に達する場合と，逆反応が促進されて新たな平衡状態に達する場合とがあり，前者を "平衡が正反応方向に移動する（右に移動する）"，後者を "平衡が逆反応方向に移動する（左に移動する）" という．

化学平衡が移動する方向は，系に与えられた変化を緩和する方向にな

平衡移動の方向
化学平衡が移動する方向は，ル・シャトリエの原理により，系に与えられた変化を緩和する方向になる．これは，言い換えれば，変化をなかったことにすることはできないが，その変化の幅を少しでも小さくしようとする方向に平衡が移動するということである．自然は大きな変化は好まないといえる．

平衡に関するファントホッフの式
絶対温度 T' のときの平衡定数を K' とする．絶対温度が T' から T となったとき，平衡定数が K に変化したとすると，次のファントホッフの式が成り立つ．
$$\ln K' - \ln K = -\frac{\Delta_r H°}{R}\left(\frac{1}{T'} - \frac{1}{T}\right)$$
ここで $\Delta_r H°$ は標準状態（1 bar）での反応のエンタルピー変化，R は気体定数である．$\Delta_r H°$ は一定とみなしているので 298 K での値を用いることが多い．$\ln K$ を $1/T$ に対してプロットすると，傾きが $-\Delta_r H°/R$ になるので，発熱反応（$\Delta_r H°<0$）のときは T が高くなると K が小さくなる．吸熱反応（$\Delta_r H°>0$）のときは T が高くなると K が大きくなり，ル・シャトリエの原理が成り立っている．

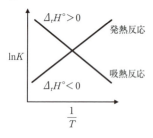

る．これを**ル・シャトリエの原理**といい，まとめると次のようになる．
① 濃度：ある物質を増やした場合，増えた物質が減る反応が促進される．ある物質を減らした場合，減った物質が増える反応が促進される．
② 全圧力（気体が関わる平衡反応）：全圧力を高くした場合，気体の粒子数が減る反応が促進される．全圧力を低くした場合，気体の粒子数が増える反応が促進される．
③ 反応温度：温度を高くした場合，吸熱反応が促進される．温度を低くした場合，発熱反応が促進される．

式 16.3 の反応が体積一定（V）の容器内で化学平衡の状態にあり，H_2, I_2, HI の物質量がそれぞれ 0.20 mol, 0.20 mol, 1.60 mol であったとすると，平衡定数は $K = \dfrac{[HI]_e^2}{[H_2]_e^1[I_2]_e^1} = \dfrac{\left(\dfrac{1.60}{V}\right)^2}{\left(\dfrac{0.20}{V}\right)\times\left(\dfrac{0.20}{V}\right)} = 64$ となる．これを平衡状態 1 とする．この状態から，温度を一定にして生成物である HI を 1.0 mol 取り除いたとする（図 16.2 の条件変化）．条件変化直後は H_2, I_2, HI の物質量はそれぞれ 0.20 mol, 0.20 mol, 0.60 mol であり，この状態から新たな平衡状態 2 へと平衡が移動する．条件変化により生成物である HI の物質量が

	H₂	+ I₂	⇌ 2HI
平衡状態 1	0.20	0.20	1.60
条件変化	0	0	−1.0
条件変化直後	0.20	0.20	0.60
変化量	−x	−x	+2x
平衡状態 2	0.20−x	0.20−x	0.6+2x

図 16.2 反応 $H_2+I_2 \rightleftarrows 2HI$ における平衡移動

減ったので，ル・シャトリエの原理により HI が増える正反応が促進され，反応物の H_2 と I_2 は，条件変化直後の量から同じ物質量だけ減少する．平衡状態 2 へ達するまでの変化量を $-x$ [mol] とすると，HI の変化量は $+2x$ [mol] なので，平衡状態 2 での H_2, I_2, HI の物質量はそれぞれ $0.20-x$ [mol], $0.20-x$ [mol], $0.60+2x$ [mol] となる．温度一定なので平衡定数の値は変わらず，平衡状態 2 でも $K = \dfrac{[HI]_e^2}{[H_2]_e[I_2]_e} = \dfrac{\left(\dfrac{0.60+2x}{V}\right)^2}{\left(\dfrac{0.20-x}{V}\right)\times\left(\dfrac{0.20-x}{V}\right)} = 64$ が成り立つ．これを解くと，$\dfrac{0.60+2x}{0.20-x} = \pm 8$ となり，$0<x<0.2$ なので $x=0.10$ mol となる．よって，平衡状態 2 での H_2, I_2, HI の物質量はそれぞれ 0.10 mol, 0.10 mol, 0.80 mol となる．

16.5 熱力学が支配する化学反応

第 12 章 12.2 節で述べたように，温度と圧力が一定の場合は，ある変化に伴うギブズエネルギー変化量 $\Delta G<0$ であれば，その変化は自発的に進行し，$\Delta G>0$ であれば自発的に進行しない．アンモニア NH_3 の生

成反応

$$N_2 + 3H_2 \rightleftarrows 2NH_3 \qquad (16.7)$$

について，系の全ギブズエネルギーを考える．組成が変化すると系の全ギブズエネルギーも変化するので，窒素 N_2 が Δn[mol](>0) だけ反応したとき，H_2 は $3\Delta n$[mol] 反応し，NH_3 が $2\Delta n$[mol] 生成する．このとき系の全ギブズエネルギーの変化は，1 mol あたりの N_2, H_2, NH_3 のギブズエネルギーをそれぞれ μ_{N_2}[J/mol]，μ_{H_2}[J/mol]，μ_{NH_3}[J/mol] とすると

$$\Delta G = 2\Delta n \times \mu_{NH_3} - \Delta n \times \mu_{N_2} - 3\Delta n \times \mu_{H_2}$$
$$= (2\mu_{NH_3} - \mu_{N_2} - 3\mu_{H_2})\Delta n$$

となる．この式の両辺を Δn で割ると，

$$\frac{\Delta G}{\Delta n} = 2\mu_{NH_3} - \mu_{N_2} - 3\mu_{H_2} \qquad (16.8)$$

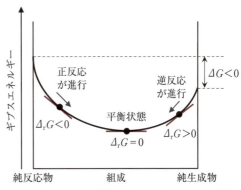

図 16.3 系の全ギブズエネルギーと反応ギブズエネルギーの関係

となる．式 16.8 の左辺は，系の組成（単位は mol）に対する全ギブズエネルギーのグラフ（図 16.3）の傾きを表し，**反応ギブズエネルギー** $\Delta_r G$ という（単位は J/mol）．平衡状態では全ギブズエネルギーが最少になり，このとき $\Delta_r G = 0$ となる．標準状態（1 bar）での $\Delta_r G$ を**標準反応ギブズエネルギー**といい，$\Delta_r G°$ とすると，反応の平衡定数 K と

$$\Delta_r G° = -RT\ln K$$

の関係がある．反応ギブズエネルギーが $\Delta_r G < 0$ であれば $K > 1$ となり反応が自発的に進む（実際には $K < 1$ でも，$10^{-3} < K < 1$ 程度であれば平衡状態での生成物の割合は少なくない）．

アンモニアの生成反応（式 16.7）の標準反応ギブズエネルギーは $\Delta_r G° = -32.9$ kJ/mol (298 K) で，室温付近では熱力学的には有利な反応である．式 16.7 は発熱反応（$\Delta_r H° = -92.2$ kJ/mol）なので，ル・シャトリエの原理からは，アンモニア生成には温度が低いほど，圧力が高いほどよい．しかし実際は，アンモニア生成の反応速度を増加させる必要があり，触媒共存下で加熱・加圧（400〜600℃，1×10^7〜3×10^7 Pa）して平衡状態に到達させる．このように，$\Delta_r G° < 0$ であれば熱力学的には有利な（自発的に起こりやすい）反応であるが，現実的な速度で生成物が得られるかどうかまでは判断できない．

一方で，光合成の反応（$6CO_2 + 6H_2O \rightarrow C_6H_{12}O_6 + 6O_2$）は，反応物および生成物のみを考慮した場合は，$\Delta_r G° = +2879$ kJ/mol (298 K) > 0 である．しかし，現実には光エネルギーを含む系を考えることにより，全体として $\Delta_r G° < 0$ の反応となり，自発的に反応が進行する．

■問題

16.1 アンモニアの生成反応（式 16.7）の 298K での平衡定数を求めなさい．

化学ポテンシャル

成分 A を 1 mol だけ変化させたときの系の自由エネルギー変化を A の化学ポテンシャルといい，μ_A で表す．化学ポテンシャルは示強性の物理量である．純粋な物質の化学ポテンシャルは 1 mol あたりの A のギブズエネルギーに等しい．

標準状態（1 bar）かつ温度 T での A の化学ポテンシャルを $\mu_A°$ とすると，$\mu_A = \mu_A° + RT\ln a_A$ と表せる．ここで，a_A は A の活量（実効的な濃度）であり，希薄溶液の場合はモル濃度の値（単位なし）[A] で近似できる．

式 16.8 より，反応ギブズエネルギー $\Delta_r G$ は生成物と反応物の化学ポテンシャルの差なので，式 16.4 の可逆反応について，

$$\Delta_r G = c\mu_C + d\mu_D - (a\mu_A + b\mu_B)$$
$$= c(\mu_C° + RT\ln a_C)$$
$$+ d(\mu_D° + RT\ln a_D)$$
$$- a(\mu_A° + RT\ln a_A)$$
$$- b(\mu_B° + RT\ln a_B)$$
$$= (c\mu_C° + d\mu_D° - a\mu_A° - b\mu_B°)$$
$$+ RT\ln(a_C^c a_D^d/(a_A^a a_B^b))$$
$$= \Delta_r G°$$
$$+ RT\ln(a_C^c a_D^d/(a_A^a a_B^b))$$

となる．平衡状態では $\Delta_r G = 0$ なので，

$$\Delta_r G° = -RT\ln(a_C^c a_D^d/(a_A^a a_B^b))$$

が成り立つ．平衡定数は

$$K = a_C^c a_D^d/(a_A^a a_B^b)$$
$$\approx [C]^c[D]^d/([A]^a[B]^b)$$

なので，$\Delta_r G° = -RT\ln K$ が成り立つ．温度一定の場合は $\Delta_r G°$ が一定なので，平衡定数

$$K = [C]_e^c[D]_e^d/([A]_e^a[B]_e^b)$$

も一定となり，化学平衡の法則が成り立つことがわかる．

第17章

溶液の性質 1

17.1 固体の溶解平衡（溶解度と溶解度積）

液体（溶媒）に固体（溶質）を入れると，固体が溶け出して液体中に広がっていき，溶液中の溶質濃度は次第に高くなっていく．十分な時間が経過すると，粒子が固体から溶け出す速度と溶液から析出する速度は等しくなり，見かけ上溶解が止まった状態になる．この状態を**溶解平衡**とよび，この状態にある溶液を**飽和溶液**という．

ショ糖のような非電解質 S の固体の溶解平衡は

$$S(固) \rightleftharpoons S(溶液) \tag{17.1}$$

と表せるので，平衡定数は

$$K = [S(溶液)]/[S(固)] \tag{17.2}$$

となる．飽和溶液と共存している固体中の S の濃度 [S(固)] は一定とみなしてよいので，飽和溶液中の S の濃度すなわち**溶解度**は

$$[S(溶液)] = K[S(固)] \tag{17.3}$$

となり，温度が一定であれば一定値になることがわかる．固体の溶解度は，通常は，溶媒 100g に溶ける溶質の最大質量（g 単位）で表す．硫酸銅（Ⅱ）五水和物 $CuSO_4 \cdot 5H_2O$ のように結晶が水和水をもっている場合，水に対する溶解度は，水 100 g に溶ける無水塩 $CuSO_4$ の最大質量で表す．固体の溶解度は，温度が高くなるほど大きくなるものが多いが，NaCl のようにほとんど変化しないものや，$Ca(OH)_2$ のように小さくなるものもある．

表 17.1　固体の溶解度（g/水 100 g）

	0℃	20℃	40℃	60℃	80℃	100℃
ショ糖	179	204	238	287	362	486
KNO_3	13.3	31.6	63.9	109	169	245
$NaNO_3$	73	88	105	124	148	175
KCl	28.1	34.2	40.1	45.8	51.3	56.3
NaCl	35.6	35.8	36.0	37.1	38.0	39.3
$Ca(OH)_2$	0.143	—	0.107	0.092	—	—

電解質は水のような極性溶媒に溶かすと電離するので，電解質 MX の固体の溶解平衡は

$$MX(固) \rightleftharpoons M^+(溶液) + X^-(溶液) \tag{17.4}$$

と表せ，平衡定数は

$$K = [M^+(溶液)][X^-(溶液)]/[MX(固)] \tag{17.5}$$

となる．飽和溶液と共存している固体中の MX の濃度 [MX(固)] は一定とみなしてよいので，

$$[M^+(溶液)][X^-(溶液)] = K[MX(固)] \tag{17.6}$$

となり，温度が一定であれば一定値になる．水溶性の電解質の場合，飽和溶液中の陽イオンと陰イオンの濃度は同じ値で，溶液中に溶け出した電解質の濃度 c_{MX} に等しい．したがって，式 17.6 は，非電解質の場合と同様，温度が一定であれば c_{MX} が一定値になることを示しており，溶解

溶液の濃度

溶液は液体に他の物質を溶かした均一混合物であり，液体を**溶媒**，溶かされた物質を**溶質**とよんでいる．水とエタノールのようにどんな割合でも混ざり合う 2 種類の液体の混合物の場合は，どちらの成分を溶媒とよんでもよいが，通常は量の多い方を溶媒とする．溶液の組成を表すには，用途によって**質量パーセント濃度** w（wt %），**モル濃度** c（mol/L または mol/dm³），**質量モル濃度** m（mol/kg），**モル分率** x などが用いられる．どの濃度でも溶液組成を計算できるようにしておくことが必要である．

$$w = \frac{溶質の質量(g)}{溶液の質量(g)} \times 100$$

$$c = \frac{溶質の物質量(mol)}{溶液の体積(L)}$$

$$m = \frac{溶質の物質量(mol)}{溶媒の質量(kg)}$$

$$x = \frac{溶質の物質量(mol)}{全成分の物質量の和(mol)}$$

非電解質固体の溶解平衡の平衡定数
式 17.2 ではモル濃度を用いて表したが，正しくは活量を用いて $K = a_{S(溶液)}/a_{S(固)}$ と表される．ここで，固体の活量 $a_{S(固)}$ は 1 であるので，$K = a_{S(溶液)}$ となり，溶解平衡の平衡定数 K と飽和溶液の溶質 S の活量 $a_{S(溶液)}$ は等しいことがわかる．希薄溶液では，溶質 S の活量はモル濃度 [S(溶液)] に等しいので，式 17.3 は正しくは [S(溶液)] = K となる．

電解質固体の溶解平衡の平衡定数
上の非電解質固体の場合と同様に，モル濃度で表された式 17.5 は，正しくは活量を用いて $K = a_{M^+(溶液)} a_{X^-(溶液)}/a_{MX(固)}$ と書かれる．ここで，固体の活量 $a_{MX(固)}$ は 1 であるので $K = a_{M^+(溶液)} a_{X^-(溶液)}$ となり，希薄溶液ではイオン M^+ と X^- の活量はモル濃度 [M$^+$(溶液)] と [X$^-$(溶液)] に等しいので，式 17.6 の正しい式は [M$^+$(溶液)][X$^-$(溶液)] = K となる．

度の考え方だけで充分である．しかし，難溶性の電解質の場合，飽和溶液中の陽イオンと陰イオンの濃度は非常に小さいため，必ずしも同じ値になるとは限らないので，溶解度（溶け出した電解質の濃度）の考え方を用いることができない．そこで，式 17.6 の左辺を**溶解度積** K_{sp} と名付け，これが温度一定で一定値になることを利用している．

17.2 分配平衡（分配係数）

　一般に，極性物質は極性溶媒に溶けやすく，無極性物質は無極性溶媒に溶けやすい．したがって，互いに混ざり合わないで二層をなす極性溶媒と無極性溶媒の中に溶質を溶かすと，溶質は溶媒への溶けやすさに従って各溶媒へ分配されることになる．これが溶媒抽出の原理である．

　分配平衡は

$$S(極性溶媒) \rightleftharpoons S(無極性溶媒) \tag{17.7}$$

と表せるので，平衡定数は

$$K = [S(無極性溶媒)]/[S(極性溶媒)] \tag{17.8}$$

となり，これを**分配係数** K_d とよんでいる．たとえば，水と四塩化炭素にヨウ素を分配させると，$K_d = [I_2(CCl_4)]/[I_2(H_2O)] = 85$（25℃）である．

　上式は，溶質が極性溶媒中でも無極性溶媒中でも 1 分子で溶けている場合に成り立つものであり，溶質が会合体を形成する場合は複雑になる．たとえば，安息香酸は水中では 1 分子で溶けているが，ベンゼン中では 2 分子会合体として溶けていることがわかっており，

$$C_6H_5COOH(H_2O) \rightleftharpoons (1/2)(C_6H_5COOH)_2(C_6H_6) \tag{17.9}$$

と表せるので，平衡定数すなわち分配係数は

$$K = [(C_6H_5COOH)_2(C_6H_6)]^{1/2}/[C_6H_5COOH(H_2O)] \tag{17.10}$$

となる．通常，溶質が各溶媒中でどのような化学種として存在しているかわからないことが多いので，分配比

$$D = 無極性溶媒中の溶質の総量/極性溶媒中の溶質の総量 \tag{17.11}$$

が用いられる．

17.3 気体の溶解平衡（ヘンリーの法則）

　気体 S の溶解平衡は

$$S(気) \rightleftharpoons S(溶液) \tag{17.12}$$

と表せるので，平衡定数は

$$K = [S(溶液)]/[S(気)] \tag{17.13}$$

となる．気体を理想気体とみなすと，気体中の S の濃度は $[S(気)] = n/V = P/RT$ となるので，気体 S の溶解度は

$$[S(溶液)] = K[S(気)] = (K/RT)P \tag{17.14}$$

となり，温度が一定であれば圧力に比例することがわかる．これを，「温度一定のもとでは，一定量の溶媒に溶ける気体の質量は，その気体の圧

共通イオン効果

飽和塩化ナトリウム水溶液では溶解平衡

$$NaCl(固) \rightleftharpoons Na^+aq + Cl^-aq$$

が成り立っている．ここに塩化水素を吹き込むと，水溶液中の塩化物イオン濃度が増加し，平衡は左向きに移動するため，NaCl が沈殿する．

このように，ある電解質溶液に，この電解質を構成するイオンと同じ種類のイオン（共通イオン）を含む別の電解質を加えると，共通イオンが減少する向きに平衡が移動する（→第 16 章 16.4 節）．その結果，もとの電解質の溶解度や電離度が減少する現象を共通イオン効果という．

気体の溶解平衡の平衡定数

式 17.13 ではモル濃度を用いて表したが，正しくは活量を用いて $K = a_{S(溶液)}/a_{S(気)}$ と表される．ここで，気体の活量 $a_{S(気)}$ は理想気体であればその気体の圧力 P に等しいので，$K = a_{S(溶液)}/P$ となり，さらに希薄溶液では溶質 S の活量はモル濃度 $[S(溶液)]$ に等しいので，式 17.14 は正しくは $[S(溶液)] = KP$ となる．

ヘンリーの法則の別表現

本文中では，気体の溶解度の立場から（気体の立場から），ヘンリーの法則を表した．しかし，溶液を熱力学的に扱うときには，溶質が示す蒸気圧の立場から（溶質の立場から）表現されたヘンリーの法則が必要になる．すなわち，「温度一定のもとでは，揮発性溶質の蒸気圧 p_2 は，溶液中に存在する溶質のモル分率 x_2 に比例する」である．式で表すと，

$$p_2 = K_H x_2 \quad (17.16)$$

となる．K_H はヘンリーの法則の定数といい，溶媒と溶質の組み合わせに固有な定数である．

力に比例する」と表現したのが，**ヘンリーの法則**である．

溶液全体の体積を V_{soln} とすると，式 17.14 は，$[S(溶液)] = n/V_{\text{soln}} = (1/V_{\text{soln}})(PV/RT) = (K/RT)P$ となるので，これより式 17.15 が導ける．

$$V = K V_{\text{soln}} \quad (17.15)$$

よって，ヘンリーの法則は「温度一定のもとでは，一定量の溶媒に溶ける気体の体積は，（その気体の圧力の下で測ると，）気体の圧力に無関係に一定である」と言い換えることができる．

気体の溶解度は，通常，溶媒 1L に溶ける気体の体積を 0℃，1.013×10^5 Pa における体積に換算したものを用いる．一般に温度が高くなると，溶質分子の熱運動が激しくなり溶液から飛び出やすくなるから，気体の溶解度は低下する（固体の溶解度とは逆の傾向）．

表 17.2　水 1L に対する気体の溶解度
（0℃, 1.013×10^5 Pa での体積：L）

	0℃	20℃	40℃	60℃	80℃	100℃
N_2	0.023	0.015	0.012	0.010	0.0096	0.0095
O_2	0.049	0.031	0.023	0.020	0.018	0.017
CO_2	1.72	0.87	0.53	0.37	0.28	—
HCl	517	442	386	339	—	—
NH_3	477	319	206	130	81.6	—

17.4　蒸気圧降下（ラウールの法則）

液体とその蒸気が平衡にあるとき，液体中の分子が蒸発して液体から出ていく割合と蒸気中の分子が凝縮して液体に入っていく割合は等しく，このとき蒸気が示す圧力を**蒸気圧**という．液体の蒸気圧は不揮発性物質を溶かすと低下することが知られており，この現象を**蒸気圧降下**という．ラウールは二成分希薄溶液の溶媒の蒸気圧 P_1 が不揮発性溶質のモル分率 x_2 と次の関係にあることを示した．

$$(P_1^* - P_1)/P_1^* = x_2 \quad (17.17)$$

ここで，P_1^* は純溶媒の蒸気圧である．溶媒のモル分率を x_1 と表すと，$x_1 + x_2 = 1$ であるので，上式は溶媒に関する物質量だけを含む式に書き直すことができる．

$$P_1 = x_1 P_1^* \quad (17.18)$$

これは，「溶媒が蒸気相中で示す蒸気圧は，溶液中の溶媒のモル分率と純粋な溶媒が示す蒸気圧の積に等しい」ことを示しており，これを**ラウールの法則**という．

二成分希薄溶液の場合，溶質の物質量 n_2 は溶媒の物質量 n_1 に比べて極めて少ない（$n_2 \ll n_1$）ので，溶媒のモル質量を M_1[kg/mol] とすると，溶質のモル分率は，

$$x_2 = n_2/(n_1 + n_2) \approx n_2/n_1 = M_1 n_2/(M_1 n_1) = M_1(n_2/M_1 n_1)$$
$$= M_1 m_2$$

理想溶液

全濃度範囲にわたって，溶媒も溶質もラウールの法則に従うような仮想的な溶液を**理想溶液**という．溶媒も溶質も揮発性で理想溶液に非常に近い挙動を示す例を下に示す．

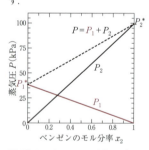

図 17.1　トルエン（成分 1）—ベンゼン（成分 2）混合溶液の蒸気の分圧（P_1, P_2）と全圧 P（80℃）

となり，溶質の質量モル濃度 m_2 に比例する．希薄溶液の場合，溶媒についてラウールの法則が成り立つので，溶媒の蒸気圧降下は式 17.17 より

$$\Delta P = P_1^* - P_1 = P_1^* x_2 = P_1^* M_1 m_2 \tag{17.19}$$

となる．すなわち，希薄溶液の蒸気圧降下は溶質の質量モル濃度に比例し，比例定数は溶媒の種類（モル質量と蒸気圧）によって決まる．比例定数は溶質の性質に無関係であることから，蒸気圧降下は溶けている溶質の分子数によって決まり，溶質の種類には依存しない希薄溶液の性質であることがわかる．このような性質は**束一的性質**とよばれている．

17.5 沸点上昇

図 17.3 は純溶媒の蒸気圧の温度依存性が不揮発性溶質の溶解によりどのように変化するか示したものである．不揮発性溶質の溶解により蒸気圧が ΔP だけ降下することによって，溶液の沸点は ΔT_b だけ上昇することがわかる．

理想希薄溶液の沸点上昇も束一的性質の1つであり，沸点上昇度 ΔT_b は溶質の質量モル濃度に比例し，比例定数 K_b は溶媒の種類によって決まる．

$$\Delta T_b = K_b m_2 \tag{17.20}$$

K_b は沸点上昇定数とよばれている．

■問題

17.1 70℃の硫酸銅（II）の飽和水溶液 400 g を 20℃まで冷却すると，何 g の硫酸銅（II）五水和物が析出するか求めなさい．ただし，硫酸銅（II）の水に対する溶解度は70℃で 47 g/水 100 g，20℃で 20 g/水 100 g であり，硫酸銅（II）の無水塩と五水和物のモル質量はそれぞれ 160 g/mol と 250 g/mol である．

17.2 AgCl の水中での溶解度積は 1.8×10^{-10} である．0.010 mol/L HCl 水溶液中での AgCl の溶解度を求めなさい．

17.3 ある化合物 S の水と四塩化炭素への分配係数 $K_d = [S(CCl_4)]/[S(H_2O)]$ は 50 である．S の水溶液 100 mL から四塩化炭素 100 mL を用いて S を溶媒抽出した場合，1回の操作で何 % の S が四塩化炭素に抽出されるか計算しなさい．

17.4 ある物質 100 g を水 1.00 kg に溶かしたら，25℃における水の蒸気圧が 25.5 mmHg から 23.8 mmHg まで低下した．この物質のモル質量を求めなさい．

17.5 上問の水溶液の沸点を求めなさい．ただし，$K_b = 0.51$ K·kg/mol である．

理想希薄溶液
溶媒はラウールの法則に，溶質はヘンリーの法則に従うような希薄溶液を**理想希薄溶液**という．下図の x_2 が 0 の付近や 1 の付近が理想希薄溶液である．

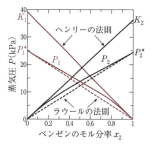

図 17.2 シクロヘキサン（成分 1）-ベンゼン（成分 2）混合溶液の蒸気の分圧（40℃）

蒸気圧降下と沸点上昇
蒸気圧降下と沸点上昇は，同じ現象を別の視点から見ているに過ぎない．下図のように，蒸気圧曲線が不揮発性溶質の溶解により変化すると考えれば明らかである．

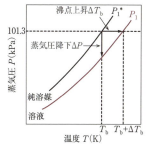

図 17.3 蒸気圧降下と沸点上昇（101.3 kPa）

第 18 章

溶液の性質 2

18.1 凝固点降下

希薄溶液の束一的性質には，前章で説明した蒸気圧降下と沸点上昇以外に凝固点降下と浸透圧がある．順に説明していく．

蒸気圧降下と沸点上昇が，不揮発性溶質の溶解による溶媒の蒸気圧曲線（状態図の気液境界線）の移動によって生じることは 17.5 節で見た．それと同様に，凝固点降下は，不揮発性溶質の溶解による溶媒の固液境界線の低温方向への移動によって生じる．溶質の溶解のため純溶媒よりも乱れた状態から，秩序ある固体へ変化するためには，純溶媒の凝固点よりも低い温度まで冷却する必要がある．

理想希薄溶液の凝固点降下度 ΔT_f は溶質の質量モル濃度 m_2 に比例し，比例定数 K_f は溶媒の種類によって決まる．

$$\Delta T_f = K_f m_2 \tag{18.1}$$

K_f は凝固点降下定数とよばれている．

18.2 浸透圧

溶媒分子は通すが溶質分子は通さない膜を介して，濃度の異なる 2 つの溶液を接触させると，溶媒分子は濃度の薄い溶液から膜を通って濃度の濃い溶液へ移動する．このように溶媒分子が膜を通って移動する現象を**浸透**という．また，ある種の粒子は通すがその他の粒子は通さない膜を**半透膜**という．小さな分子である溶媒は通すが大きな高分子は通さない半透膜もあれば，水は通すがイオンは通さない半透膜もある．

図 18.1 のような容器に同体積の純溶媒と溶液を入れると，純溶媒側から溶液側へ溶媒の流れが生じる．そうすると，溶液の液面は次第に高くなっていき，溶液側から純溶媒側に圧力が生じる．十分な時間が経つと，純溶媒側から溶液側への流れと溶液側から純溶媒側への圧力がつり合い，平衡状態に達する．このとき溶液側に余分にかかっている圧力を**浸透圧**とよぶ．

浸透が束一的性質であるというのは，溶液の浸透圧が溶質粒子の数にのみ依存し，その性質には無関係だからである．物質量 n の溶質粒子を

> **ゲルへの溶媒の浸透**
> ゲルを溶媒に浸けると，溶媒分子がゲル内部に移動し，ゲルは膨潤する．半透膜は存在しないが，ゲル内部へ溶媒が移動する現象も浸透とよぶ．ゲルの表面（界面）が半透膜であると考えてのことであり，実際ゲルにも浸透圧が作用することが知られている．

> **海水の淡水化（半透膜の応用）**
> 海水の淡水化方法の 1 つに逆浸透法がある．この方法では，海水に浸透圧以上の圧力をかけて逆浸透膜（半透膜）を通すことにより，淡水を濾し出している．逆浸透膜には 1 nm 程度の孔が開いており，孔より小さな水分子は膜を通過することができる．海水の主成分である Na^+ は直径が 0.2 nm 程度であり，水和した Na^+ でも 0.4 nm ほどしかなく，逆浸透膜の孔よりもかなり小さい．それにもかかわらず，Na^+ が逆浸透膜を通過できないのは，イオンの周りに非常に厚い電気二重層ができているからである．

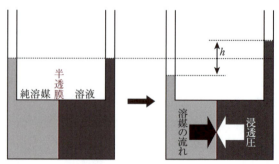

図 18.1　平衡に達したときの液面差 h により，溶液（密度 ρ）側の圧力は純溶媒側よりも ρh だけ高くなる．この圧力を溶液の浸透圧とよぶ．

含む体積 V の溶液が，絶対温度 T で純溶媒と接しているとき浸透圧 Π は浸透圧に関する**ファントホッフの式**

$$\Pi V = nRT \tag{18.2}$$

で表される．ただし，R は気体定数である．この式は，理想気体の状態方程式に非常によく似ているので，覚えやすいであろう．両辺を V で割り，モル濃度 $c = n/V$ を用いると，

$$\Pi = cRT \tag{18.3}$$

となり，浸透圧はモル濃度に比例することがわかる．

浸透圧は沸点上昇や凝固点降下よりも非常に感度の良いモル質量測定方法であり，モル質量の大きな高分子のモル質量測定に適している．

18.3 コロイド

約 $1\,\mathrm{nm} \sim 1\,\mu\mathrm{m}$ の大きさの粒子が気体や液体や固体の中に散在したものを**コロイド**あるいは**分散コロイド**という．分散は，媒質中に散在する現象を指している．分散している粒子はコロイド粒子や分散相とよばれ，媒質は分散媒とよばれる．表 18.1 のように，コロイドは分散相と分散媒の組み合わせで様々なコロイドに分類されており，生活の中の様々な場面でコロイドに出会っている．

表 18.1　いろいろな分散コロイド

分散媒	分散相	名称	例
気体	液体	液体エーロゾル	霧，もや
	固体	固体エーロゾル	煙，粉塵
液体	気体	泡	泡
	液体	エマルション（乳濁液）	牛乳，マヨネーズ
	固体	ゾル	金ゾル
		サスペンション（懸濁液）	ペイント
		ペースト	練り歯磨き
固体	気体	固体の泡	発泡スチロール
		キセロゲル	シリカゲル
	液体	固体エマルション	オパール，真珠
	固体	固体サスペンション	着色プラスチック

分散媒が液体のコロイドを**コロイド溶液**とよぶ．コロイド溶液はチンダル現象やブラウン運動といった特徴的な現象を示すが，ショ糖や塩化ナトリウムなどの水溶液はそれらの現象を示さない．後者は溶質粒子の大きさが $1\,\mathrm{nm}$ 以下の普通の溶液であり，両者を区別する必要があるときは後者を**真の溶液**とよんでいる．

ここで，**チンダル現象**とは，光がコロイド粒子によって散乱され，光の通路が垂直方向から見ても明るく輝いて見える現象である．また，**ブラウン運動**は，溶媒分子の不規則な熱運動のため，溶媒分子が衝突したコロイド粒子の運動も不規則になって見える現象である．

水が分散媒のとき，水と親和性の大きいコロイド粒子は水分子を強く引き付けて水和し安定なコロイドを形成する．これを**親水コロイド**とよぶ．一方，水と親和性の小さいものは**疎水コロイド**とよばれ，不安定で

あるので沈殿しやすい．疎水コロイドに**保護コロイド**として親水コロイドを加えると，疎水コロイドの表面に親水コロイドが吸着し安定性を高めるので，沈殿しにくくなる．たとえば，墨汁は保護コロイドとしてにかわを加えた炭素のコロイド溶液である．

疎水コロイドに少量の電解質を加えると，コロイド粒子の表面電荷が中和され，凝集して大きくなりやがて沈殿する．この現象を**凝析**という．コロイド粒子と反対の符号のイオンの価数が大きいほど凝析を引き起こす作用は大きい．

一方，親水コロイドは少量の電解質を加えたくらいでは凝析しないが，電解質を多量に加えると水和している水分子が引き離され凝集して沈殿する．この現象を**塩析**という．

コロイドには，上で述べた分散コロイドのほかに，高分子のように分子1個でコロイド粒子となる**分子コロイド**や，界面活性剤のように数十分子が会合してコロイド粒子となる**会合コロイド**がある．分散コロイドは熱力学的に不安定で，長時間放置すると析出したり相分離したりするが，分子コロイドと会合コロイドは熱力学的に安定であり，放置しても析出したり相分離したりすることはない．

18.4 界面活性剤

界面活性剤は1つの分子の中に，水に親和性のある親水基と水に親和性のない疎水基を併せもつ分子であり，典型的な界面活性剤は図18.2のような形をしている．したがって，水にも油にも親和性をもっており，どちらにも溶けることができる．このような性質を両親媒性という．

界面活性剤を水に少量ずつ溶かしていくとどうなるか見ていくと（図18.3），非常に薄い濃度の時には，ショ糖などと同じように界面活性剤は水中に分子分散した状態で溶けている（真の溶液）．しかし，疎水基は水と親和性がないので，できるだけ水との接触を避けるため，水面に疎水基を空気中に向けて吸着していく．濃度を高くすると，水中の界面活性剤分子の数は増えるが，水面に吸着した界面活性剤分子の数も増え，いずれいっぱいになり（水面が飽和し），もはや水面には逃げられなくなる．そこで，水中で疎水基を中心に向けて数十個の界面活性剤が集まり，ミセルとよばれる会合体を作ることにより，疎水基の水との接触を避けるようになる．このミセルが形成しはじめる濃度は臨界ミセル濃度とよばれ，界面活性剤の特性を示す重要な物理量である．さらに濃度を高くしても，水中に分子分散した界面活性剤分子の数も水面に吸着した界面活性剤分子の数もほとんど変化せず，ミセルの数が増えていく．ミセルは会合コロイドであるので，臨界ミセル濃度以上の界面活性剤溶液はコロイド溶液である．

臨界ミセル濃度以下では，濃度増加に伴って水面に吸着された界面活

界面活性剤の構造
典型的な界面活性は1つの親水基（丸で表す）と1つの疎水基（線で表す）からできている．疎水基は炭素原子が8〜18個連なった炭化水素鎖 C_nH_{2n+1} か，炭化フッ素鎖 C_nF_{2n+1} である．親水基は水に溶けても電離しない非イオン性のものから水に溶けると電離するイオン性のものまで様々なものがある．

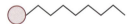

図18.2　界面活性剤の模式図

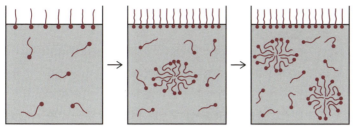

図18.3　濃度増加に伴う界面活性剤の溶解状態変化

性剤分子の数が増え，水溶液の表面張力は水の値から炭化水素の値へと急激に低下する．これが，界面活性剤の名前の由来となった**界面活性**という性質である．

　水中で疎水基同士が引き合っているように見える現象を**疎水相互作用**という．原因は疎水基にあるのではなく水の方にあり，水が疎水基との接触を嫌い，疎水基を押し退けていくことにより，押し退けられた複数の疎水基が1か所に集まるのである．疎水相互作用は生体内では非常に重要な役割をなしている．

■問題

18.1 前章の問題17.4の水溶液の凝固点を求めなさい．ただし，$K_f = 1.85\ \text{K}\cdot\text{kg/mol}$である．

18.2 モル質量 $5\times10^5\ \text{g/mol}$ のポリビニルアルコールを水 100 g に 2.5 g 溶かした．次の問に答えなさい．ただし，$K_b = 0.51\ \text{K}\cdot\text{kg/mol}$，$R = 8.3\times10^3\ \text{Pa}\cdot\text{L/(K}\cdot\text{mol)}$ である．
（a）凝固点降下は何 K か．
（b）沸点上昇は何 K か．
（c）27℃における浸透圧は何 Pa か．ただし，溶液の体積は100 mL であるとせよ．
（d）高分子のモル質量測定に適しているのは上の3つのうちどれを利用することか答えよ．

18.3 チンダル現象とはどのような現象か，例を挙げて説明しなさい．

18.4 凝析と塩析の違いを説明しなさい．

第 19 章

酸と塩基 1

19.1 酸と塩基の定義

アレニウスの電離説
アレニウスは，1887 年に NaCl を水に溶かすと電気を通すようになるのは，NaCl が荷電をもつ粒子（イオン）に分かれる（電離する）ためであるという考えを提出した．この電離説に基づいて，酸・塩基は，次のように定義された．
「酸は水溶液中で電離して水素イオン（H^+）となる水素原子をもつ化合物であり，塩基は同じく水酸化物イオン（OH^-）をもつ化合物である．」
すなわち，水溶液において酸の特性を示すものは H^+ であり，塩基の特性は OH^- によって与えられる．

　アレニウスは自身の電離説に基づいて，酸とは水溶液中で電離して水素イオン H^+ を生じる物質であり，塩基とは水溶液中で電離して水酸化物イオン OH^- を生じる物質であると定義した．この定義によると，塩化水素 HCl は水に溶けて $HCl \rightarrow H^+ + Cl^-$ と電離するので酸，水酸化ナトリウム NaOH は水に溶けて $NaOH \rightarrow Na^+ + OH^-$ と電離するので塩基となる．酸と塩基の間の反応を酸塩基反応といい，水溶液中で酸と塩基が反応すると，塩と水が生じる．

$$HCl + NaOH \longrightarrow NaCl + H_2O \tag{19.1}$$
$$\text{酸} \qquad \text{塩基} \qquad\quad \text{塩} \qquad \text{水}$$

　アレニウスによる酸・塩基の定義は，水中で起こる酸や塩基の反応を説明するのに合理的であった．しかし，研究が進むにつれて，アレニウスの定義ではうまく説明できない化学現象もあることがわかった．たとえば，水以外の溶媒中ではこの考えは適用できない．また，酸は水溶液中で H^+（プロトン）を生ずるものと定義しているが，H^+ は水素の原子核そのものであり，その大きさは原子の約 10 万分の 1 であり，荷電密度は他の陽イオンに比べて極めて大きい．このような荷電密度の大きい粒子が，極性分子である水の中に遊離する状態にあるとは考えられない．赤外分光法により，H^+ は $H^+ + H_2O \rightarrow H_3O^+$ のように水と結合した状態で存在していることが確認された．H_3O^+ をヒドロニウムイオンという．一方，塩基は水に溶けたときにはじめて解離して OH^- を遊離するとされているが，NaOH や $Ca(OH)_2$ などはイオン結合性の化合物であり，結晶中でもイオンとして存在している．

ルイスの酸・塩基の定義
ルイスは有機化合物を含めたすべての物質に普遍的に適用できる酸・塩基の定義を提案した．それによると，「酸とは他の物質から電子対を受け入れるもの（電子対受容体）であり，塩基とは他の物質に電子対を与えるもの（電子対供与体）である．」

$$A + :B \longrightarrow A:B$$
$$\text{酸} \quad \text{塩基}$$

A はルイス酸，B はルイス塩基である．A が H^+ であればブレンステッドの酸・塩基の定義となる．ルイスの定義では，酸として BF_3 や金属イオン（Fe^{3+}, Cu^{2+} など），塩基として $(CH_3CH_2)_2O$: や $(CH_3)_2S$: なども分類される．

　1932 年にブレンステッドとローリーは，おのおの独立に酸と塩基の定義を拡張し，「酸とは化学反応においてプロトン（水素イオン H^+）を放出する物質（**プロトン供与体**）であり，塩基とはプロトンを受け取る物質（**プロトン受容体**）である」とした．この定義による酸と塩基を，それぞれ**ブレンステッド酸**，**ブレンステッド塩基**という．ブレンステッドとローリーによる酸・塩基の定義によって，水以外の溶媒中（たとえば液体アンモニア中）や気相で起こる酸や塩基の反応を，物質間のプロトン移動として統一的に説明できるようになった．

　いま，水溶液中での酢酸とアンモニアの酸塩基反応（式 19.2）を考える．この反応は平衡反応となり，正反応では H^+ は酢酸からアンモニアに移動するので，酢酸が酸，アンモニアが塩基となる．逆反応では，H^+ はアンモニウムイオン NH_4^+ から酢酸イオン CH_3COO^- に移動する．したがって，NH_4^+ が酸，CH_3COO^- が塩基であることがわかる．このように，ブレンステッド酸がプロトンを失って生じる物質（この場合は，CH_3COO^-）は塩基の性質をもち，このような塩基を共役塩基という．同様に，ブレンステッド塩基が H^+ を受け取って生じる物質は酸の性質

をもち，これを共役酸という．

$$CH_3COOH + NH_3 \rightleftharpoons CH_3COO^- + NH_4^+ \tag{19.2}$$

酸　　　　塩基　　　　共役塩基　　　共役酸

式 19.2 の平衡反応は，次の 2 つの式に分けて考えることもできる．

$$CH_3COOH \rightleftharpoons CH_3COO^- + H^+ \tag{19.3}$$

$$NH_3 + H^+ \rightleftharpoons NH_4^+ \tag{19.4}$$

式 19.3 は酢酸の電離を表す反応式であり，酢酸と酢酸イオンは共役な酸・塩基対をなしている．一方，式 19.4 はアンモニウムイオンの電離を表す反応式を逆に書いた反応式であり，アンモニウムイオンとアンモニアが共役な酸・塩基対をなしている．ブレンステッドとローリーの定義によれば，酸と塩基は反応する相手によって定義されることになるので，同じ物質でも相手によって酸となったり，塩基となったりすることがある．水はその代表的な例であり，たとえばアンモニアに対して水は酸として働くが，塩化水素に対しては塩基として働く．

$$NH_3 + H_2O \rightleftharpoons NH_4^+ + OH^- \tag{19.5}$$

$$HCl + H_2O \longrightarrow H_3O^+ + Cl^- \tag{19.6}$$

19.2 　電離平衡と酸解離定数 K_a

　水は電気をほとんど通さないが，食塩 NaCl や塩化水素 HCl を溶かすと電気をよく通すようになる．このように，水に溶かしたときにその水溶液が電気伝導性をもつようになる物質を**電解質**とよぶ．電解質は水溶液中で正電荷をもつ陽イオンと負電荷をもつ陰イオンに解離し，生じたイオンが水溶液中を移動することで電気を導く．これに対し，エタノール C_2H_5OH やショ糖 $C_{12}H_{22}O_{11}$ は水に溶かしてもイオンに解離することはなく，水の電気伝導性は向上しない．このような物質を**非電解質**とよぶ．

　電離度とは電解質が水溶液中でイオンに分かれている割合をいい，記号 α で表す．**強電解質**は α が 1 に近い電解質であり，強酸，強塩基，塩が属する．一方，**弱電解質**は α が小さい電解質であり，弱酸や弱塩基が属する．弱電解質は水溶液中で一部のみが電離し，非解離分子と電離して生じたイオンとの間に化学平衡が成り立っている（式 19.3）．この平衡を，**電離平衡**という．

　弱酸（一般式 HA）は弱電解質であり，水と反応して

$$HA + H_2O \rightleftharpoons H_3O^+ + A^- \tag{19.7}$$

のような平衡状態となる．この平衡の平衡定数は，化学平衡の法則より

$$K' = \frac{[H_3O^+][A^-]}{[HA][H_2O]} \tag{19.8}$$

と書ける．希薄水溶液では $[H_2O]$ は一定とみなせるから，$K'[H_2O]$ を K_a と書き，H_3O^+ を簡単に H^+ と書くことにすれば，式 19.8 は，

$$K_a = \frac{[H^+][A^-]}{[HA]} \tag{19.9}$$

電離
電解質が陽イオンと陰イオンに解離する現象を**電離**という．電解質の電離が起こる溶媒としては，通常は水（沸点 100℃）を考えるが，氷酢酸（沸点 118℃），液体アンモニア（沸点 −33℃），液体二酸化硫黄（沸点 −10℃），フッ化水素（沸点 20℃）中でも電解質は電離することが知られている．たとえば，氷酢酸や液体アンモニア溶媒中における酸の電離は，酸から溶媒（塩基）へのプロトンの移行である．

$$HA + CH_3COOH$$
$$\rightleftharpoons CH_3COOH_2^+ + A^-$$
$$HA + NH_3 \rightleftharpoons NH_4^+ + A^-$$

強電解質と弱電解質
強電解質の例
　強酸 HCl, HBr, HI, HNO$_3$,
　　H$_2$SO$_4$ など
　強塩基 NaOH, KOH, Ca(OH)$_2$,
　　Ba(OH)$_2$ など
　塩 NaCl, KCl, NaNO$_3$, KNO$_3$,
　　Na$_2$SO$_4$, K$_2$SO$_4$ など

弱電解質の例
　弱酸 HF, CH$_3$COOH, HCN,
　　(COOH)$_2$, H$_2$CO$_3$, H$_2$S,
　　H$_3$PO$_4$ など
　弱塩基 NH$_3$, Fe(OH)$_2$, Cu(OH)$_2$,
　　Mg(OH)$_2$, Fe(OH)$_3$,
　　C$_6$H$_5$NH$_2$ など

K' と K_a の関係
p.70 の脚注と同様，K' も K_a も，正しくはモル濃度ではなく活量を用いて表される．希薄溶液の場合，K' の分母にある溶媒（水）の活量は溶液中の溶媒のモル分率に等しく，1 とみなしてよいので，K' と K_a は同じ値であることがわかる．

第 19 章 ● 酸と塩基 1

塩基解離定数 K_b

水溶液中での塩基 B の電離平衡 $B+H_2O \rightleftharpoons BH^++OH^-$ に, 酸解離定数 K_a の導出で行ったように化学平衡の法則を適用し, $[H_2O]$ ≒一定とみなすと,

$$K_b = \frac{[BH^+][OH^-]}{[B]}$$

の関係式が導かれる. K_b を塩基 B の**塩基解離定数**という. 塩基 B の全濃度を c, その濃度における電離度を α とすると, 弱塩基の場合は $\alpha \ll 1$ であり, 水酸化物イオン濃度は, 次の近似式により求められる.

$$[OH^-] = c\alpha \approx \sqrt{K_b c}$$

となる. K_a は**酸解離定数**とよばれる. 酸解離定数は平衡定数であり, 同じ温度であれば常に一定となる. 式 19.9 は, 式 19.7 の反応式から H_2O を省略して簡略化した反応式

$$HA \rightleftharpoons H^++A^-$$

に, 化学平衡の法則を適用した結果と同じである. ただし, プロトンが水中で単独に存在することはあり得ないので, H^+ は実際にはヒドロニウムイオン H_3O^+ を表していることに注意が必要である.

弱酸 HA の電離前のモル濃度を c, 電離度を α とすると, $[HA]=c(1-\alpha)$, $[H^+]=[A^-]=c\alpha$ であるので, これらを式 19.9 に代入すると,

$$K_a = \frac{c\alpha^2}{1-\alpha} \tag{19.10}$$

となる. この関係を**オストワルドの希釈律**という.

電離度が非常に小さい場合 ($\alpha \ll 1$) には, 式 19.10 から, 次の近似式が得られる.

$$\alpha \approx \sqrt{K_a/c}$$

よって, 弱酸水溶液の水素イオン濃度は, 次の近似式により求めることができる.

$$[H^+] = c\alpha \approx \sqrt{K_a c}$$

酸および塩基の強弱は, 電離による H^+ または OH^- の生じやすさ, すなわち電離度あるいは解離定数の大小で比較することができる. 電離度, 解離定数ともに値が大きいほど強酸 (あるいは強塩基) である. 別表 1 と別表 2 (→ p.86) に, いくつかの弱酸と弱塩基の解離定数を示しておく. 二価や三価の酸では電離の各段階に対応する酸解離定数をもつので, それらを K_1, K_2, K_3 で表している. 一般に, $K_1 \gg K_2 \gg K_3$ である. 酸解離定数 K_a の値は物質によって大きく変化するので, 酸の強さを表すのに K_a の逆数の常用対数をとり, 指数表示を用いることが多い.

$$pK_a = -\log K_a$$

pK_a を**酸解離指数**という. pK_a を用いた場合は, 値が小さいほど強い酸である.

19.3 水のイオン積 K_w

水は極めてわずかではあるが, $H_2O+H_2O \rightleftharpoons H_3O^++OH^-$ のように電離している. これを簡単に記すと,

$$H_2O \rightleftharpoons H^++OH^- \tag{19.11}$$

となる. この電離平衡に化学平衡の法則を適用すると, 平衡定数は

$$K = \frac{[H^+][OH^-]}{[H_2O]}$$

となる. 純水中の電離していない水の濃度 $[H_2O]$ はほぼ一定とみなせるので, $K[H_2O]$ は一定であり, これを K_w とすると次式が得られる.

$$K_w = [H^+][OH^-] \tag{19.12}$$

表 19.1 水のイオン積

温度/℃	$K_w/10^{-14}$
0	0.113
10	0.292
20	0.682
25	1.008
30	1.469
40	2.919
50	5.474

K と K_w の関係

前ページの脚注と同様, K も K_w も正しくはモル濃度ではなく活量を用いて表され, 希薄溶液であれば, 溶媒 (水) の活量は溶液中の溶媒のモル分率に等しく 1 とみなしてよいので, K と K_w は同じ値である.

80

K_w を**水のイオン積**という．K_w の値は，純粋な水の伝導率，電池の起電力などから求めることができる．表 19.1 に，各温度における K_w の値を示す．

水のイオン積の値は，25℃ において，

$$K_w = [H^+][OH^-] = 1.0 \times 10^{-14}$$

となる．したがって，純水中の H^+ と OH^- の濃度は室温付近でほぼ 10^{-7} mol/L である．水に酸や塩基が溶けている水溶液中でも式 19.12 は成り立つので，酸の水溶液，すなわち水素イオン濃度の大きい水溶液では OH^- の濃度は小さくなり，逆に塩基の水溶液では H^+ の濃度は小さくなる．よって，水溶液の液性を $[H^+]$ を用いて次のように定義することができる．中性の水溶液とは，$[H^+]=[OH^-]=\sqrt{K_w}=10^{-7}$ mol/L である水溶液であり，$[H^+]$ が 10^{-7} mol/L よりも大きく $[OH^-]$ が 10^{-7} mol/L よりも小さい水溶液は酸性水溶液，逆に $[H^+]$ が 10^{-7} mol/L よりも小さく $[OH^-]$ が 10^{-7} mol/L よりも大きい水溶液は塩基性（あるいはアルカリ性）水溶液という．

水素イオン濃度は，水溶液の液性によって広い範囲にわたって変わることから，1909 年にセーレンセンは水溶液の液性を表すための指標として**水素イオン指数**を導入し，これを pH という記号で表した．

$$pH = -\log[H^+]$$

pH を用いると，水溶液の液性は，

酸性 pH < 7 中性 pH = 7 塩基性 pH > 7

となり，pH が小さいほど酸性が強いことになる．

■問題

19.1 別表 1（→ p.86）を参考にして，25℃ における 0.10 mol/L 酢酸の水素イオン濃度と pH を計算せよ．

19.2 濃度 0.10 mol/L のリン酸 H_3PO_4 水溶液に含まれるすべてのイオン種および分子種の濃度を計算せよ．

19.3 次の反応中の物質を，酸と塩基に分類せよ．

(a) $CH_3COOH + H_2O \rightleftharpoons CH_3COO^- + H_3O^+$

(b) $CH_3COONa + H_2O \rightleftharpoons CH_3COOH + NaOH$

(c) $NH_4^+ + H_2O \rightleftharpoons NH_3 + H_3O^+$

19.4 別表 2（→ p.86）を参考にして，25℃ における 0.020 mol/L アンモニア水の電離度と $[OH^-]$ を求めよ．

19.5 次の酸塩基反応において，共役の関係にある酸・塩基を示せ．

(a) $HNO_3 + H_2O \rightarrow H_3O^+ + NO_3^-$

(b) $CH_3COOH + H_2O \rightleftharpoons CH_3COO^- + H_3O^+$

(c) $CH_3COOH + NH_3 \rightleftharpoons CH_3COO^- + NH_4^+$

(d) $HCO_3^- + H_2O \rightleftharpoons CO_3^{2-} + H_3O^+$

水溶液の液性
酸性 $[H^+] > 10^{-7}$ M > $[OH^-]$
中性 $[H^+] = 10^{-7}$ M = $[OH^-]$
塩基性 $[H^+] < 10^{-7}$ M < $[OH^-]$
(M = mol/L)

K_a と K_b と K_w の関係
共役な酸と塩基について酸の酸解離指数を K_a，塩基の塩基解離指数を K_b とすると，次の関係がある．
$$K_a K_b = K_w$$
$$pK_a + pK_b = pK_w = 14$$

酸と塩基の性質
塩化水素 HCl，硫酸 H_2SO_4，酢酸 CH_3COOH などの水溶液は，次のような性質を示す．
・酸味を示す．
・青色リトマス紙を，赤く変色させる．
・マグネシウムや亜鉛などの金属と反応して，水素を発生させる．
これらの性質を**酸性**といい，酸性を示す物質を**酸**という．
水酸化ナトリウム NaOH，水酸化カルシウム $Ca(OH)_2$，アンモニア NH_3 などの水溶液は，次のような性質を示す．
・酸と反応して，酸性を打ち消す．
・赤色リトマス紙を，青く変色させる．
これらの性質を**塩基性**といい，塩基性を示す物質を**塩基**という．また，塩基のうち，水に溶けやすいものを**アルカリ**とよぶ．塩基性のことを**アルカリ性**ということもある．

第 20 章

酸と塩基 2

20.1 中和反応

酸の水溶液と塩基の水溶液を混合すると，塩と水を生じる．このような酸塩基反応を**中和反応**という．中和とは一般に，酸性（もしくは塩基性）の水溶液に塩基（もしくは酸）を加えることによって液性を中性にすることをいう．強電解質である強酸や強塩基は水中で完全に電離するので，強酸と強塩基の中和反応は簡単に，

$$H^+ + OH^- \rightarrow H_2O \tag{20.1}$$

と表される．この反応は 57.3 kJ/mol の発熱をともない，この反応熱を中和熱という．一方，弱電解質の弱酸 HA と強塩基の中和反応は，

$$HA + OH^- \rightarrow A^- + H_2O \tag{20.2}$$

と表され，このときの反応熱は中和熱とは異なる値となる．

20.2 緩衝液

水もしくは少量の酸や塩基を加えても，水素イオン濃度がほぼ一定に保たれ pH の変化に抵抗するような作用を**緩衝作用**といい，緩衝作用をもつ溶液を**緩衝液**という．緩衝液は通常，弱酸とその塩，あるいは弱塩基とその塩の水溶液である．酢酸と酢酸ナトリウムの水溶液を用いて，緩衝作用を説明しよう．弱酸である酢酸は水中で，

$$CH_3COOH \rightleftharpoons CH_3COO^- + H^+ \tag{20.3}$$

の解離平衡となる．これに酢酸ナトリウムを加えると，強電解質の酢酸ナトリウムは完全に電離する（式 20.4）ので酢酸イオンの濃度が大きくなる．その結果，式 20.3 の平衡は左に移動し，H^+ の濃度は小さくなる．

$$CH_3COONa \rightarrow CH_3COO^- + Na^+ \tag{20.4}$$

ここで，酢酸の酸解離定数を K_a とすると，この水溶液の水素イオン濃度は

$$[H^+] = K_a \frac{[CH_3COOH]}{[CH_3COO^-]} \tag{20.5}$$

と表される．この混合溶液では，酢酸の電離は抑制されているので，電離していない酢酸のモル濃度（＝$[CH_3COOH]$）は溶液中の酢酸の全濃度 c_a（＝$[CH_3COOH]+[CH_3COO^-]$）に近似的に等しいとおける．また，塩は完全に電離しているとみなされるので，酢酸イオンのモル濃度（＝$[CH_3COO^-]$）は加えた酢酸ナトリウムの全濃度 c_s に等しいと考えられる．したがって，この水溶液の水素イオン濃度は，式 20.5 より，

$$[H^+] \approx K_a \frac{c_a}{c_s} \tag{20.6}$$

と近似できる．この水溶液に少量の酸を加えると，

$$H^+ + CH_3COO^- \rightarrow CH_3COOH \tag{20.7}$$

の反応が起こり，H^+ は除かれて溶液中の $[H^+]$ は増加しない．少量の塩基を加えても，

$$OH^- + CH_3COOH \rightarrow CH_3COO^- + H_2O \tag{20.8}$$

緩衝剤の例と適用 pH 範囲

緩衝剤	適用 pH 範囲
グリシン＋グリシン塩酸塩	1.0〜3.7
フタル酸＋フタル酸水素カリウム	2.2〜3.8
酢酸＋酢酸ナトリウム	3.7〜5.6
クエン酸二ナトリウム＋クエン酸三ナトリウム	5.0〜6.3
リン酸一カリウム＋リン酸二カリウム	5.8〜8.0
ホウ酸＋水酸化ナトリウム	6.8〜9.2
ホウ酸ナトリウム＋水酸化ナトリウム	9.2〜11.0
リン酸二ナトリウム＋リン酸三ナトリウム	11.0〜12.0

血液の緩衝作用

動物体内を循環する血液には緩衝作用があり，血液の pH は一定に保たれている．血液の緩衝作用には $H_2CO_3 \rightleftharpoons HCO_3^- + H^+$ の緩衝系が関わっている．H_2CO_3 の pK_1 は 6.35，血液の pH は 7.35〜7.45 である．このとき，弱酸 H_2CO_3 と共役塩基 HCO_3^- の濃度比は約 1：10 となっている．血液中に酸が放出されると緩衝系は左に移行し，H_2CO_3 の濃度が高まり，その結果 CO_2 が肺から放出される．血液中には NaH_2PO_4—Na_2HPO_4 系，オキシヘモグロビンや血漿タンパクが関与する緩衝系も存在する．

の反応が起こり，OH^- は除かれて $[H^+]$ は減少しない．水を加えても，c_a/c_s は一定のままであるから，$[H^+]$ は変化しない．このように，酢酸と酢酸ナトリウムの混合溶液には緩衝作用があることがわかる．

緩衝液は水溶液の pH を一定の値に保つために利用される．その緩衝作用は，c_a および c_s が大きく，c_a/c_s が 1 に近いほど強い．$c_a/c_s=1$ の溶液の pH は，式 20.6 より緩衝剤の酸の pK_a となる．緩衝液は実用的にはこの pH の前後 1 以内でしか有効ではない．したがって，一定に保つべき pH の範囲に応じて適切な緩衝剤を選ばなければならない．緩衝液は生化学の実験でよく用いられる．

20.3 塩の加水分解

酢酸ナトリウム CH_3COONa，シアン化カリウム KCN，炭酸ナトリウム Na_2CO_3 のように，弱酸と強塩基の中和によって生じる塩は，水に溶かすと弱塩基性を示す．これは，塩の電離によって生じる陰イオンが水と反応して水酸化物イオンを生じるからである．たとえば CH_3COONa 水溶液では，酢酸イオンが次式のように反応して水酸化物イオンをわずかに生じて平衡状態になる．

$$CH_3COO^- + H_2O \rightleftharpoons CH_3COOH + OH^- \tag{20.9}$$

一方，塩化アンモニウム NH_4Cl，塩化鉄 (III) $FeCl_3$，硫酸銅 (II) $CuSO_4$ のように強酸と弱塩基から生じる塩の水溶液は弱酸性となる．これは，塩の電離によって生じる陽イオンが水と反応して水素イオンを生じるからである．このように，塩が水と反応して水素イオンもしくは水酸化物イオンを生じる反応を **塩の加水分解** という．

塩化ナトリウム $NaCl$ や硫酸カリウム K_2SO_4 のように強酸と強塩基から生じる塩は加水分解されず，その水溶液は中性を示す．これは，強酸の共役塩基（陰イオン）と強塩基の共役酸（陽イオン）がいずれも水中に安定に存在し，水と反応しないためである．

弱酸と弱塩基から生じる塩の水溶液はほぼ中性を示す．たとえば，酢酸アンモニウム CH_3COONH_4 水溶液では，電離して生じる酢酸イオン CH_3COO^- もアンモニウム NH_4^+ も水と反応して，それぞれ水酸化物イオンと水素イオンをわずかに生じるはずだが，実際には $[H^+]$ と $[OH^-]$ は水のイオン積の縛りを受けるため，両者はほとんど変化することはない．

$$CH_3COO^- + H_2O \rightleftharpoons CH_3COOH + OH^-$$
$$NH_4^+ + H_2O \rightleftharpoons NH_3 + H_3O^+$$

20.4 中和滴定

酸または塩基の濃度を定めるには，その一定体積の溶液をとり，これに塩基または酸の溶液を滴下し，中和の当量点に達するまでに加えた体積を測定する．このような実験操作を **中和滴定** という．当量点を簡単に

NH_3—NH_4Cl 緩衝液

アンモニアと塩化アンモニウムを混合して作られる緩衝液では，水酸化物イオン濃度は，次の近似式により与えられる．

$$[OH^-] \approx K_b \frac{c_b}{c_s}$$

ここで，K_b はアンモニアの塩基解離定数，c_b はアンモニアの全濃度，c_s は塩化アンモニウムの全濃度である．このとき $[H^+]$ は，水のイオン積 K_w を用いて，

$$[H^+] \approx \frac{K_w}{K_b} \frac{c_s}{c_b}$$

で与えられる．

CH_3COONa 水溶液の pH

式 20.9 の平衡に化学平衡の法則を適用すると，平衡定数は

$$K'_h = \frac{[CH_3COOH][OH^-]}{[CH_3COO^-][H_2O]}$$

となる．この式は，$[H_2O]=$一定なので，

$$K_h = \frac{[CH_3COOH][OH^-]}{[CH_3COO^-]} \quad \cdots ①$$

と書き直すことができる．ただし，$K_h = K'_h[H_2O]$ である．K_h を **加水分解定数** という．ここで，CH_3COOH の酸解離定数 K_a と水のイオン積 K_w を用いると，

$$K_h = \frac{K_w}{K_a}$$

であることがわかる．平衡に達したときに加水分解を受けた塩の割合を **加水分解度** という．塩の全濃度を c，加水分解度を β とすると，$[CH_3COOH]=[OH^-]=c\beta$，$[CH_3COO^-]=c(1-\beta)$ であるから，式①は，

$$K_h = \frac{c\beta^2}{1-\beta}$$

となる．いま，$\beta \ll 1$ ならば，

$$\beta \approx \sqrt{\frac{K_h}{c}} = \sqrt{\frac{K_w}{K_a c}}$$

となる．すなわち，塩の加水分解度が小さい場合には，加水分解度は塩の濃度が小さいほど，酸解離定数が小さいほど大きいことがわかる．また，水酸化物イオン濃度，水素イオン濃度はそれぞれ，

$$[OH^-] = c\beta \approx \sqrt{\frac{K_w c}{K_a}}$$

$$[H^+] = \frac{K_w}{[OH^-]} = \frac{K_w}{c\beta}$$
$$\approx \sqrt{\frac{K_a K_w}{c}}$$

となる．

知るには，あらかじめ指示薬を加えておき，その色の変化を観察する．当量点付近でのpHの変化は酸と塩基の強弱の組み合わせによって異なるので，それに応じて適切な変色域をもつ指示薬（→20.5節）を選択する必要がある．

濃度 0.100 mol/L の希塩酸を用いて，濃度未知の水酸化ナトリウム溶液の濃度を求めるためには，希塩酸を正確に 10 mL 量り取り，これに水酸化ナトリウム溶液を少しずつ滴下していく．この際に観察されるpH変化を図に表した曲線を**滴定曲線**という．この滴定では，図 20.1 に示すように，水溶液のpHは初め1付近であるが，水酸化ナトリウム溶液を加えていくに従って徐々に上昇し，当量点付近では急激に上昇する．その後はpHの変化は緩やかになり最終的にpH 12〜13 の間で一定となる．中和の当量点はpHジャンプの中央であり，当量点での水酸化ナトリウム溶液の滴下量から，水酸化ナトリウム溶液の濃度を求めることができる．図 20.1 では当量点における滴下量は 10 mL であるから，水酸化ナトリウム溶液の濃度は 0.100 mol/L であったことがわかる．また，当量点におけるpHは7であるが，これはHClとNaOHの反応によって生じるNaClが加水分解されないためである．当量点付近では，溶液のpHは約4から10まで急激に変化するので，指示薬はこのpH範囲に変色域をもつものであれば有効である．

> **塩の分類**
> **塩**とは，広義には酸由来の陰イオン（アニオン）と塩基由来の陽イオン（カチオン）とがイオン結合した化合物のことであり，狭義にはアレニウス酸とアレニウス塩基との当量混合物のことである．酸・塩基成分の由来により，無機塩，有機塩ともよばれる．塩は必ずしも中和反応によって生じるとは限らない．
> 塩は酸と塩基の中和反応のほか，酸と塩基性酸化物または金属の単体との反応，塩基と酸性酸化物または非金属の単体との反応，酸性酸化物と塩基性酸化物との反応，そして非金属の単体と金属との反応によっても生成する．
> 塩は，化学式中に H^+ が含まれる**酸性塩**，OH^- が含まれる**塩基性塩**，そしてどちらも含まれない**正塩**に分類することができる．しばしば塩の加水分解による液性と混同されがちであるが，酸性塩である炭酸水素ナトリウム $NaHCO_3$ の水溶液が塩基性を示すように，分類と水溶液の液性が必ずしも一致するとは限らない．

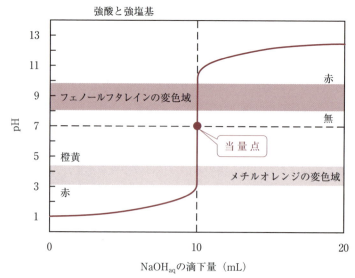

図 20.1 　NaOH 溶液による 0.1 mol/L HCl (10 mL) の滴定曲線

20.5　中和滴定の指示薬

水溶液中の水素イオン濃度に応じて色が変わる物質は，中和滴定の**指示薬**として用いることができる．代表的な指示薬を表 20.1 に示す．これらの指示薬InHは有機色素であり，あるpH範囲を境にして酸性側と塩基性側で異なる色をもつ．これはInHとその共役塩基 In^- が異なる色をもつためである．InHは水溶液中において次のように電離する．

> **中和滴定**
> 強酸―強塩基の組み合わせ以外の場合，中和滴定の滴定曲線は図 20.1 とは異なる形状となる．酢酸のような弱酸の水溶液を水酸化ナトリウム溶液で中和滴定すると，滴定曲線は下図のようになる．当量点付近におけるpHジャンプは8から10の間で起こるため，この範囲に変色域をもつ指示薬が有効である．当量点では，中和によって生じる塩 CH_3COONa の加水分解が起こるため，溶液のpHは9付近（弱塩基性）となる．
>
>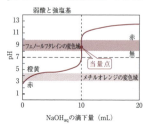

$$InH \rightleftharpoons In^- + H^+ \tag{20.10}$$

式 20.10 の解離平衡に化学平衡の法則を適用すると,

$$K_{In} = \frac{[In^-][H^+]}{[InH]} \tag{20.11}$$

が得られる. K_{In} は**指示薬定数**とよばれる. 式 20.11 は,

$$K_{In}\frac{[InH]}{[In^-]} = [H^+] \tag{20.12}$$

と変形できる. 溶液の色は [InH] と [In⁻] の比で決まり, これは溶液の水素イオン濃度によって決まることがわかる. 酸性側では, [InH]≫[In⁻] となり, 溶液は InH の色 (酸性色) を示す. アルカリ性側では, [InH]≪[In⁻] となり, 溶液は In⁻ の色 (アルカリ性色) を示す.

指示薬の変色域
色の変化は通常, [InH]/[In⁻] がおよそ 10 から 0.1 まで変化するときに見分けることができる. 式 20.12 の両辺の対数をとると,

$$pH = pK_{In} + \log\frac{[In^-]}{[InH]}$$

が得られる. これに [InH]/[In⁻] ≧10 (酸性側) または [InH]/[In⁻] ≦0.1 (塩基性側) を代入すると, pH≦pK_{In}−1 のときに酸性色, pH≧pK_{In}+1 のときにアルカリ性色となることがわかる. 指示薬の変色は, pK_{In} を挟んで ±1 の範囲で観察できることになる.

表 20.1　中和滴定で用いられる指示薬の種類と変色域

指示薬	色		pK_{In}	変色域の pH
	酸性側	アルカリ性側		
チモールブルー (酸性)	赤	黄	1.51	1.2〜2.8
メチルオレンジ	赤	橙黄	3.7	3.1〜4.4
ブロモフェノールブルー	黄	青	3.98	3.0〜4.6
メチルレッド	赤	黄	5.1	4.2〜6.3
クロロフェノールレッド	黄	赤	5.98	5.0〜6.6
ブロモクレゾールパープル	黄	紫	6.3	5.2〜6.8
ブロモチモールブルー	黄	青	7.0	6.0〜7.6
フェノールレッド	黄	赤	7.9	6.8〜8.4
クレゾールレッド	黄	赤	8.3	7.2〜8.8
チモールブルー (アルカリ性)	黄	青	8.9	8.0〜9.6
フェノールフタレイン	無色	赤	9.4	8.3〜10.0
チモールフタレイン	無色	青	9.4	9.3〜10.5

■問題

20.1 濃度 0.200 mol/L 酢酸水溶液と 0.300 mol/L 酢酸ナトリウム水溶液を混合して pH=5.0 の緩衝液を 150 mL 調製したい. そのためには各水溶液を何 mL ずつ使用すればよいか. ただし, 酢酸の酸解離定数を $K_a = 1.75 \times 10^{-5}$ mol/L とし, 酢酸ナトリウムは完全に電離するものとする.

20.2 濃度 0.10 mol/L 酢酸ナトリウム CH₃COONa 水溶液の加水分解度, 水素イオン濃度, および pH を計算せよ (25℃).

20.3 体積 1 L 中に 0.080 mol の酢酸と 0.10 mol の酢酸ナトリウムを含む緩衝液がある. (a) 水素イオン濃度および pH はいくらか. (b) この緩衝液 1 L に 0.010 mol の NaOH を加えるとき, pH の変化はいくらになるか.

20.4 体積 1 L 中に 0.20 mol の酢酸と 0.15 mol の酢酸ナトリウムを含む緩衝液がある. (a) 水素イオン濃度および pH はいくらか. (b) この緩衝液 1 L に 0.010 mol の HCl を加えるとき, pH の変化はいくらになるか. (c) 0.010 mol の NaOH を加えるときではどうなるか.

第 19 章の別表 1　弱酸の酸解離定数（25℃）

化合物名	酸	共役塩基	K_a		pK_a
フェノール	C_6H_5OH	$C_6H_5O^-$		1.1×10^{-10}	9.95
シアン化水素	HCN	CN^-		6.03×10^{-10}	9.23
酢酸	CH_3COOH	CH_3COO^-		1.75×10^{-5}	4.76
安息香酸	C_6H_5COOH	$C_6H_5COO^-$		6.14×10^{-5}	4.21
乳酸	$CH_3CH(OH)COOH$	$CH_3CH(OH)COO^-$		1.37×10^{-4}	3.86
ギ酸	HCOOH	$HCOO^-$		1.77×10^{-4}	3.75
モノクロロ酢酸	$CH_2ClCOOH$	CH_2ClCOO^-		1.4×10^{-3}	2.9
シュウ酸	$(COOH)_2$ $[H_2C_2O_4]$	$HC_2O_4^-$	K_1	5.35×10^{-2}	1.27
	$HC_2O_4^-$	$C_2O_4^{2-}$	K_2	5.42×10^{-5}	4.27
リン酸	H_3PO_4	$H_2PO_4^-$	K_1	7.08×10^{-3}	2.15
	$H_2PO_4^-$	HPO_4^{2-}	K_2	6.31×10^{-8}	7.20
	HPO_4^{2-}	PO_4^{3-}	K_3	4.17×10^{-13}	12.4
炭酸	H_2CO_3	HCO_3^-	K_1	4.47×10^{-7}	6.35
	HCO_3^-	CO_3^{2-}	K_2	4.68×10^{-11}	10.3
硫化水素	H_2S	HS^-	K_1	9.58×10^{-8}	7.02
	HS^-	S^{2-}	K_2	1.26×10^{-13}	12.9

第 19 章の別表 2　弱塩基の塩基解離定数（25℃）

化合物名	塩基	共役酸	K_b	pK_b
アニリン	$C_6H_5NH_2$	$C_6H_5NH_3^+$	3.94×10^{-10}	9.41
ピリジン	C_5H_5N	$C_5H_5NH^+$	1.66×10^{-9}	8.78
アンモニア	NH_3	NH_4^+	1.78×10^{-5}	4.75
エチルアミン	$C_2H_5NH_2$	$C_2H_5NH_3^+$	4.27×10^{-4}	3.37
トリエチルアミン	$(C_2H_5)_3N$	$(C_2H_5)_3NH^+$	5.23×10^{-4}	3.28
ジエチルアミン	$(C_2H_5)_2NH$	$(C_2H_5)_2NH_2^+$	8.54×10^{-4}	3.07

第4部
反応速度論

第3部では，化学変化（状態変化や化学反応）は熱力学第1法則と熱力学第2法則のもとで，平衡状態に向かって変化することを学んだ．もし宇宙の誕生から今日までにこの平衡状態に達していたとすると，すべての化学変化は見かけ上止まっていたであろう．しかし，周りを見渡してみると，雲ができて雨が降り，植物は花を咲かせている．化学変化は決して止まっていない．これは，地球が孤立系ではなく太陽のエネルギーを常に得ていること，地球が太陽の周りで公転と自転をしていること，化学反応が平衡状態に至るまでの時間は反応の種類によって異なり，非常に長い時間を要する反応もあることなどの理由による．このことは，実際に起こる化学変化を理解するためには，化学平衡論だけでは不十分であり，平衡に至る反応過程を詳しく調べる必要があることを示している．化学反応における反応速度や反応経路を分析する分野を反応速度論 kinetics という．

第4部では，化学反応の過程について学習する．化学反応には，始めの状態（始状態）と終わりの状態（終状態）があり，これをつなぐ反応経路が存在する．反応経路は反応の速度（あるいは反応が起こる確率）を支配する．われわれは，反応速度論を理解することによって反応のメカニズム（反応機構）を知ることができ，メカニズムを知ることによって化学反応をコントロールすることができる．

第 21 章

反応速度

化学反応が起こるとき，分子レベルで何が起こっているのかを想像してみよう．ある反応では，分子の中の共有結合が開裂して2つの化学種に分解するであろう．ある反応では，分子が別の分子と衝突して2つの分子が結合した化学種が生成するであろう．また，ある反応では，2つの分子の間で共有結合の組み換えが起こり，反応物とは異なる2つの化学種が生成するであろう．フラスコの中（あるいは自然界）で起こる化学反応の多くは，実際には複数の反応プロセスが複雑に組み合わさって進行しているが，1つの反応プロセス（素反応）に注目すると，そのプロセスは次のいずれかの反応パターンにほぼ集約できる．

反応パターン1：反応物 A → 生成物 C （＋生成物 C′＋…）
反応パターン2：反応物 A＋反応物 B
　　　　　　　→ 生成物 C （＋生成物 C′＋…）

反応パターン1を一次反応，反応パターン2を二次反応という．本章では，実際の反応がいずれの反応パターンで起こっているのかを調べる方法と，これらの反応の特徴を述べる．

21.1 反応速度

反応している原子や分子の様子を，肉眼で捉えることはできない．そこで，反応の詳細を知りたいときには，何らかの方法で反応速度を測定し，反応速度の濃度依存性（あるいは時間変化）を調査することにより，間接的に反応の特徴づけを行う必要がある．

水中での過酸化水素の分解反応（式21.1）について考えてみよう．

$$2H_2O_2 \rightarrow O_2 + 2H_2O \tag{21.1}$$

この反応の反応速度 v は，

$$v = -\frac{d[H_2O_2]}{dt} \tag{21.2}$$

と定義される．この反応では，生成した酸素は気体となって系外に放出されるので，酸素の発生量（体積 V_{O_2}）を測定し，その体積から溶液中に残っている未反応の過酸化水素のモル濃度を求めることができる．このようにして，一定時間ごとに過酸化水素のモル濃度 $[H_2O_2]$ を測定し，その変化量を調べることで，反応開始後の時刻 t における反応速度 v を求めることができる．

21.2 一次反応

一次反応（A → C＋C′＋…）では，反応物が自ら化学変化を起こし生成物を与える．このような反応の反応速度 v は反応物 A のモル濃度 $[A]$ を用いて次式のように表される．

$$v = -\frac{d[A]}{dt} = k[A] \tag{21.3}$$

素反応の主な種類

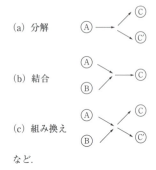

(a) 分解
(b) 結合
(c) 組み換え

など．

反応速度の定義

化学反応の反応速度は，単位時間当たりの反応物のモル濃度の減少量，または単位時間当たりの生成物のモル濃度の増加量によって表される．
反応 A＋B→C の場合，反応速度 v は，

$$v = -\frac{d[A]}{dt} = -\frac{d[B]}{dt} = \frac{d[C]}{dt}$$

と定義される．

反応次数

一般に，反応速度は反応物のモル濃度に依存する．反応 A＋A′＋…→C＋C′＋… の場合，反応速度 v は実験的に，

$$v = k[A]^\alpha [A']^{\alpha'}\cdots$$

のように表される．比例定数 k は反応**速度定数**．このとき，$\alpha+\alpha'+\cdots = n$ を，この反応の**反応次数**という．また，この反応は，A, A′ につき，それぞれ α 次，α' 次，全体として n 次であるという．

反応次数 n は，整数（1 または 2）になることが普通であるが，0, 負数，分数のこともある．反応次数は，反応速度の測定から求められるものであり，化学反応式から求められるものではないことに注意すべきである．たとえば，式21.1 の反応は，二次反応ではなく一次反応である．

ここで，比例定数 k を反応速度定数といい，反応に固有の値である．反応速度定数 k は，温度によって変化し，一般に高温で大きく，低温で小さくなる．式 21.3 より，一次反応の反応速度 v は，反応物 A のモル濃度に比例して大きくなることがわかる．

式 21.3 の微分方程式を解くと，次式が得られる．

$$\ln\frac{[A]_0}{[A]_i} = kt_i \tag{21.4}$$

ここで，$\ln$ は $\log_e$ を表し，$[A]_0$ は反応物 A の初濃度，$[A]_i$ は反応時間 t_i における反応物 A のモル濃度である．

式 21.4 より，一次反応では，$\ln\frac{[A]_0}{[A]_i}$ と反応時間 t_i が比例関係にあり，この直線の傾きが反応速度定数 k になる．すなわち，式 21.4 の左辺の実測値を反応時間に対してグラフに目盛れば，原点を通る直線が得られ，その傾きから k が求められる（図 21.1）．別の見方をすれば，このグラフが直線となれば，反応が一次反応であったことがわかる．式 21.4 を書き換えると，

$$[A]_i = [A]_0 e^{-kt_i} \tag{21.5}$$

が得られる．この式は，一次反応では，反応物の濃度は反応時間とともに指数関数的に減少することを示している（図 21.2）．

五酸化二窒素の熱分解（$2N_2O_5 \rightarrow 4NO_2 + O_2$），過酸化水素の分解（式 21.1），放射性元素の壊変（→第 1 章 1.6 節）などは，典型的な一次反応の例である．

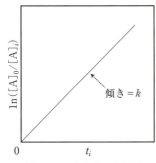

図 21.1 一次反応における $\ln([A]_0/[A]_i)$ vs. t_i プロット

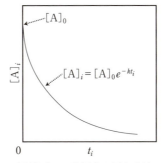

図 21.2 一次反応の反応曲線

21.3 二次反応

二次反応には，2 つの場合が考えられる．

(1) $2A \rightarrow C + \cdots$：反応物 A の 2 分子が衝突して反応が進行する．

(2) $A + B \rightarrow C + \cdots$：反応物 A の分子と反応物 B の分子が衝突することによって反応が進行する．

(1) の場合，反応速度式は，

$$v = -\frac{d[A]}{dt} = k[A]^2 \tag{21.6}$$

微分方程式の解き方

式 21.3 を変数分離すると，

$$\frac{d[A]}{[A]} = -k dt$$

$t=0$ で $[A]=[A]_0$，$t=t_i$ で $[A]=[A]_i$ なので，この範囲で積分すると，

$$\int_{[A]_0}^{[A]_i} \frac{d[A]}{[A]} = -k \int_0^{t_i} dt$$
$$\ln[A]_i - \ln[A]_0 = -kt_i$$
$$\ln\frac{[A]_0}{[A]_i} = kt_i$$

となる．

一次反応の半減期

反応物の濃度が初濃度の半分に減少するまでに要する時間を**半減期**という．式 21.4 で，$[A]_i=[A]_0/2$ とおき，それに対応する時間（半減期）を $t_{1/2}$ で表すと，

$$t_{1/2} = \frac{\ln 2}{k} = \frac{0.693}{k}$$

となり，一次反応では半減期は反応物質の初濃度には無関係で速度定数に反比例することがわかる．これは，一次反応の特徴の 1 つである．

反応速度定数の単位

反応速度定数の単位は反応速度式（式 21.3 や式 21.6）からわかる．一次反応では s^{-1} や min^{-1} などが用いられ，二次反応では $M^{-1}s^{-1}$ や $M^{-1}min^{-1}$ などが用いられる．M はモル濃度の単位で mol/L を表す．

第21章 ● 反応速度

式21.6の微分方程式の解き方
式21.6を変数分離すると，
$$\frac{d[A]}{[A]^2} = -kdt$$
となる．$t=0$で$[A]=[A]_0$，$t=t_i$で$[A]=[A]_i$なので，この範囲で積分すると，
$$\int_{[A]_0}^{[A]_i} \frac{d[A]}{[A]^2} = -k\int_0^{t_i} dt$$
$$-\frac{1}{[A]_i} + \frac{1}{[A]_0} = -kt_i$$
$$k = \frac{1}{t_i}\frac{[A]_0-[A]_i}{[A]_0[A]_i}$$
となる．

二次反応の半減期
(1)の場合，式21.7で，$[A]_i=[A]_0/2$とおき，それに対応する時間（半減期）を$t_{1/2}$で表すと，
$$t_{1/2} = \frac{1}{k[A]_0}$$
となる．この場合には，半減期は初濃度に反比例することになる．

式21.8の微分方程式の解き方
AおよびBの初濃度をaおよびb，時間t_i経過後にAもBも濃度がxだけ減ったとすれば，式21.8は，
$$-\frac{d(a-x)}{dt} = -\frac{d(b-x)}{dt}$$
$$= k(a-x)(b-x)$$
$$\frac{dx}{dt} = k(a-x)(b-x)$$
となり，変数分離すると，
$$\frac{dx}{(a-x)(b-x)} = kdt$$
$a \ne b$ならば，
$$\frac{1}{a-b}\left(\frac{1}{b-x} - \frac{1}{a-x}\right)dx = kdt$$
$t=0$で$x=0$，$t=t_i$で$x=x_i$なので，この範囲で積分すると，
$$\frac{1}{a-b}\int_0^x \left(\frac{1}{b-x} - \frac{1}{a-x}\right)dx$$
$$= k\int_0^{t_i} dt$$
$$\frac{1}{a-b}\left(\ln\frac{b}{b-x} - \ln\frac{a}{a-x}\right)dx$$
$$= kt_i$$
$$k = \frac{1}{t_i(a-b)}\ln\frac{b(a-x)}{a(b-x)}$$
となる．

と表され，反応速度は反応物Aのモル濃度の二乗に比例する．この微分方程式を解くと，次式が得られる．
$$k = \frac{1}{t_i}\frac{[A]_0-[A]_i}{[A]_0[A]_i} \tag{21.7}$$
が得られる．いろいろな反応時間t_iにおいて$[A]_i$を実測し，$\frac{1}{t_i}\frac{[A]_0-[A]_i}{[A]_i}$の値が時間に関係なく一定であれば，この反応は二次反応であることがわかる．このとき，二次反応の速度定数kは，式21.7で与えられる．式21.7を変形すると$1/[A]_i = kt_i + 1/[A]_0$となるので，t_iに対して$1/[A]_i$の実測値をプロットすれば直線が得られ，kはこの直線の傾きとしても求めることができる（図21.3）．この二次反応では，反応物の濃度は反応時間とともに分数関数的に減少することがわかる．

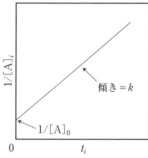

図21.3 (1)の二次反応における$1/[A]_i$ vs. t_iプロット

(2)の場合，反応速度式は，
$$v = -\frac{d[A]}{dt} = -\frac{d[B]}{dt} = k[A][B] \tag{21.8}$$
と表され，反応速度は反応物AとBのそれぞれのモル濃度に比例する．式21.8には時間とともに変化する2つの変数（[A]と[B]）が含まれており，微分方程式を解くことは可能ではあるが容易ではない．このような場合，次に述べる擬一次反応条件で反応を行い，その結果を解析することで反応速度定数kを簡単に求めることができる．

21.4 擬一次反応

反応 A+B→C において，反応物 B を大過剰に用いると，反応が進行しても反応物 B のモル濃度はほとんど変化せず，一定とみなすことができる．このときの反応速度式は，

$$v = -\frac{d[A]}{dt} = k[A][B] = k'[A]$$
(21.9)

となる．ここで，$k' = k[B]$ であり，定数である．式 21.9 は式 21.3 と本質的に同じである．このような反応を擬一次反応という．この反応の反応速度定数 k' を求めるためには一次反応の解析法に従えばよく，k' は容易に求めることができる．次に，反応物 B のモル濃度を変えて同様に反応速度定数 k' を求める．このような作業を繰り返し，得られた k' の値を [B] に対してプロットすれば，その傾きが二次反応の速度定数 k となる（図 21.4）．このような方法で速度定数 k を求めることができれば，反応は二次反応であったことになる．

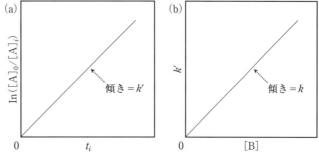

図 21.4 擬一次反応の解析
(a) $\ln([A]_0/[A]_t)$ vs. t_i プロット．
(b) k' vs. [B] プロット．

■問題

21.1 ただ 1 種類の物質が反応するとき，反応次数を n とすれば，半減期はその物質の初濃度の $(n-1)$ 乗に反比例することを証明せよ．

21.2 体積 1 L 中に 22.9 g のシアン酸アンモニウムを含む溶液では，65℃ で次のような速度で尿素を生成する [NH$_4$CNO→(NH$_2$)$_2$CO]．

時間（min）	20	50	65	150
生成した尿素（g）	7.0	12.1	13.5	17.7

(a) 反応次数と速度定数を求めよ．(b) シアン酸アンモニウムの 1/4 が尿素に変化するのに要する時間はいくらか．

21.3 五酸化二窒素の蒸気は，次のように分解する．

$$2N_2O_5(g) \rightarrow 4NO_2(g) + O_2(g)$$

温度と体積を一定に保っておくと，全圧は時間とともに増加し，全圧から残存している N$_2$O$_5$ の分圧 p を計算できる．45℃ で N$_2$O$_5$ の最初の圧力を 348 mmHg としたとき，次の表に示すような実験結果が得られた．この反応が一次反応であることを示し，速度定数と半減期を計算せよ．

t(s)	0	600	1200	1800	2400	3000
p(mmHg)	348	247	185	140	105	78

t(s)	3600	4200	4800	5400	6000	7200
p(mmHg)	58	44	33	24	18	10

第 22 章

活性化エネルギーと触媒

前章では，素反応には一次反応と二次反応があることを述べた．本章では，反応物から生成物に至るまでの過程（反応経路）を詳しく調べてみよう．

反応経路を東京から北九州への旅にたとえると

東京から北九州に行く経路はいろいろある．どの経路が優先されるのかは，旅の予算と時間の制約によって選択される．

22.1 反応座標

化学反応はある特定の経路をたどって進行する．いま，A→Cのような単純な一次反応を考える．この反応では，反応が始まる前には反応物Aが存在するが，反応が終了したときには生成物Cとなっている．反応物Aの状態を反応の始状態といい，このとき，反応座標を0と定義する．一方，生成物Cの状態は反応の終状態といい，このときの反応座標を1と定義する．反応座標を導入することで，化学反応は反応座標0（始状態）から1（終状態）に至る過程として捉えることが可能となる．

22.2 遷移状態 transition state

化学反応では，始状態から終状態に至る過程において，反応物のエネルギーは始状態から徐々に上昇し，やがて最もエネルギーの高い状態にたどり着く．この状態を**遷移状態**（あるいは**活性化状態**）という．このとき，始状態から遷移状態にたどり着くまでに必要としたエネルギー（すなわち，遷移状態と始状態のエネルギー差）を活性化エネルギーという．遷移状態を超えた後は，エネルギーは徐々に下降し，やがて終状態（生成物）に行きつく．

遷移状態とは

化学反応のエネルギー地形は，始状態と終状態が盆地の中央，遷移状態が峠に対応する．始状態から終状態へは最も起伏の少ない道をたどっていくことになる．遷移状態はこの経路において最も標高の高い地点に相当し，そのような地点では経路に沿って標高が最大となるが，それに直交する方向では標高は最小となる．このような点を鞍点という．

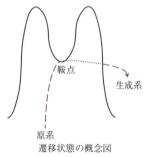

遷移状態の概念図

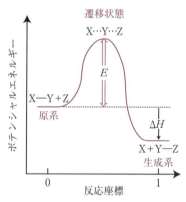

図 22.1　置換反応 X―Y＋Z→X＋Y―Z の反応座標

置換反応 X―Y＋Z→X＋Y―Z を用いて，化学反応の過程をもう少し詳しく見てみよう（図 22.1）．この反応では，X―Y 原子間の共有結合が切れる過程でエネルギーを必要とするため，系のエネルギーは反応の進行とともに上昇する．このとき，反応は途中のエネルギーの増加量がなるべく少なくてすむ道筋を通るはずである．このような道筋を**反応経路**といい，反応経路に沿ってエネルギーが一番高い点が遷移状態となる．遷移状態は X⋯Y⋯Z のような形をしていて，X⋯Y 原子間，Y⋯Z

原子間のいずれも通常の共有結合よりかなり長い（すなわち弱い）結合状態となっている．遷移状態を過ぎた後は，Y⋯Z原子間に共有結合が徐々に形成されるために，系のエネルギーは下降することになる．

22.3 アレニウスの式

一般に，反応速度は，温度が上昇すると指数関数的に著しく増加する．たとえば，HI の熱分解反応（$2HI \rightarrow H_2 + I_2$）の反応速度は，556 K から 781 K にいたる 225 K の温度上昇に対し，10^5 倍以上も増加する．

1889 年にアレニウスは，速度定数 k と絶対温度 T の間には，次式の関係があることを見出した．

$$\ln k = C - \frac{E}{RT} \tag{22.1}$$

ここで，E は活性化エネルギー，R は気体定数，C は定数である．式 22.1 は，種々の温度で反応速度定数 k を測定し，得られた k の自然対数を絶対温度 T の逆数に対してプロットすれば直線が得られることを示している．このようにして作成したグラフをアレニウスプロットという．アレニウスプロットの直線の傾きは，$-E/R$ に等しいので，これより反応の活性化エネルギー E を求めることができる．すなわち，反応の活性化エネルギー E は，異なる温度における反応速度定数 k を用いて，アレニウスプロットから決定することができる．

式 22.1 を指数関数の形に書き改めると，

$$k = A \exp\left(-\frac{E}{RT}\right) \tag{22.2}$$

が得られる．ただし，$A = \ln C$ である．これを**アレニウスの式**という．A はその反応に固有の定数で指数前因子とよばれ，その次元は k の次元に等しい．常温・常圧下で起こる反応においては，経験則として温度が 10°C 上昇すると，反応速度は 2～3 倍増大するので，活性化エネルギーは 80～210 kJ/mol 程度である．

22.4 触媒の役割

式 22.2 によれば，何らかの方法で活性化エネルギーが小さくなる反応経路をつくり出すことができれば，k は大きくなり反応は迅速に進むはずである．このような状況を作り出すことは，反応系に触媒を加えることによって実際に可能である．触媒は次のような作用をもつ．

（i）触媒は反応の終状態において化学変化を受けていない．

（ii）触媒は少量でも大量の反応物の反応を促進させることができる．

（iii）触媒は可逆反応において正反応の反応速度も逆反応の反応速度もともに促進させる．したがって，触媒は平衡状態に至るまでの時間を短縮させるのみで，化学平衡の位置に変化を与えることはない．

（iv）触媒は元来起こりえない反応を開始させるのではなく，たとえ非

アレニウスの式の導出
アレニウスは，速度定数 k と絶対温度 T の間に，次のような実験式

$$\frac{d \ln k}{dT} = \frac{E}{RT^2}$$

を見出した．ここで，E は温度に無関係でありその反応に特有の正の定数（**活性化エネルギー**）である．
E は温度によらないとして，上式を積分すると，式 22.1 が得られる．

アレニウスプロット

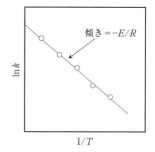

触媒による活性化エネルギーの変化

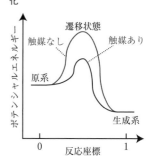

指数前因子
指数前因子は一般に温度に無関係な定数であり，頻度因子ともよばれることがある．

触媒の回転数 turnover number

ある触媒反応において，触媒が不活性化するまでに1モルあたり何モルの基質分子を生成物に変換したかを示す．不活性化しない理想的な触媒では回転数は無限大ということになる．

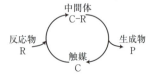

化学吸着

不均一触媒反応では，反応は，固体触媒の表面において行われる．固体触媒に吸着[2つの相の界面で，ある物質の濃度が相の内部よりも大きく（または小さく）なっている現象]された反応物分子のあるものは，固体の表面と化学的に結合して分子内の結合が弱められ，ある場合には原子または原子団へと解離して，反応しやすい状態になる（すなわち活性化される）．このような吸着を，化学吸着という．たとえば，水素添加触媒として有効なニッケル Ni の表面上では，H_2 は原子に解離して吸着している（下図）．ここに反応物分子が接近することで反応が速やかに進行する．反応終了後は，生成した物質（生成物）は触媒の表面から離れていく．このような機構によって，反応の活性化エネルギーは低下する．

$$H_2 + \ -Ni-Ni- \longrightarrow \ \overset{H\ \ H}{-Ni-Ni-}$$

ハーバー・ボッシュ法

ハーバーは，鉄触媒を用いて，水素 H_2 と空気中の窒素 N_2 から直接的にアンモニア NH_3 を合成する方法を発明した．その成果をもとに，ボッシュらは，よりよい触媒を開発し，高圧に耐える装置を作って工業化を実現した．現在では，400～600℃，2×10^7～1×10^8 Pa の圧力のもとで，Fe_3O_4 を触媒に用いて窒素と水素を反応させ，アンモニアを工業的に生産している．

$$N_2 + 3H_2 \xrightarrow{\text{Fe 触媒}} 2NH_3$$

常に遅くてもすでに生起している反応を促進させるだけである．

作用 (i) ～ (iv) より，触媒とは「活性化エネルギーのより小さい経路を経て反応を進行させることによって反応速度を増加させる添加剤」と考えることができる．実際には，触媒として不活性な物質（プレ触媒）を反応系中に加えておき，加熱や光照射などの刺激によって活性化させて用いる触媒も多い．

22.5 均一触媒

触媒の存在のもとで進む化学反応を，**触媒反応**という．特に，触媒が反応物と同じ相にある反応を**均一触媒反応**といい，そのような触媒を均一触媒という．通常の化学反応は溶液中で起こるので，均一触媒とは，一般に溶媒に溶けて作用する触媒のことをいう．均一触媒反応では，触媒は反応物と結合して反応活性な中間体をつくって反応にあずかり，後に生成物が遊離する際に再生する．この場合，触媒のない反応とは異なる反応経路をたどり，この際に活性化エネルギーが低下するために反応速度が増加することになる．たとえば，エステルの加水分解は酸や塩基の存在下で反応が加速される．アルコールの脱水は酸を加えることによって加速される（図 22.2）．酸や塩基が触媒として作用する反応を**酸触媒反応**あるいは**塩基触媒反応**という．

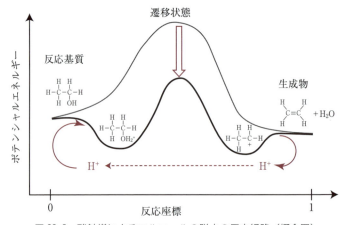

図 22.2 酸触媒によるアルコールの脱水の反応経路（概念図）

22.6 不均一触媒

触媒と反応物が異なる相にある反応を，**不均一触媒反応**といい，このような触媒を不均一触媒という．特に，反応物が気相または液相にあり固体の不均一触媒を用いる反応を**接触反応**という．固体触媒による不均一触媒反応は，工業上よく利用されており，重要なものが多い．

たとえば，二酸化硫黄と酸素から三酸化硫黄（無水硫酸）を製造する際に起こる反応（$2SO_2 + O_2 \rightarrow 2SO_3$）では，触媒として白金 Pt または五酸化バナジウム V_2O_5 を用いる．この反応は接触法による硫酸の製造法

の主要な反応工程である．

22.7 遷移状態理論

一般的な反応速度論の理論として，1935年以後にアイリングらは，**遷移状態理論**を発展させた．遷移状態理論では，化学反応が進行して原系（始状態）から生成系（終状態）に移る途中で通過しなければならないエネルギー最高の状態（遷移状態）に相当する原子の集合体を**活性錯体**といい，原系と活性錯体が平衡状態にあると仮定する．

$$A + B \rightleftarrows AB^{\ddagger} \rightarrow 生成物$$

活性錯体に付けた上付き添字‡は，ABが活性錯体であることを示す記号である．原系と活性錯体の平衡定数を $K^{\ddagger}$ とすると，$AB^{\ddagger}$ の濃度は，

$$[AB^{\ddagger}] = K^{\ddagger}[A][B]$$

と表される．活性錯体がエネルギー障壁を越える頻度は，活性錯体が分解して生成物を生じるような振動の振動数に等しい．これは，$k_B T/h$ によって与えられる（k_B はボルツマン定数，h はプランク定数）．反応物Aの濃度の減少速度（$-d[A]/dt$）は，$[AB^{\ddagger}]$ と $k_B T/h$ の積に等しいとおけるから，

$$-\frac{d[A]}{dt} = \frac{k_B T}{h}[AB^{\ddagger}] = \frac{k_B T}{h} K^{\ddagger}[A][B]$$

となる．したがって，この反応の速度定数 k は，次のように表される．

$$k = \frac{k_B T}{h} K^{\ddagger}$$

遷移状態理論を用いると実際の化学反応の反応速度論をうまく説明することができることから，現在では，化学反応の反応機構を理解するうえで基本的な考え方の1つとなっている．

■問題

22.1 N_2O_5 蒸気の熱分解反応の速度定数は，25℃で $3.46 \times 10^{-5} s^{-1}$，65℃で $4.87 \times 10^{-3} s^{-1}$ である．この反応の活性化エネルギーはいくらか．また，75℃における半減期はいくらか．

22.2 ヨウ化水素の熱分解反応 $2HI \rightarrow H_2 + I_2$ の速度定数は各温度で次のようになる．この反応の活性化エネルギーと指数前因子を求めよ．

$T(K)$	556	575	629	666
$k(mol^{-1} L\ s^{-1})$	3.52×10^{-7}	1.22×10^{-6}	3.02×10^{-5}	2.20×10^{-4}

$T(K)$	683	700	716	781
$k(mol^{-1} L\ s^{-1})$	5.12×10^{-4}	1.16×10^{-3}	2.50×10^{-3}	3.95×10^{-2}

ハモンドの仮説

ハモンドの仮説は，化学反応の遷移状態の構造や反応選択性などを推定する際に用いられる基本的な概念である．この仮説によれば「ある素反応の遷移状態の構造は，遷移状態のエネルギーが反応系（始状態）により近ければ反応基質の構造に，エネルギーが生成系（終状態）により近ければ反応生成物の構造により近い」ことになる．

発エルゴン反応（発熱反応）においては原系の自由エネルギーは生成系の自由エネルギーよりも高い．この場合，遷移状態の自由エネルギーは生成系よりも原系により近く，ハモンドの仮説に従えば，遷移状態の構造は原系の構造に近いと予測できる．このような遷移状態は，反応座標において早い位置に現れるので，**早い遷移状態**とよばれる．

逆に吸エルゴン反応（吸熱反応）においては，遷移状態は生成系により近い構造となり，反応座標において遅い位置に現れる．このような遷移状態は**遅い遷移状態**とよばれる．

ハモンドの仮説に従うと，発エルゴン反応においては原系の自由エネルギーを低下させる（原系を安定化させる）ような電子的効果や立体的効果は，原系と構造・性質の類似した遷移状態の自由エネルギーも低下させると考えられる．同様に，吸エルゴン反応においては生成系の自由エネルギーを低下させるような電子的効果や立体的効果により，遷移状態の自由エネルギーが低下する．

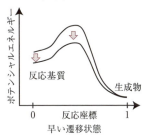
早い遷移状態

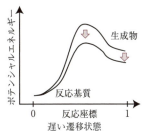
遅い遷移状態

第 23 章

多段階反応

23.1 律速段階 rate-determining step

一般に，化学反応は単純なものではなく，いくつかの反応プロセスを経て多段階で進行することが多い．反応の各々のプロセスのことを，**素反応**といい，いくつかの素反応によって進行する反応を，**多段階反応**（あるいは複合反応）という．多段階反応には，逐次反応，連鎖反応などがある．

多段階反応の原系（始状態）から生成系（終状態）に至る経路上の素反応のうち，反応速度が最も遅い（すなわち，活性化エネルギーが最も大きい）素反応の段階を律速段階という（図 23.1）．律速段階は全体の反応速度を支配することになるので，律速段階がどの素反応の段階であるのかを知ることは，反応を制御するうえで重要である．

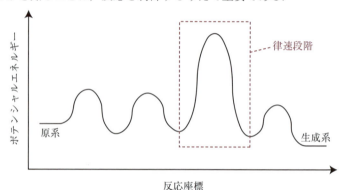

図 23.1 多段階反応の反応座標と律速段階

23.2 反応中間体

多段階反応では，反応の始状態から終状態に至る過程において，反応物とも生成物とも構造が異なる化学種が現れる．このような化学種を反応中間体という．反応中間体は反応系中で実際に観測することができるもので，第 22 章で述べた遷移状態における活性錯体とは性質がまったく異なる．活性錯体は通常は観測することができない．反応中間体は，反応の進行とともに蓄積し，反応途中ではその濃度はおおよそ一定に保たれる．反応が終了に近づくと中間体の濃度は減少する．

ここでは，反応物 A から生成物 C が得られる過程で，中間体 I を経由する単純な多段階反応を考えよう．

$$A \xrightarrow{k_1} I \xrightarrow{k_2} C \tag{23.1}$$

ここで，素反応 A → I の反応速度定数を k_1，素反応 I → C の反応速度定数を k_2 とする．この反応の反応速度は，反応物 A の消失速度（$-d[A]/dt = k_1[A]$），または，生成物 C の生成速度（$d[C]/dt = k_2[I]$）で表されるが，両者は等しくないことに注意が必要である．通常は後者を多段階反応の反応速度として考える．このとき，反応中間体 I の濃度の

多段階反応の例

逐次反応
いくつかの素反応が順番に逐次的に起こる反応である．たとえば，N_2O_5 蒸気の熱分解反応は次のような素反応からなる逐次反応である．

$N_2O_5 \rightleftharpoons NO_2 + NO_3$　①
$NO_2 + NO_3 \rightarrow NO_2 + O_2 + NO$　②
$NO + NO_3 \rightarrow 2NO_2$　③

全体の反応は，
$2N_2O_5 \rightarrow 4NO_2 + O_2$

となる．律速段階は反応①であり，この反応は一次反応となる（→第 21 章 21.2 節）．

連鎖反応
中間生成物が反応の進行にあずかり，長い系列をなして伝播していく反応である．たとえば，アセトアルデヒドの熱分解反応

$CH_3CHO \rightarrow CH_4 + CO$

においては，メチルラジカルとアセチルラジカルが反応を連鎖的に伝搬する．

連鎖開始
$CH_3CHO \rightarrow CH_3\cdot + CHO\cdot$

連鎖成長
$CH_3\cdot + CH_3CHO$
　　　　$\rightarrow CH_4 + CH_3CO\cdot$
$CH_3CO\cdot \rightarrow CH_3\cdot + CO$

連鎖停止
$2CH_3\cdot \rightarrow C_2H_6$

爆発反応やビニル化合物の付加重合も連鎖反応である．

時間変化は，第1段階におけるIの生成速度と第2段階におけるIの消失速度の和となる．

$$d[I]/dt = k_1[A] - k_2[I] \tag{23.2}$$

実際に，反応開始からのA, I, Cの濃度変化を図にすると，図23.2のようになる．反応物Aの濃度は反応開始から指数関数的に減少する．これに伴い，中間体Iが生成してくる．中間体が生成すると，生成物Cが徐々に生成しはじめる．中間体Iの濃度は，反応の途中で最大となり，その後減少する．このように，反応中間体は反応の途中で過渡的に生成する．

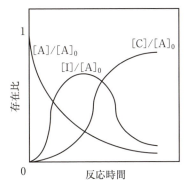

図 23.2　反応開始から終了までの反応物A，中間体I，生成物Cの濃度の時間変化

23.3　定常状態法

多段階反応を解析して，各素反応の反応速度定数を求めることで，反応の律速段階を知ることができる．しかし，この解析は容易ではない．そこで多段階反応を解析する際には，中間体の濃度が一定（すなわち，$d[I]/dt=0$）であると仮定して解析を行うことがある．このような解析法を**定常状態法**という．この仮定は，反応初期の段階や終わりの段階では成り立たないが，反応の途中では成り立つと考えてよい．

いま，2つの分子AとBが反応して生成物Cが生成する反応を考えてみよう．この反応では，はじめに分子Aと分子Bが衝突して中間体A・Bが生じるものとする．中間体A・Bは次の段階のエネルギー障壁を超えることができれば生成物Cを与えるが，エネルギー障壁を超えられない場合には元のAとBに戻る．

$$A+B \underset{k_{-1}}{\overset{k_{+1}}{\rightleftarrows}} A \cdot B \overset{k_2}{\rightarrow} C \tag{23.3}$$

それぞれの素反応の反応速度定数を k_{+1}, k_{-1}, k_2 とする．ここで，中間体A・Bに定常状態法を適用すると，$d[A \cdot B]/dt = 0$ より，

$$\begin{aligned} k_{+1}[A][B] &= k_{-1}[A \cdot B] + k_2[A \cdot B] \\ &= (k_{-1} + k_2)[A \cdot B] \end{aligned} \tag{23.4}$$

となる．左辺は中間体A・Bの生成速度，右辺は中間体A・Bの消失速度を表している．この反応の反応速度 v は，生成物Cの生成速度である

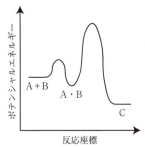

式23.3の反応の反応座標

中間体A・Bの生成速度と，それが分解して原系A+Bに戻る分解速度は，生成系Cができる反応速度よりもずっと速い．このような反応を活性化律速反応という．2分子反応の多くは，活性化律速である．

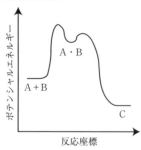

拡散律速反応

式23.3の反応において第1段階が律速段階であると、反応中間体A・Bは生成すると必ず生成物を与えることになる。このような反応を拡散律速反応という。

光化学反応
光の照射によって誘発される化学反応を光化学反応という。

ので、

$$v = k_2[\text{A·B}] = \frac{k_{+1}k_2}{(k_{-1}+k_2)}[\text{A}][\text{B}] \tag{23.5}$$

となる。この式は、式23.3の反応が二次反応となることを示している。通常の反応においては第2段階目の素反応が律速段階となるので、$k_{-1} \gg k_2$ であり、式23.5は次のように近似できる。

$$v = k_2 K[\text{A}][\text{B}] = k'[\text{A}][\text{B}] \tag{23.6}$$

K は平衡 $\text{A}+\text{B} \rightleftharpoons \text{A·B}$ の平衡定数（$=[\text{A·B}]/[\text{A}][\text{B}]$）、$k'$ は二次速度定数である。これより、実験によって二次速度定数 k' と平衡定数 K を求めれば、律速段階の速度定数 k_2 を求めることができることがわかる。

23.4 連鎖反応

活性な反応中間体が反応の進行中に常に再生されて、素反応がドミノ的に列をなして起こる反応を連鎖反応という。一例として、水素と塩素の**光化学反応**を挙げる。水素と塩素の混合気体に直射日光を当てると、ただちに反応が起こり、塩化水素が生じる。この反応は爆発的に進む。

$$\text{H}_2 + \text{Cl}_2 \rightarrow 2\text{HCl}$$

この連鎖反応は、次のように3つの段階からなる。

段階1：開始反応　　　$\text{Cl}_2 + h\nu \rightarrow 2\text{Cl·}$

まず、塩素分子が光を吸収して、2個の塩素原子に解離する。反応式中の $h\nu$ は波長 ν の光を照射することを意味する。解離した塩素原子は不対電子をもつ。このように、不対電子をもつ原子団のことを遊離基（フリーラジカル、あるいは単にラジカル）という。遊離基 Cl· は塩素ラジカルという。

ラジカル重合
連鎖反応は、高分子の合成反応でよく用いられる。一例として、塩化ビニルのラジカル重合の例を示す。

段階2：成長反応　　　$\text{Cl·} + \text{H}_2 \rightarrow \text{HCl} + \text{H·}$
　　　　　　　　　　$\text{H·} + \text{Cl}_2 \rightarrow \text{HCl} + \text{Cl·}$

生成した塩素ラジカル Cl· は、次に水素 H_2 と反応して塩化水素 HCl と水素ラジカル H· を生成する。水素ラジカル H· はすぐに塩素 Cl_2 と反応して塩素ラジカル Cl· が再生する。この2つの反応は何回も繰り返される。

段階3：停止反応　　　$\text{H·} + \text{H·} \rightarrow \text{H}_2$
　　　　　　　　　　$\text{Cl·} + \text{Cl·} \rightarrow \text{Cl}_2$
　　　　　　　　　　$\text{H·} + \text{Cl·} \rightarrow \text{HCl}$

反応の連鎖は無限には続かず、いずれ上記のようにラジカル同士が結合して、閉殻分子（不対電子をもたない分子）が生成する。

23.5 触媒サイクル

触媒は，反応の前後でその形態が変化しない．すなわち，触媒は，はじめ反応物と結合して中間体を与えるが，生成物が得られる段階で中間体から解離して再生される．各素過程を反応式で表すのに，**触媒サイクル**を用いることがある．触媒サイクルは，触媒が関与する多段階からなる反応機構を表し，生化学，有機金属化学，物質化学などの分野において，触媒の役割を説明するときによく用いられる．

触媒サイクルには，しばしばプレ触媒の触媒への変換過程が含まれる．また，触媒は再生されるので，触媒サイクルはたいてい一連の化学反応のループとして描かれる．このようなループでは，第一段階では必ず反応物と触媒の結合が起こり，最終段階には生成物と触媒の分離が起こる．代表的な例として，鈴木カップリング反応の触媒サイクルと，スクラーゼ（酵素）の触媒サイクルを図 23.3 ならびに図 23.4 に示す．

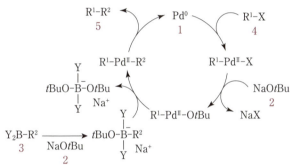

図 23.3 鈴木カップリング反応の触媒サイクル

鈴木カップリング反応
鈴木カップリングは，パラジウム触媒 (1) と塩基 (2) などの求核種の作用により，有機ホウ素化合物 (3) とハロゲン化アリール (4) とをクロスカップリングさせて非対称ビアリール（ビフェニル誘導体，5) を得る化学反応である（→ 第 34 章 34.5 節）．

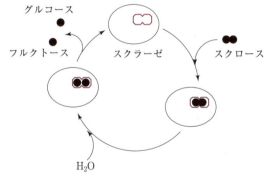

図 23.4 スクラーゼの触媒サイクル

酵素反応
生体内では，酵素が触媒の働きをする．酵素は，化学的には，タンパク質（単純タンパク質，または他の簡単な分子と結合した複合タンパク質）である．酵素による作用を受ける物質を基質という．酵素はそれぞれ，ある特定の基質のみに特異的に作用する．たとえば，マルターゼは麦芽糖の加水分解を促進し，スクラーゼはショ糖の加水分解を促進し，ウレアーゼは尿素の加水分解反応を触媒する．

■問題

23.1 光化学反応 $H_2 + Cl_2 \rightarrow 2HCl$ の反応機構を，触媒サイクルを用いて示せ．

第 5 部
生命化学：生命がもたらした恵み

　約 40 億年前に地球上に誕生した生命は地球環境に大きな変化をもたらし，現在の大気や海などの環境が整えられたと考えられている．シアノバクテリアによる光合成の開始によって大気中に大量の酸素が供給され，二酸化炭素は炭水化物として地上に固定化された．その後，大気中の酸素と固定された炭水化物を利用してミトコンドリアは生命活動に必要なエネルギーを生産した．

　第 5 部では，生命体を構成する物質（脂質，糖類，タンパク質，核酸など）について概説する．生命を構成する物質がどのようにして地球上に誕生したのかについては，謎が多い．たとえば，タンパク質を構成するアミノ酸の由来については，宇宙から隕石によって飛来したとする説，原始地球上で化学反応によって合成されたとする説など，諸説がある．生命誕生のメカニズムは神秘的なものであるが，生命体は最終的にその活動に必要なすべての情報を遺伝子に暗号として格納し，これを子孫に受け継ぐことによって地球上に繁栄することができた．

第 24 章

生命誕生と生体分子

量子力学の樹立に多大な功績を残したシュレーディンガーはその著書『生命とは何か』の中で，生物がエントロピー増大の法則に従わずに全エントロピー量が常にほぼ一定に保たれている理由について，次のように考察している．孤立系の全エントロピー量は常に増大しなければならないはずであるから，生物は生命活動によって生じたエントロピーを周囲の環境中に放出している．逆の見方をすれば，生命は環境から「負のエントロピー」を得て生きていることになる．

生命体には自己と非自己の境界があり，その内部に秩序をもった構造をもっている．また，生命体には子孫を残すという重要な使命がある．このような生命はどのようにして地球上に誕生したのだろうか．生命が初めて誕生した過程はわかっていないが，その前後の状況，すなわち生命が誕生したであろう当時の地球環境と，生命誕生後の環境変化と生物進化の過程については，多くの情報が蓄積されている．本章では，生命誕生によってもたらされた地球環境の変化と，生命体が生み出した様々な化合物（生体分子）についてまとめる．

24.1 光合成と呼吸

40億年前に地球上に初めて誕生した生物は，おそらくとても原始的なもの（核をもたない単細胞生物）であったと思われる．大気中にはまだ酸素はなく，水中の有機物などを取り込んでエネルギーを得ていたのであろう．その後，約35億年前にシアノバクテリアが誕生し**光合成**が始まると，地球の環境は大きく変わることになる．

光合成では，水と大気中の二酸化炭素から**グルコース**（ブドウ糖）を作り出す（式24.1）．グルコースは，分子式を$C_6(H_2O)_6$のように書くこともできることから，**炭水化物**（炭素と水が化合した物質）ともよばれる．式24.1の反応では副生成物として酸素が合成される．このように，光合成が始まると大気中に大量の酸素が放出されていった．

$$6CO_2 + 6H_2O + h\nu \rightarrow C_6H_{12}O_6 + 6O_2 \tag{24.1}$$

大気中の酸素の濃度が上昇すると，大気中の酸素と光合成によって固定された有機物を利用してエネルギーを生産する微生物，すなわち**呼吸**する生物が出現した．呼吸によって有機物は分解され，二酸化炭素が大気中に放出された．このようにして，原始地球の大気は現在の大気（窒素78%，酸素21%，アルゴン0.93%，二酸化炭素0.03%）へと徐々に変化していった．

現存する生物において，式24.1の光合成は植物の**葉緑体**が，呼吸は細胞小器官である**ミトコンドリア**が担当している．

生命誕生のシナリオ
生命の誕生には，生体高分子の基本的な構成ユニットである有機物（アミノ酸やヌクレオチドなど）が必要であると考えられる．このような有機物がいつどこで作られたのかという点に関しては諸説が提案されている．代表的なものとして，宇宙から隕石とともに飛来したとする説，原始の大気中で放電によって合成されたとする説，海底の熱水孔の付近で合成されたとする説などがある．

ミラーの実験

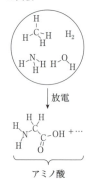

1953年にミラーは，メタン，水素，アンモニア，水蒸気の混合気体に放電するとアミノ酸が得られることを発見した．この実験結果は，原始大気中でアミノ酸が合成されたことを支持した．ミラーが行った実験は，生命誕生に関する研究に大きな影響を及ぼしたが，その後の検証では，原始大気の組成は二酸化炭素，窒素，水蒸気が主成分であり，ミラーの実験は大気中での有機物の合成を忠実に再現したものとは言えないことがわかった．

オゾン層の形成
大気中の酸素に紫外線が当たるとオゾンが生成する．

$3O_2 + h\nu \rightarrow 2O_3$

生成したオゾンは大気の上層に集積し（**オゾン層**），太陽光に含まれる有害な紫外線が地表に降り注ぐのを遮蔽している．オゾン層の形成によって，生物は地上で生活できるようになったと考えられる．

24.2 クロロフィル Chlorophyll

クロロフィルは葉緑体に存在する光を吸収する有機物で、クロロフィル a は図 24.1 の構造をもつ。光合成の主役をなす生体分子である。

葉緑体

[出典：http://virtualplant.ru.ac.za/Main/ANATOMY/chloroplast.htm]

植物細胞内にある直径 5 μm 程度の円盤状の細胞小器官である。クロロフィルを含み、顕微鏡で観察すると緑色に見える。

図 24.1 クロロフィル a の構造

構造的には、テトラピロールとよばれる 4 個の窒素原子を含む平面環状の部位に、フィトールとよばれる長鎖のアルコールがエステル結合している。テトラピロール環の中心にはマグネシウムイオン Mg^{2+} が配位している。このマグネシウムイオンは、亜鉛イオン Zn^{2+} や銅イオン Cu^{2+} で置き換えることができる。

クロロフィルは、π 共役系をもつテトラピロール環をもつために、可視光を吸収する。そのため、葉緑体は緑色に見える。クロロフィルに吸収された光は、クロロフィルの π 電子を励起し、この反応が引き金となって様々な反応が葉緑体の内部で起こることになる。

24.3 チトクローム Cytochrome

チトクロームはミトコンドリアに存在する一連の酵素で、好気呼吸（酸素 O_2 を必要とする呼吸）において電子を伝達する役目を担っている。ミトコンドリアではチトクロームから O_2 に電子が順次与えられ、最終的に O_2 は H_2O に還元される。この過程で酵素から酵素に電子が次々に伝搬される。チトクロームには電子伝達機能をもつ**ヘム**とよばれる部位がある（図 24.2）。ヘムは、クロロフィルと同じくテトラピロール環をもち、その中心には鉄イオンが配位している。チトクロームが電子を受け取ると鉄イオンは Fe^{2+} に、電子を放出すると Fe^{3+} になる。

ミトコンドリア

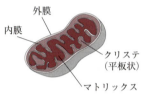

真核生物の細胞内にある直径 0.5 μm 程度の細胞小器官である。二重の生体膜からなり、独自の DNA をもち、分裂、増殖する。チトクローム c などの好気呼吸に関わるタンパク質（酵素）を多数もっている。1 つの細胞には、平均で 400 個程度のミトコンドリアが存在する。好気呼吸を始めた原始の微生物が宿主の細胞に寄生したものと考えられている。

活性酸素（ROS）

ミトコンドリアにおいて、O_2 は酵素から電子を受け取り、最終的に H_2O に還元される。

$$O_2 \to O_2 \cdot^- \to H_2O_2 \to H_2O$$

この反応過程で生じる反応性の高い化学種（スーパーオキシドイオン $O_2 \cdot^-$、過酸化水素 H_2O_2、ヒドロキシルラジカル $HO \cdot$ など）を活性酸素 reactive oxygen species (ROS) という。ROS は健康な細胞ではミトコンドリアから漏れ出ることはないが、いったん漏れ出ると細胞内のタンパク質や DNA を損傷し、その結果、様々な病気を引き起こす。

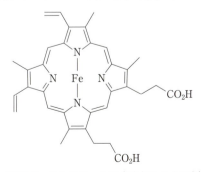

図 24.2 チトクロームに含まれるヘムの例

第 24 章 ● 生命誕生と生体分子

24.4 生体分子

地球に誕生した生命体は，長い時間を経て徐々に進化し，その過程で多種多様な生物を生み出してきた．生物を構成する物質の多くは分子量が大きく（＞10,000 Da），複雑な分子構造をしている．生体を構成する分子を生体分子（あるいは生体高分子）という．生体分子は脂質，糖類，タンパク質，核酸などに分類され，いずれも炭素原子を含む有機物である．これらはすべての生物に共通に存在する．生体分子は，細胞膜や細胞壁を形成したり，生命活動のエネルギー源となったり，生物の骨格を形づくったり，生体触媒（酵素）として作用したり，遺伝情報を子孫に伝える遺伝子として機能したり，様々な役割を果たしている．その詳細ついては，第 25～27 章で述べる．ここでは，生体分子の基本構造や特徴，性質を表にまとめておく（表 24.1）．

表 24.1 主な生体分子

種類	分子モデル	成分，あるいは繰り返し単位の例	特徴・性質など
脂質	脂肪	リノール酸　グリセリン	・グリセリンと 3 つの高級脂肪酸からできたエステル． ・水に溶けない． ・脂肪酸の 1 つがリン酸エステルとなったリン脂質は細胞膜をつくる． ・脂肪酸には飽和脂肪酸と不飽和脂肪酸がある．
糖類	デンプン	α-グルコース	・グルコースなどの糖分子がグリコシド結合によって結合した高分子． ・糖分子のつながり方の違いによって多様な糖鎖ができる． ・デンプンは α-グルコースが多数つながったもの，セルロースは β-グルコースが多数つながったもの． ・炭水化物ともよばれる．
タンパク質	インスリン	アミノ基　カルボキシ基　側鎖　アミノ酸	・タンパク質を構成するアミノ酸には主なものとしては 20 種類ある． ・アミノ酸がペプチド結合によって多数つながっている． ・筋肉，毛，皮膚，骨などとして，動物の体を構成する． ・酵素は生体反応を調整する触媒（生体触媒）である．
核酸（DNA, RNA）	DNA	リン酸エステル部位　デオキシリボース部位　塩基部位　デオキシヌクレオチド	・DNA は二重らせん構造をつくる． ・DNA は遺伝子の本体であり，RNA はそのコピーである． ・DNA の二重らせん構造では，水素結合によってワトソン-クリック塩基対が形成される． ・（デオキシ）ヌクレオチドは，（デオキシ）リボース，リン酸，塩基から構成される．

24.5 化石燃料

人類が誕生するはるか以前の地質時代，地球上には様々な生物が繁栄した．これらの生物の死骸は地中に埋もれ，長い年月をかけて変質し，

104

石炭や石油，天然ガスになった．これらは化石燃料とよばれている．化石燃料は18世紀後半の産業革命以降，人の手によって地中から大量に掘り出され，燃料や化成品の合成原料として利用されている．

石炭は，数億年前の植物の化石であり，地中に埋もれた植物が変質したものである．火力発電所などで燃料として大量に使用されている．石油は，生物の死骸が長期間にわたって土砂の堆積層に埋没してできた油状の炭化水素である．石油は沸点の違いによってガソリン，軽油，灯油，重油などに分留され，自動車や航空機，船舶の燃料などとして利用されている．天然ガスは石油とともに地中から採掘され，その主成分はメタンである．化石燃料については，第33章で詳しく述べる．

化石燃料の可採年数
化石燃料の埋蔵量を年間生産量で割ったもので，化石燃料があと何年で枯渇するかを予想したものである．2015年のイギリスBP社の統計によると石油は2066年，石炭は2129年，天然ガスは2068年に枯渇する．（Wikipedia参照）

表24.2 主な化石燃料

種類	成分の例	特徴・性質
石炭		・固形の化石燃料． ・石炭は安価な燃料として，発電所や各種工場で広く用いられている． ・石炭を乾留すると，コークス（骸炭）が得られる． ・コークスは，鉄の精錬に用いられる． ・乾留の副生成物であるコールタールには，ナフタレン，ベンゼン，フェノールなどの芳香族有機化合物が含まれる．
石油	 オクタン	・液状の化石燃料． ・石油の主成分は炭化水素（アルカン）である．石油には，炭化水素以外に芳香族化合物や高分子化合物などが副成分として含まれる． ・石油を分留（精製）すると，ガソリン，軽油，灯油，重油などが得られる． ・石油は自動車や航空機，船舶の燃料などとして利用さるほか，化成品や薬の合成原料としても用いられる． ・石油には，炭化水素の他にも硫黄，窒素，酸素を含む化合物が含まれている．
天然ガス	 メタン	・気体の化石燃料． ・天然ガスの主成分はメタンであり，エタンやプロパンなども含まれる． ・天然ガスは，火力発電所の燃料，家庭用のガス（都市ガス）として用いられている．

■問題

24.1 クロロフィル（図24.1）とヘム（図24.2）の構造を比較し，共通点と相違点を述べなさい．

24.2 ミトコンドリアにおいて酸素 O_2 が水 H_2O に還元されるとき，酸素原子の酸化数はどのように変化するか．途中で生じる活性酸素（ROS）も含めて答えなさい．

24.3 地球に生命が誕生したことによって，われわれにどのような恵みがもたらされたか．

第 25 章

脂質と糖類

25.1 脂肪酸

脂肪酸とはカルボキシ基-COOH を 1 つもつ鎖式有機化合物の総称である．脂肪酸は炭素数の違いにより短鎖脂肪酸（炭素数 2-4 個），中鎖脂肪酸（炭素数 5-12 個），長鎖脂肪酸（炭素数 13 以上）に分類される．また C=C 二重結合の有無により不飽和脂肪酸と飽和脂肪酸に分類される．脂肪酸の沸点は，分子量と分子の立体構造に影響される．飽和脂肪酸は棒状であるため結晶中で分子が配列しやすく融点は高いが，不飽和脂肪酸は二重結合の折れ曲がりにより配向性が悪くなるため融点は低下する．この傾向は *cis* 体で特に強い．表 25.1 に天然に存在する脂肪酸の例を示す．

表 25.1　動物の体内に存在する代表的な脂肪酸

炭素数	二重結合の数	慣用名	構造式
12	0	ラウリン酸	$CH_3(CH_2)_{10}COOH$
14	0	ミリスチン酸	$CH_3(CH_2)_{12}COOH$
16	0	パルミチン酸	$CH_3(CH_2)_{14}COOH$
18	0	ステアリン酸	$CH_3(CH_2)_{16}COOH$
20	0	アラキジン酸	$CH_3(CH_2)_{18}COOH$
22	0	ベヘン酸	$CH_3(CH_2)_{20}COOH$
24	0	リグノセリン酸	$CH_3(CH_2)_{22}COOH$
16	1	パルミトレイン酸	$CH_3(CH_2)_5CH=CH(CH_2)_7COOH$
18	1	オレイン酸	$CH_3(CH_2)_7CH=CH(CH_2)_7COOH$
18	2	リノール酸	$CH_3(CH_2)_4(CH=CHCH_2)_2(CH_2)_6COOH$
18	3	リノレン酸	$CH_3CH_2(CH=CHCH_2)_3(CH_2)_6COOH$
20	4	アラキドン酸	$CH_3(CH_2)_4(CH=CHCH_2)_4(CH_2)_2COOH$

表 25.1 中の不飽和脂肪酸の立体配置はすべて *cis* 型であるが，反芻動物（ウシやヤギなど）の肉や乳に含まれる不飽和脂肪酸には少量の *trans* 型が含まれている．これは，反芻動物胃に寄生している微生物の働きによって不飽和脂肪酸の二重結合の一部が *trans* 型に変化するためである．また，人工的に作り出した硬化油の中には *trans* 型の不飽和脂肪酸が混在する．これは，不飽和脂肪酸に水素添加処理して融点を高く調節する際に，一部の二重結合が *trans* 型に変化するためである．生体内で作られる脂肪酸の大部分は，炭素数が 14～24 であり，かつ偶数である．なかでも炭素数が 16 と 18 のものが最も量が多い．

脂肪酸は生体内において遊離した状態（すなわち単分子で分散した状態）ではほとんど生理機能を発揮することはない．他の生理活性物質（プロスタグランジンなど）へと代謝されたり，タンパクや糖に結合したりして機能を発現している．脂肪酸とグリセリン（またはスフィンゴシン）とリン酸の複合体であるリン脂質は細胞膜の主要な構成成分である．

25.2 脂肪

脂肪（あるいは油脂）は 3 つの脂肪酸とグリセリンからなるエステル

トランス脂肪酸

trans 型の不飽和脂肪酸は天然にはほとんど存在しないが，水素添加や加熱による硬化処理によって，*cis* 型の一部が *trans* 型に変化する．硬化油はマーガリンやショートニングに使用されている．トランス脂肪酸は，冠動脈性心疾患などのリスクを高め，取りすぎると健康に悪影響があるとされている．

プロスタグランジン

プロスタン酸骨格をもつ化合物の一群をプロスタグランジンとよぶ．ホルモンであり様々な生理活性を示すが特に痛みを誘発する原因物質である．脂肪酸の一部は体内でアラキドン酸に変換され，シクロオキシゲナーゼ（酵素）により様々なプロスタグランジンが合成される．ある種の痛みを抑えるためには，シクロオキシゲナーゼの活性を抑えプロスタグランジンの生産量を減らすことが重要となる．世界で初めての人工合成薬であるアスピリン（→第 33 章）はこのシクロオキシゲナーゼの働きを阻害し（→第 38 章：拮抗薬），痛みの原因物質であるプロスタグランジンの生産量を抑制することで痛み止めとし働く．

代表的なプロスタグランジン
（プロスタグランジン E1）

脂肪の分子構造

$$CH_2-O-COR$$
$$CH\ -O-COR'$$
$$CH_2-O-COR''$$

である．脂肪と油脂は化学的には同一のもので，一般に常温で固体のものを脂肪，液体のものを油脂とよぶ．われわれは食物から脂肪を摂取してエネルギー源としている．脂肪は，脂肪酸の前駆体としても重要な生体物質である．脂肪を塩基性条件下におくと，エステル結合が加水分解されて脂肪酸の金属塩が得られる．この反応を鹸化とよび，鹸化して得られた脂肪酸の金属塩（脂肪酸ナトリウムなど）は石鹸として用いられている．

25.3 リン脂質

細胞膜はリン脂質を主成分とし，これに糖脂質やコレステロールが加わって構成されている．リン脂質は，ホスホグリセリドとスフィンゴミエリンの2種類に分類させる（図25.1）．ホスホグリセリドは，グリセリン骨格を中心に2つの脂肪酸がエステル結合で，1つのアルコールがリン酸エステルを介して結合している．ホスホグリセリドは細胞膜中最も多く認められるリン脂質である．スフィンゴミエリンは，スフィンゴシンのアミノ基に脂肪酸が，ヒドロキシ基にアミノアルコールがリン酸エステルを介して結合している．スフィンゴミエリンは脳や神経組織に多く認められる．

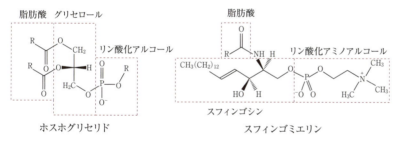

図 25.1 細胞膜を形成するリン脂質

ホスホグリセリドやスフィンゴミエリンなどのリン脂質は，水溶性のリン酸部位に2本の疎水性の長鎖炭化水素基が結合しているために両親媒性をもち，水溶液中ではリポソームとよばれる脂質二重膜（人工の細胞膜）構造を形成する（図25.2）．実際の細胞にはリン脂質のほかに糖脂質，コレステロール，タンパク質（膜タンパク質）などが含まれている．細胞は，糖脂質や膜タンパク質を用いて細胞内外のコミュニケーションをとりながら生命活動を維持している．

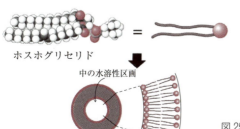

図 25.2 リポソームの形成
[出典：Biochemistry, Stryer 7th]

糖脂質
糖と脂質が共有結合した物質の総称で，グリコリピドともよばれる．糖脂質は細胞膜の二重層のうち外側に存在し細胞認識の標識として働いている．

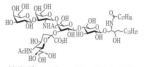

糖脂質のひとつガングリオシド（GM1）

コレステロール
コレステロールとは融点149℃の白色鱗片状晶の有機化合物である．生体内では脳，神経組織，副腎などに多く分布している．コレステロールのほとんどは肝臓で合成され，ほかに食物からも摂取している．体内に必要以上のコレステロールがあると，肝臓で合成されるコレステロールの量が少なくなり，逆に体内のコレステロール量が不足すると，コレステロールの合成が活発になる．これらコレステロールは血液にのり各臓器へ運ばれ胆汁酸，ビタミンD，性ホルモン，副腎皮質ホルモンなど重要な生理活性物質へ変換される．しかし，コレステロールは脂溶性のため，そのままでは血液中を流れることが難しい．そのためタンパク質（アポタンパク）とリン脂質でできた水溶性複合体のなかにコレステロールと中性脂肪を閉じ込めて血液の中を流れ運ばれる．この複合体の中にあるコレステロールと中性脂肪の量の違いでLDLとHDLに分類されている．一般に悪玉コレステロールとよばれるLDLは肝臓から，全身にコレステロールを運びだす役割を担っているが増えすぎると，血管壁にたまって動脈硬化を引き起こす．一方善玉コレステロールとよばれるHDLは全身をめぐって体内の余分なコレステロールを回収し，肝臓に戻す．血管壁にたまっているコレステロールを血管壁から引き抜いて回収する役割がある．

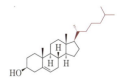

25.4 糖類

糖類（炭水化物）は，一般式 $C_m(H_2O)_n (m≧3)$ で表される化合物の総称であり，分子内に複数の水酸基をもつ．糖類は単糖類，二糖類，多糖類に分類される．単糖類はそれ以上加水分解できない糖類であり，グルコース（ブドウ糖），フルクトース（果糖），ガラクトースなどがある．二糖類は2分子の単糖がグリコシド結合で縮合したもので，加水分解により単糖を生じる．スクロース（ショ糖），ラクトース（乳糖），セロビオースなどが二糖類に属する．多糖類は多数の単糖がグリコシド結合で縮合したもので，加水分解により多数の単糖を生じる．デンプンとセルロースは代表的な多糖類である．

グルコース $C_6H_{12}O_6$ は最も重要な単糖であり，光合成によって植物の葉緑体でつくられる．果実などにも含まれるほかに生物の体内に広く存在し，生命活動のエネルギー源になる．グルコースは水溶液中で $α$-グルコースと $β$-グルコースの平衡状態で存在し，その相互変換の過程でアルデヒド型になる（図25.3）．そのため水溶液中のグルコースは還元性を示す．グルコースのように水溶液中でアルデヒド型を生じる単糖類をアルドースという．また，還元性を示す単糖類や二糖類を還元糖という．

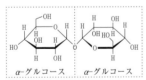

図25.3　水溶液中におけるグルコースの平衡

フルクトース $C_6H_{12}O_6$ は果糖ともよばれる．水溶液中では六員環構造，鎖状のケトン型構造，五員環構造が平衡状態で存在している．このように水溶液中でケトン型構造をとる単糖をケトースとよぶ．

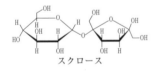

スクロースは $α$-グルコースと $β$-フルクトースが脱水縮合した二糖でショ糖ともよばれる．サトウキビやテンサイから得られ砂糖として用いられる．ラクトースは乳糖ともよばれ，加水分解するとガラクトースとグルコースに分解される．セロビオースは高分子のセルロースを分解して得られる二糖であり，さらに加水分解するとグルコースが得られる．

25.5 デンプンとセルロース

デンプンは，多数の $α$-グルコースがグリコシド結合で重合したものである．デンプンには，温水に可溶なアミロースと温水に不溶なアミロペクチンがある（図25.4）．ヒトはデンプンをグルコースに加水分解することができるため，米や小麦に含まれるデンプンを栄養源とすること

ができる．デンプンは唾液またはすい液に含まれるアミラーゼにより二糖である麦芽糖へ加水分解される．その後，小腸でマルターゼによりグルコースに加水分解されて体に吸収される．体内に入ったグルコースは血液によって全身に輸送され，その後，**解糖系**とよばれる代謝経路を経てピルビン酸などに分解される．

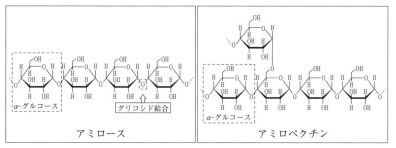

図25.4　デンプンの化学構造

多数の β-グルコースがグリコシド結合で重合したものがセルロースである（図25.5）．セルロースは植物からとれる繊維状の物質で，植物等の細胞壁の主成分の1つである．綿や麻は純度の高いセルロースであり，植物繊維として利用されている．ヒトはセルロースを消化管で分解してグルコースにすることができないため，セルロースを食べても消化することができない．

セルロースを溶かす方法
セルロースは有機溶媒や水に不溶であるが，特殊な溶媒（イオン液体など）に溶解することが報告された．

セルロースを溶かすイオン液体

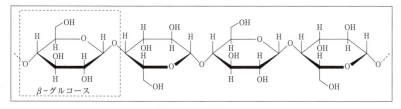

図25.5　セルロースの化学構造

ヨウ素デンプン反応
セルロース分子は水素結合によってシート状になっている．これに対し，α-グルコース分子が重合したデンプンは水素結合によってらせん状になっている（図25.6）．ヨウ素デンプン反応では，ヨウ素がデンプンのらせん内に入り込んで呈色する．セルロースはヨウ素デンプン反応を示さない．

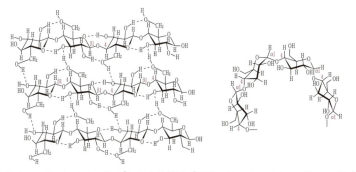

図25.6　セルロースとデンプンの立体構造　[出典：Biochemistry, Stryer 7th]

■問題

25.1 糖類には還元性を示すものと示さないものがある．その理由を答えなさい．

25.2 リン脂質のリン酸部位が親水性を示す理由を答えなさい．

第 26 章

アミノ酸とタンパク質

26.1 α-アミノ酸

アミノ酸はアミノ基-NH_2とカルボキシ基-COOHをもつ有機物であり，タンパク質の構成成分である．タンパク質を構成するアミノ酸は20種類あり，すべてがα-アミノ酸（同じ炭素原子に-NH_2と-COOHの両方が結合したアミノ酸）である（図26.1）．これらのうちグリシン以外のアミノ酸には不斉炭素原子があり，その立体配置はすべてL体である．

21番目のアミノ酸

セレノシステイン

タンパク質構成アミノ酸は20種類と考えられていたが，現在ではセレノシステインもタンパク質構成アミノ酸であるとされている．セレノシステインは，停止コドンの1つであるUGAコドンを用いて，mRNAの翻訳の過程でタンパク質に直接導入される．ヒトではセレノシステインを含むタンパク質は25種類あることが明らかにされている．

D-アミノ酸

生体を構成するアミノ酸はL体であるが，一部の生体分子にはD体のアミノ酸も存在する．たとえば，真正細菌の細胞膜の外側に層を形成する細胞壁の主要物質であるペプチドグリカンは，ペプチドと糖からなる高分子である．このペプチドグリカンは，菌種により若干の違いはあるが，ペプチド内にD体のアミノ酸を有している．また，哺乳類の脳内にはD-セリンやD-アスパラギン酸が存在し，記憶や学習の機能，メラトニンの分泌抑制などに関係しているとの研究報告がなされている．

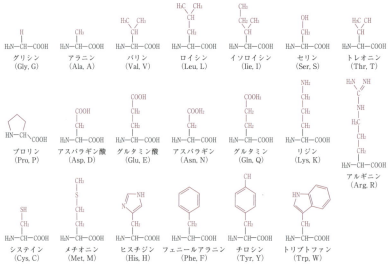

図26.1 20種類のタンパク質構成アミノ酸

アミノ酸を中性の水溶液に加えると，アミノ酸は双性イオン（分子内にプラスに帯電した部位とマイナスに帯電した部位の両方をもつイオン）となって溶ける．双性イオンの状態では，アミノ酸のアミノ基-NH_2には水素イオン（プロトンH^+）が結合してアンモニウムイオン-NH_3^+となり，カルボキシ基-COOHからは水素イオンが解離してカルボン酸イオン-COO^-となっている（図26.2）．

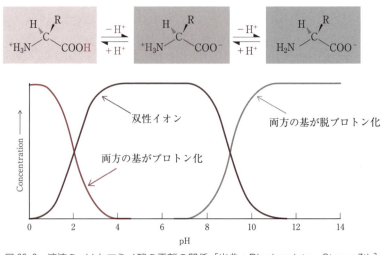

図26.2 溶液のpHとアミノ酸の電離の関係　[出典：Biochemistry, Stryer 7th]

110

アミノ酸の電離状態はpHを変えると変化する．酸性条件ではアミノ基は$-NH_3^+$となるがカルボキシ基は$-COOH$のままであり，全体として陽イオンとなる．一方，塩基性条件ではカルボキシ基は$-COO^-$となるがアミノ基は$-NH_2$のままであり，全体として陰イオンとなる．アミノ酸の総電荷が0となるpHを**等電点**（pI）といい，アミノ酸は等電点において最も水に溶けにくい．**等電点**はアミノ酸ごとに異なる．

26.2 ペプチド結合

1つのアミノ酸のアミノ基$-NH_2$ともう1つのアミノ酸のカルボキシ基$-COOH$の間から水分子がとれてできる結合$-CONH-$をペプチド結合という（図26.3）．ペプチド結合はアミド結合と化学的に等価である．

アミノ酸の等電点

アミノ酸の種類	略語	等電点
アラニン	A	6.00
アルギニン	R	10.76
アスパラギン	N	5.41
アスパラギン酸	D	2.77
システイン	C	5.05
グルタミン	Q	5.65
グルタミン酸	E	3.22
グリシン	G	5.97
ヒスチジン	H	7.59
イソロイシン	I	6.05
ロイシン	L	5.98
リシン	K	9.75
メチオニン	M	5.74
フェニルアラニン	F	5.48
プロリン	P	6.30
セリン	S	5.68
トレオニン	T	6.16
トリプトファン	W	5.89
チロシン	Y	5.66
バリン	V	5.96

中性アミノ酸の等電点は，アミノ基の酸解離定数（pK_a）とカルボキシ基の酸解離定数を足して2で割ると算出できる．カルボキシ基を複数もつ酸性アミノ酸（アスパラギン酸，グルタミン酸）とアミノ基を複数もつ塩基性アミノ酸（アルギニン，ヒスチジン，リシン）では，等電点は酸性側，塩基性側にそれぞれシフトしている．

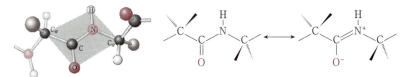

図26.3　ペプチド結合の形成

ペプチド結合には幾何学的に重要な性質がある．まず，**ペプチド結合は同一平面性を示す**．その理由は，C=O二重結合がC-N結合と共鳴し，C-N結合が二重結合性をもつためである（図26.4）．実際に，ペプチド結合のC-N結合長は1.32 Åであり，これはC-N結合長（1.49 Å）とC=N結合長（1.27 Å）の中間の長さである．

図26.4　ペプチド結合の同一平面性とペプチド結合の共鳴構造

さらに，タンパク質においては**ほとんどのペプチド結合はトランス型として存在する**．これは，隣り合ったアミノ酸のα炭素に結合している原子団（側鎖）同士の立体障害によりシス型よりトランス型のほうがエネルギー的に有利になるためである．

トランス型　　　シス型

しかし，プロリンが結合したペプチド結合の場合（図26.5）は，プロリンの窒素原子が2つの炭素原子に結合しているため，トランス型とシス型のエネルギー差が小さい．タンパク質中においてもシス型のペプチド結合が見出されることが稀にある．

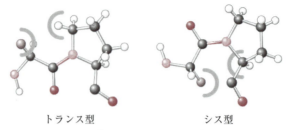

図 26.5　プロリンが結合したペプチド結合

タンパク質は特定の立体構造に折りたたまれることで生体分子としての機能を発現する。アンフィンセンは還元剤を加えてタンパク質の立体構造を壊した後に、その水溶液に適切な酸化剤を加えるとタンパク質の立体構造が自発的に復元することを示した。このことから、タンパク質の立体構造に関するすべての情報は、アミノ酸配列（すなわち一次構造）に含まれていることが明らかになった。アミノ酸配列に刻まれた立体構造の暗号を解読することができれば、アミノ酸配列を人工的に設計することによって、人工酵素を生み出すことができると考えられる。
一方で、生合成されたポリペプチドの一部は正しい立体構造を獲得できずにミスフォールド体を形成することが最近の研究から明らかにされている。タンパク質のミスフォールド体には病原性があり、アルツハイマー病など、様々な疾患の原因となる。

一方、ペプチド結合とは対照的にアミノ基とα炭素原子間またはα炭素原子とカルボニル基間の結合は単結合であり自由に回転することができる。そのため、これらの結合を軸にして回転することにより、タンパク質は多くの異なった折りたたみ（フォールディング）構造をとることができる。

26.3　タンパク質

α-アミノ酸がペプチド結合で多数連なってできた高分子がタンパク質である。一般的に分子量が 1,000 程度のものをペプチド、分子量が 5,000〜150,000 のものをタンパク質という。タンパク質は生物の細胞の中で水に次ぐ 2 番目に多い物質である。タンパク質は細胞内において次のようにして合成される。まず、細胞の核にある染色体（DNA）から RNA ポリメラーゼにより mRNA（メッセンジャー RNA）が合成される。次に、mRNA のもつ塩基配列情報に則して、細胞質にあるリボソームでアミノ酸が重合し、ペプチド鎖が生合成される。この生合成過程については第 27 章で詳しく述べる。

タンパク質を構成するアミノ酸の配列順序を**タンパク質の一次構造**という。リボソームで合成されたペプチド鎖（未成熟のタンパク質）は、細胞内小器官である小胞体の内部で特異な立体構造へと折りたたまれる。この過程を「タンパク質のフォールディング」という。その後、折りたたまれたペプチド鎖はリン酸化や糖鎖修飾などの化学的な修飾を受けて、成熟したタンパク質ができる。タンパク質が折りたたまれる過程は複雑であるが、その初期においては α-ヘリックス（水素結合によって安定化したらせん状の構造）や β-シート（ひだ状の構造）といった特徴的な部分構造ができることが知られている。これらの部分構造を**タンパク質の二次構造**という。二次構造が集まって三次元的なタンパク質の立体構造が形成される。これを**タンパク質の三次構造**という。また、三次構造を形成したタンパク質がいくつか集まり特定の機能を示す場合があり、このような**タンパク質集合体の構造を四次構造**という。すなわち、タンパク質の構造は階層的であり（図 26.6）、タンパク質は三次構造あるいは四次構造を形成することで、最終的に生体分子としての機能を発揮することになる。

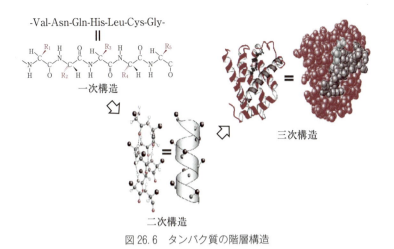

図 26.6　タンパク質の階層構造

26.4　酵素

　酵素は，生体内で触媒作用を発現する物質のことであり，その多くはタンパク質でできている．一般に生体内の反応は，常温付近の比較的穏やかな条件下でも迅速に進行する．これは，酵素が優れた生体触媒として機能しているためである．酵素の特徴は，高い触媒能力（反応を少なくとも百万倍加速）と高い基質特異性である．酵素は水溶液中で機能発現するが，その作用はpHによって大きく影響を受ける．これは酵素の立体構造（三次構造）がpHによって変化（変性）することによる．

　最初に発見された酵素は，**アミラーゼ**（ジアスターゼ）である．アミラーゼはデンプンを加水分解する酵素でありα-アミラーゼ，β-アミラーゼ，グルコアミラーゼが存在する．α-アミラーゼは唾液やすい臓に存在し，デンプンをデキストリン（グルコースの環状オリゴ体）や麦芽糖（二糖）へと変換する消化酵素である．アミラーゼはデンプンを加水分解することは可能であるが，同じ多糖類であるセルロースは加水分解することができない．これは酵素中の基質認識部位の立体構造が基質分子とうまく合致するか否かによる．酵素と基質の立体化学が合致せず結合が不完全な場合，反応点が酵素の活性発現部位に寄ることができないため酵素反応が起こらない．このような特性を**基質特異性**とよぶ．

酵素の補因子
酵素の触媒活性には，補因子とよばれる分子量が比較的小さな分子や金属イオンを必要とする場合がある．たとえば，チトクローム（→第24章24.3節）の補因子は鉄イオンである．このような酵素において，補因子が結合していない状態をアポ酵素，補因子が結合している状態をホロ酵素とよぶ．

アポ酵素＋補因子
　＝ホロ酵素
（酵素活性がある状態）

血液検査
血液検査で血液中のアミラーゼ濃度を測定する場合がある．これは，膵炎や膵臓癌により膵臓の細胞が破壊されてアミラーゼが血液中に漏れ出ていないかを調べるためである．

■問題

26.1　生卵をゆで卵にする際に，何がどのように変化しているか．

26.2　アミノ酸は，タンパク質の構成成分として以外にも様々な生理作用をもつ．20種のタンパク質構成アミノ酸から1つ選んで，その生理作用や利用法を述べなさい．

第 27 章

核酸

核酸は，ヌクレオチドが連なった高分子（ポリヌクレオチド）である．細胞内において，遺伝子として機能するなど，重要な役割を果たしている．本章では，核酸の構造と機能について述べる．

27.1 ヌクレオチドの構造

ヌクレオチドは，リン酸と糖（デオキシリボースかリボースのいずれか）と核酸塩基からなる化合物である（図 27.1）．核酸塩基には，アデニン，グアニン，チミン（RNA ではウラシル），シトシンの 4 種類がある．糖と核酸塩基が結合した化合物をヌクレオシドとよぶ．

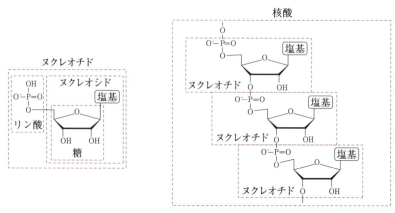

図 27.1　ヌクレオチドと核酸（DNA）の分子構造

ヌクレオチドの一部は，ポリマーを形成せずに単独で細胞内に存在する．代表的なものとして，アデノシン三リン酸（ATP）がある（図 27.2）．ATP は，生体内における化学エネルギー利用，酵素反応，代謝過程，細胞内での情報伝達などに関与している．

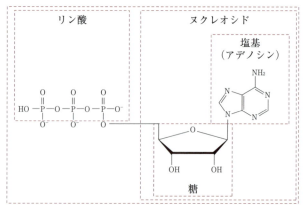

図 27.2　ATP の分子構造

27.2 核酸の種類

核酸は，それを構成しているヌクレオチドの糖の種類により DNA（デオキシリボ核酸）と RNA（リボ核酸）に分類できる（図 27.3）．DNA は遺伝子そのものであり，RNA は遺伝情報の転写，タンパク質への翻訳などに関与する．DNA の糖はデオキシリボースであり，リボースの 2 位のヒドロキシ基が水素に置換されている．そのため，DNA はリン酸エステルが加水分解されにくい構造となっている．一方，RNA の糖はリボースであり，DNA よりも加水分解されやすい構造である．DNA の塩基は A（アデニン），G（グアニン），T（チミン），C（シトシン）であり，RNA の塩基は A（アデニン），G（グアニン），U（ウラシル），C（シトシン）である．これらの塩基を構造的に分類すると，A と G はプリン誘導体，T（U）と C はピリミジン誘導体である．DNA 鎖上の 4 種類の塩基配列が遺伝子として働いている．

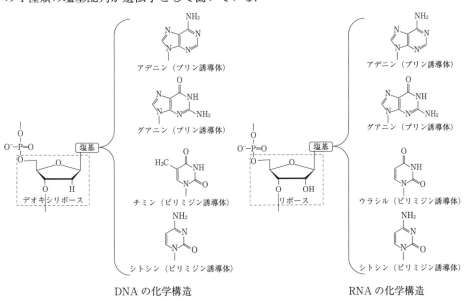

図 27.3 DNA と RNA の分子構造

27.3 核酸の構造

DNA は普段，2 本のポリヌクレオチド鎖が対を成し，それがよじれた二重らせん構造をとっている（図 27.4）．2 本のポリヌクレオチド鎖は互いに進行方向が逆（反平行）になっている．側鎖の塩基は二重らせん構造の内部で水素結合して相補的な塩基対（ワトソン-クリック塩基対）を形成している．T と A の間には水素結合が 2 つ，C と G の間には水素結合が 3 つできる．

DNA の二重らせん構造は右巻きとなり，塩基対は二重らせんの内部に，リン酸エステルとデオ

キシリボースからなるポリマー主鎖は外側に配向している．二重らせんは約10塩基対で1回転し，1回転あたりのらせん軸の長さは3.4 nm（34 Å），らせん軸に沿った塩基対間の距離は0.34 nm（3.4 Å），らせんの直径は2 nm（20 Å）である．実際のDNAは，図27.4のような完全に規則正しい二重らせん構造となっているわけではなく，ずれた構造の部分もある．二重らせん構造には幅が異なる2種類の溝が存在し，大きなほうを主溝，小さなほうを副溝という．多くのタンパク質は，主溝から接近して塩基配列を認識する．

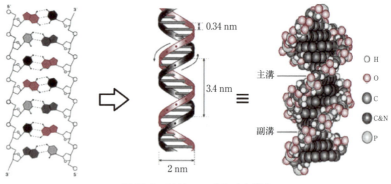

図27.4　DNAの二重らせん構造

RNAもDNAと同様の塩基対を形成することができるが，RNAはDNAのような安定な二重らせん構造とはならない．

27.4　核酸の機能

細胞分裂が起こるとき，元の細胞と同一の塩基配列をもつDNAが合成され，これが新しい細胞の核内に格納される．この過程をDNAの複製という．このようにして，生物の遺伝情報はDNAの塩基配列としてすべての細胞に引き継がれる．

細胞内ではDNAの遺伝情報に基づいてタンパク質が適材適所に合成されている．生命活動を担う主役はタンパク質であり，DNAはいわばタンパク質の設計図として捉えることができる．DNAの情報はいったんmRNA（メッセンジャーRNA）へ転写（コピー）され，その後タンパク質へと翻訳される（図27.5）．この一連の流れは地球上のすべての生物に共通であり，セントラルドグマとよばれる．セントラルドグマが存在することは，現存する生物が単一の生命体から進化したことを示唆している．

タンパク質の生合成では，まず，DNAを鋳型にしてRNAポリメラーゼ（酵素）によりmRNAが合成される．RNAはDNAと構造的によく似ているが，RNAは一本鎖である点，塩基がCでなくUである点，糖がリボースである点で異なる．しかし，UがAと相補的な塩基対を形成できるため，DNAのすべての塩基に対してRNA

ヒトの染色体
DNAはヒストンとよばれるタンパク質に巻きつき，それがらせん状に絡まり染色体を構成している．ヒトには，一般に22対（44本）の常染色体と1対（2本）の性染色体の計46本の染色体があるが，まれに染色体の数が違うことがある．体細胞の染色体の数が通常より1本多く，ある染色体が3本ある場合トリソミー症とよばれ，21番染色体が3本ある場合，ダウン症候群とよばれる．

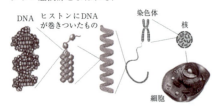

が相補的に並び mRNA が合成される．この過程を転写 transcription という（図 27.6）．

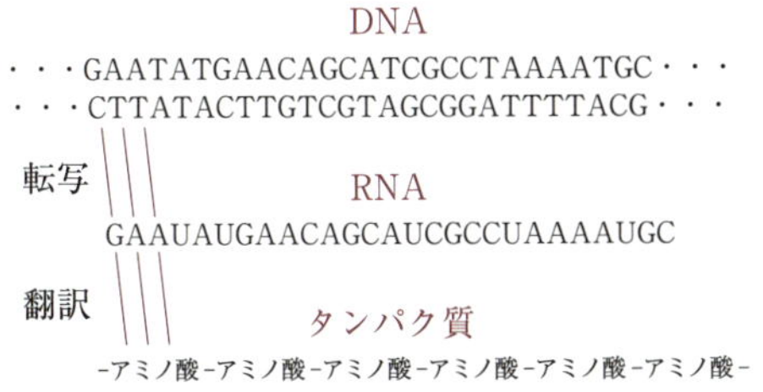

DNA
・・・GAATATGAACAGCATCGCCTAAAATGC・・・
・・・CTTATACTTGTCGTAGCGGATTTTACG・・・
転写
RNA
GAAUAUGAACAGCAUCGCCUAAAAUGC
翻訳
タンパク質
-アミノ酸-アミノ酸-アミノ酸-アミノ酸-アミノ酸-アミノ酸-

図 27.5　タンパク質合成のセントラルドグマ

次に，転写された mRNA がリボソーム上でタンパク質へと翻訳 translation される．mRNA の塩基の並びの 3 個が 1 組のコドンとなってアミノ酸配列が決定される．これによって決められた順番にアミノ酸が連なってタンパク質が合成される．コドンは，A（アデニン），G（グアニン），U（ウラシル），C（シトシン）の 4 つの塩基が 3 つ組み合わさってできるので，全部で 4×4×4=64 通りの組み合わせが考えられる．天然のタンパク質に含まれるアミノ酸は 20 種類であることから，多くの場合 1 つのアミノ酸に複数のコドンが対応していることになる．コドンの中には，タンパク質への翻訳を停止させるコドン（停止コドン）が 3 つある．

RNA
DNA
DNA
GGTTTGGC
CCA
GTAG
CCAT
CATC
GGTA
GUUUG
CAAAC

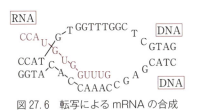

図 27.6　転写による mRNA の合成

■問題

27.1 ウラシルとアデニンが相補的な塩基対を形成する理由を説明しなさい．

第6部
化学が支える物質文明

地球上に誕生した生物は長い年月をかけて多種多様な生物へと進化した．その中で人類が誕生した．人はそれまでの生物と違い知能をもち，自然を学び，自然を利用することができた．その道具の1つが火であった．火を操ることによって，土器を作り，陶磁器を作り，これを日常生活に利用した．さらに，青銅や鉄も手にすることができるようになった．その後，近世のヨーロッパにおいて電池が発明され電気を使うことができるようになると，人の生活は大きく変わることになる．これと同時に石炭と石油，天然ガスなどの天然資源の活用が始まり，それまでの天然素材に代わる人工繊維や人工樹脂，合成ゴム，さらには薬や農薬も大量かつ安価に供給することができるようになった．

第6部では，人がかかわることで生み出された化学反応や物質を示し，これらがいかに人々の生活を豊かにしてきたのかを見ていこう．

第28章

酸化・還元反応

人類は火を熾すことができるようになったことで，火から発する光を利用して明かりをとり，火から生じる熱を用いて暖をとり煮炊きができるようになった．火の燃料はもっぱら枯草や枯れ木であったと思われる．枯草や枯れ木には有機化合物が豊富に含まれていて，よく燃える．しかし，我々がこの燃焼という現象を化学的に正しく認識できるようになったのは近代になってからのことである．

28.1 燃焼反応

イギリスの化学者ファラデーは1861年に出版された『ロウソクの科学』の中で，ロウソク（パラフィンとよばれる有機化合物を固めたもの）が燃えるときにどのような化学反応が起こっているのかについて，様々な実験を行って子供たちにわかりやすく解説している．それによると，パラフィンは空気中の酸素と反応して燃焼し，燃焼後は二酸化炭素と水になる．すなわち，燃焼とは，一般に有機化合物などの可燃物が空気中で光や熱の発生を伴いながら激しく酸素と反応する化学反応のことである．

> 燃焼反応
> 有機化合物＋酸素 (O_2) → 二酸化炭素 (CO_2)＋水 (H_2O)

28.2 酸化と還元の定義

燃焼は，有機化合物などの可燃性の物質が酸素と反応することによって起こる．物質が酸素と結合（あるいは反応）することを一般に**酸化**といい，物質を酸化するもの（この場合は酸素 O_2）を酸化剤，酸化によって生成した化合物を酸化物という．上記の反応では，二酸化炭素は炭素の酸化物，水は水素の酸化物である．

炭（主成分は炭素）を空気中で燃やすと，炭は空気中の酸素と化合して酸化され，酸化物として一酸化炭素や二酸化炭素を生じる．

$$2C + O_2 \rightarrow 2CO \tag{28.1}$$
$$2CO + O_2 \rightarrow 2CO_2 \tag{28.2}$$

このとき，大きな熱エネルギーを放出する．マグネシウムは空気中で閃光を発しながら燃えて，酸化物として酸化マグネシウムを生じる．

$$2Mg + O_2 \rightarrow 2MgO \tag{28.3}$$

鉄や銅は，常温で空気中にさらしたり高温に加熱したりすると酸化されて錆を生じ，それぞれ酸化物として酸化鉄（Fe_2O_3 など）や酸化銅（CuO など）を生成する．

広義の燃焼反応
次のような化学反応も燃焼とよぶことがある．
・マグネシウムが空気中で閃光を発しながら燃える反応
・鉄が空気中でゆっくりと酸素と反応して錆びる現象
・空気がなくても，硝酸塩や過塩素酸塩などから酸素が供給されて起こる爆発的な反応
・可燃物と塩素やフッ素などとの反応
・生体内で起こるブドウ糖の緩やかな分解反応（ブドウ糖が酸化されて最終的に水と二酸化炭素になる）

酸化剤
酸化剤は，化学反応において相手の物質を酸化し，自身は還元される．

$$4Fe + 3O_2 \rightarrow 2Fe_2O_3 \qquad (28.4)$$
$$2Cu + O_2 \rightarrow 2CuO \qquad (28.5)$$

一方，式28.5で生じた酸化銅（II）CuOを水素気流下で加熱すると，次の反応が起こって，銅が遊離する．

$$CuO + H_2 \rightarrow Cu + H_2O \qquad (28.6)$$

このように，酸化物から酸素が失われてもとの物質に戻ることを**還元**といい，このときに用いる物質を**還元剤**という．式28.6の反応ではH_2が還元剤である．

28.3 酸化還元反応

　式28.5と式28.6では，銅と酸化銅（II）の反応に視点をおいて酸化と還元について説明した．このとき，水素の反応に着目すると，式28.6でH_2はOと結合してH_2Oに酸化されている．すなわち，この反応ではCuOからH_2にOが受け渡されていることになる．酸素を相手に渡すものが酸化剤，酸素を相手から受け取るものが還元剤になる．このように，酸化と還元は1つの反応において同時に起こり，このような反応を酸化還元反応という．

　酸化還元反応について，少し詳しく考察しよう．式28.5の反応では，生成物の酸化銅（II）はイオンでできた化合物で，銅は銅（II）イオンCu^{2+}，酸素は酸化物イオンO^{2-}となっている．すなわち，銅原子は酸化の過程で電子2個を失い，酸素原子は逆に電子2個を受け取ったことになる．

$$Cu \rightarrow Cu^{2+} + 2e^- \quad (酸化) \qquad (28.7)$$
$$O + 2e^- \rightarrow O^{2-} \quad (還元) \qquad (28.8)$$

このように，式28.5の反応は電子がCuからOへ移動した反応とみなすことができ，式28.7は酸化，式28.8は還元に相当する．

　一方，式28.6においては，銅はCu^{2+}となっていたものがH_2から電子2個を受け取ってCu^0（右肩の数字はCuの酸化数がゼロであることを示す）となり，H_2は各水素原子が電子1個を失ってH^+となっている．

$$Cu^{2+} + 2e^- \rightarrow Cu \quad (還元) \qquad (28.9)$$
$$H_2 \rightarrow 2H^+ + 2e^- \quad (酸化) \qquad (28.10)$$

酸化と還元の定義1
酸素原子の授受による定義
酸化：原子や分子に酸素原子が結合もしくは付加すること
還元：分子や酸化物から酸素原子を取り去ること

還元剤
還元剤は，化学反応において相手の物質を還元し，自身は酸化される．

酸化と還元の定義2
電子の授受による定義
酸化：原子もしくは分子が電子を失うこと（原子の酸化数が増加する）
還元：原子もしくは分子が電子を受け取ること（原子の酸化数が減少する）

第28章 ● 酸化・還元反応

酸化剤・還元剤の働き方を表す反応式の書き方
①反応前の酸化剤（還元剤）を左辺，反応後の生成物を右辺に示す．
［例］$MnO_4^- \rightarrow Mn^{2+}$
②両辺のOの数を揃えるために，酸化剤（還元剤）では右辺（左辺）にH_2Oを加える．
［例］$MnO_4^- \rightarrow Mn^{2+}+4H_2O$
③両辺のHの数を揃えるために，酸化剤（還元剤）では左辺（右辺）にH^+を加える．
［例］$MnO_4^-+8H^+$
$\rightarrow Mn^{2+}+4H_2O$
④両辺の電荷を揃えるために，酸化剤（還元剤）では左辺（右辺）に電子e^-を加える．
［例］$MnO_4^-+8H^++5e^-$
$\rightarrow Mn^{2+}+4H_2O$

酸化還元反応の反応式の書き方
硫酸酸性溶液中での$KMnO_4$（酸化剤）とH_2O_2（還元剤）との酸化還元反応を例として説明する．
①酸化剤，還元剤の反応式
$KMnO_4$とH_2O_2の酸化剤，還元剤としての働き方は，次のように書ける．
$MnO_4^-+8H^++5e^-$
$\rightarrow Mn^{2+}+4H_2O$　　　(1)
$H_2O_2 \rightarrow O_2+2H^++2e^-$　　(2)
②イオンを含む反応式
酸化還元反応では，電子の授受が過不足なく行われる．したがって，式(1)×2＋式(2)×5としてe^-を消去すると，次のイオンを含む反応式が得られる．
$2MnO_4^-+5H_2O_2+6H^+$
$\rightarrow 2Mn^{2+}+5O_2+8H_2O$　(3)
この式から，MnO_4^-とH_2O_2は，物質量の比が2：5で過不足なく反応することがわかる．
③化学反応式
$KMnO_4$を用いた化学反応式にするために，両辺に$2K^++3SO_4^{2-}$を加えると，次の化学反応式が得られる．
$2KMnO_4+5H_2O_2+3H_2SO_4$
$\rightarrow 2MnSO_4+5O_2+8H_2O$
$+K_2SO_4$

以上のように，酸化還元には必ず電子が関与し，原子の電荷（あるいはイオンの価数）が変化している．このことから，酸化還元反応を電子の授受と考えることができる．つまり，原子もしくは分子が電子を失うことが酸化であり，原子もしくは分子が電子を受け取ることが還元となる．

酸化還元反応の一例として，塩素ガス中での銅の燃焼反応を考えよう．

$$Cu+Cl_2 \rightarrow CuCl_2 \tag{28.11}$$

この反応では，銅が銅（II）イオンに酸化され（式28.7），塩素が塩化物イオンに還元されている（式28.12）．電子は銅から塩素に受け渡されている．酸化剤はCl_2，還元剤はCuである．塩素が漂白作用を示すのは，塩素の強い酸化力のためである．

$$Cl_2+2e^- \rightarrow 2Cl^- \quad （還元） \tag{28.12}$$

28.4 単原子イオンと単体の原子の酸化数

前節で示したように，酸化還元反応においては酸化剤と還元剤の間で電子のやり取りが行われる．このとき酸化剤の中の原子は電子を受け取るために電子数が増え，逆に還元剤の中の原子は電子を与えるために電子数が減る．その結果，原子の電荷（あるいはイオンの価数）が変化することになる．すなわち，酸化還元反応においては，電荷に変化があった原子に注目することで，酸化剤や還元剤を容易に見分けることができる．

銅原子では次式のように，2種の酸化状態（イオン状態）が存在する．銅原子と同様に，第1族と第2族を除く多くの金属原子ではいくつかの酸化状態をとることができる．

$$Cu \rightarrow Cu^++e^- \tag{28.13}$$
$$Cu^+ \rightarrow Cu^{2+}+e^- \tag{28.14}$$

一方，酸化物中の酸素原子は，式28.8で示したように，通常は2価の陰イオンとして存在する．銅イオンや酸化物イオンのように単原子のイオンの場合，イオンの電荷をその原子の酸化数と定義する．すなわち，Cu^+, Cu^{2+}, O^{2-}の酸化数は，それぞれ$+1, +2, -2$となる．また，単体ではイオンの価数が0と考えられるので，単体の原子の酸化数は0とする．この定義によれば，酸化数が1だけ増減するときには，電子1個の授受があることを示している．すなわち，酸化反応においては，式28.13，式28.14に示したように原子の酸化数は増加し，還元反応では，式28.8に示したように原子の酸化数は減少する．

28.5 化合物と多原子イオン中の原子の酸化数

　共有結合でできている化合物や多原子イオンでは，それを構成する各原子は明確な電荷をもたないので，原子の酸化数は次のように定義する．すべての共有結合について，2つの原子間の共有電子対を電気陰性度の大きい元素の原子，すなわちより陰性な元素の原子にすべて帰属する．同じ原子どうしの共有結合では，電子は均等に配分する．このようにして，すべての原子が形式的にイオン状態にあるとし，このときの各原子のイオンの価数を酸化数とする．たとえば，二酸化炭素 $O=C=O$ では，酸素のほうが炭素よりも電気陰性度が大きいので，共有電子対はすべて O 原子に帰属し，O 原子の酸化数は -2，C 原子の酸化数は $+4$ となる（式 28.15）．

$$:\overset{..}{O}::C::\overset{..}{O}: \;\equiv\; :\overset{..}{O}:^{2-} \quad C^{4+} \quad :\overset{..}{O}:^{2-} \tag{28.15}$$

硫酸イオン $SO_4{}^{2-}$ の場合には，式 28.16 のようになる．

$$\begin{array}{c} :\overset{..}{O}: \\ {}^-:\overset{..}{O}:\overset{\overset{..}{}}{S}:\overset{..}{O}:^{-} \\ :\overset{..}{O}: \end{array} \;\equiv\; \begin{array}{c} :\overset{..}{O}:^{2-} \\ :\overset{..}{O}:^{2-} \quad S^{6+} \quad :\overset{..}{O}:^{2-} \\ :\overset{..}{O}:^{2-} \end{array} \tag{28.16}$$

原子の酸化数の求め方
1. 単体の原子の酸化数は 0 である．
2. 水素原子の酸化数は，水素化物（NaH, LiH など）の場合を除いて $+1$ である．
3. 酸素原子の酸化数は，過酸化物（H_2O_2 など）の場合を除いて -2 である．
4. 単原子のイオンの酸化数は，そのイオンの電荷に等しい．
5. 多原子でできている化合物やイオンの場合は，共有結合に使われている電子を，より電気陰性度の大きい元素の原子に形式的に帰属させる．同種の原子間の共有結合の電子は，両原子へ等配分する．
6. 分子や多原子イオンを構成するすべての原子の酸化数の総和は，中性分子では 0 となり，多原子イオンの場合にはそのイオンの電荷に等しくなる．

■問題

28.1 次の物質の中で下線をつけた原子の酸化数を求めよ．

　(a) $H_2\underline{C}_2O_4$　　(b) $\underline{N}H_4\underline{N}O_3$　　(c) $K\underline{Mn}O_4$

28.2 次の変化で，下線をつけた原子の酸化数の変化を示せ．下線の原子は酸化されているか，還元されているか，それともどちらでもないか．

　(a) $2K\underline{Mn}O_4+3H_2SO_4+5H_2O_2 \rightarrow 2MnSO_4+8H_2O+5O_2+K_2SO_4$

　(b) $\underline{Ag}NO_3+HCl \rightarrow AgCl+HNO_3$

　(c) $\underline{N}H_3+HCl \rightarrow NH_4Cl$

　(d) $Na_2\underline{S}O_3+H_2SO_4 \rightarrow Na_2SO_4+H_2O+SO_2$

　(e) $2K\underline{Br}+MnO_2+3H_2SO_4 \rightarrow 2KHSO_4+MnSO_4+2H_2O+Br_2$

　(f) $2H_2\underline{O}_2 \rightarrow 2H_2O+O_2$

　(g) $\underline{Cl}_2+H_2O \rightleftharpoons HCl+HClO$

　(h) $K_2\underline{Cr}_2O_7+2KOH \rightarrow 2K_2CrO_4+H_2O$

28.3 次の現象を反応式で示し，何が何によって酸化されたのか，何が何によって還元されたのかを示せ．

　(a) 硫酸銅（Ⅱ）の水溶液に水素ガスを吹き込むと，銅が析出する．

　(b) 金属バリウムを空気に接触させると，金属バリウムの表面に酸化バリウムが生成する．

　(c) 硫酸銅（Ⅱ）の水溶液に亜鉛板を浸すと，亜鉛板の表面に銅が析出する．

第29章

無機物質

人類は様々な有機物や無機物を道具として用い，現代のような文明へと発展を遂げた．石器や土器は紀元前から利用されてきた道具であり，日本の歴史においても旧石器時代や縄文時代（縄文土器），弥生時代（弥生土器）のように，その時代に人類が用いていた道具に応じて時代が分類されており，道具の進化によって人類の生活は変遷してきた側面がある．

29.1 石と石器

石器は，石を目的の形に削ることで作られた道具を指す．石（岩石）は火成岩，堆積岩，変成岩の3つに分類される．岩塩（NaCl）や石灰岩（$CaCO_3$）など一部を除いて，岩石の原料はマグマであり，地球のマントルである．マントルには酸素，ケイ素，マグネシウム，鉄，カルシウム，アルミニウムなどが多く含まれ，これらの化合物（鉱物）が集まったものが岩石である．

岩石はマグマが冷却して固体となって形成する火成岩，砂などの微細な岩石が堆積して固化することで形成する堆積岩，岩石が熱や圧力によって変化することで形成する変成岩の3つに大別される．火成岩は化学組成と鉱物粒子の大きさによって玄武岩，安山岩，流紋岩，花崗岩などに分けられる．火成岩を構成する主な鉱物は6種類ほどに分類される．石英 SiO_2，長石 $KAlSi_3O_8$ などは，可視光の吸収がなく無色鉱物とよばれ，遷移金属を含まない．黒雲母〔$K(Mg, Fe)_3AlSi_3O_{10}(OH, F)_2$ など〕，角閃石〔$Ca_2(Mg, Fe)_4Al(AlSi_7O_{22})(OH)_2$ など〕，輝石〔$(Mg, Fe, Ca)SiO_3$ など〕，かんらん石〔$(Mg, Fe)_2SiO_4$ など〕，は Fe や Cr などの遷移金属による可視光の吸収があり，有色鉱物とよばれる．堆積岩や変成岩も詳細に分類されているが，化学的な組成は大きく変わらず，いずれも Si や Al などの酸化物のイオン結晶の鉱物が集まったものである．

イオン結晶の一般的性質として融点が高く硬いという特徴があるが，この特徴が石を道具として使う石器の役割に適している．植物や動物を構成する有機物はファンデルワールス力によってその形を作っており，硬い石器によって切ったりすりつぶしたりできる．

石器は，必要な形状よりも大きな岩石を，別の岩石によって目的の形まで割ったり削ったりすることで作製される．そのため，複雑な形状の石器を作ることは困難であり，火を使い出した人類は石器に加えて土器を使うように生活を変えた．

29.2 土器と陶磁器

岩石が風化などによって小さくなったものは，大きさに応じてそれぞれ礫（2 mm 以上），砂（2〜1/16 mm），泥（1/16 mm 以下），粘土（1/256 mm 以下）とよばれる．粘土を必要な形状に成型し，火で加熱すると焼

上部マントルの化学組成

マントル中の元素は酸化物とみなすことができ，それぞれの酸化物は以下のような割合と推定されている．岩石や鉱物の化学組成は一般に酸化物の重量パーセントで示す．

SiO_2	45.83%
MgO	43.41%
FeO	6.90%
Al_2O_3	1.57%
CaO	1.16%
Cr_2O_3	0.32%
NiO	0.29%
その他	0.52%

き固まって（焼結）**土器**になる．縄文土器や弥生土器は，窯を使わず1000℃以下の野焼きによって作られていた．石器と異なり，複雑な形状の道具を作ることができ，調理器具や食器のほか，土偶のような宗教信仰にも用いられるようになり，人々の生活様式に大きく影響を与えたといえる．

現代では土器はあまり多く使われていないが，**陶器**や**磁器**は食器等で身近に使われている．陶器は粘土を原料に用い，窯を使って1000℃以上の高温で焼結する．磁器は長石を多く含む石を砕いた粉を原料に用い，陶器と同様に高温の窯で作られる．どちらも**釉薬**（ゆうやく，うわぐすり）とよばれるガラスの一種を表面にコートすることで，水などの液体が浸み込むことを防いでいる．陶器は原料の粘土に応じて様々な色があるが，磁器は長石を用いるため一般に白色である．長石は比較的融点が低く焼結しやすい性質をもつため，磁器は陶器に比べて硬い．そのため磁器は薄く作ることができ，白色であるため光が透けて見えるものが多い．

29.3　セラミックス

セラミックスは，人為的な処理によって製造された非金属無機質固体材料のことを指す．プラスチックのような有機物の材料や，ステンレスのような金属材料は含まれないが，多くの材料がセラミックスに該当する．土器や陶磁器も古くから用いられてきたセラミックスである．他にもレンガやタイルは土器や陶磁器と同様に焼いて作られるセラミックスである．鉄筋コンクリート製のビルでは，金属材料の鉄骨とセラミックスのコンクリートを用いて，引っ張りに強い金属の性質と，圧縮に強いセラミックスの性質の両者を活かし，極めて頑強な構造体を作る．このような，形状を維持することが目的とされる材料を**構造材料**とよぶ．一方，何らかの特殊な機能を示す材料を**機能材料**とよぶ．

セラミックス機能材料の種類は，磁性体（磁石），蛍光体（白色 LED など），誘電体（コンデンサやメモリなど），触媒（自動車の排気ガス浄化）など，極めて多岐に渡り，我々の身近なところに数多く用いられている．

構造材料，機能材料のどちらのセラミックスも，土器や陶磁器と同様に高温で熱処理して**焼結**することで目的の形状を作ることが多い．一般にセラミックスの融点は極めて高く，液体にすることは難しい．そのため，原料粒子を目的の形に成型し，融点以下の温度で熱処理して焼き固める焼結が行われる．図 29.1 にセラミックスが焼結するときの模式図を示す．原料粒子は融点が高く融解しないが，ある程度の高温では最表面の原子は移動し拡散する．粒子の接点において互いの原子が拡散し合い，接点がより太くなっていくことで強固に結合した状態へと変化する．成型した原料粒子全体がこのような結合をもつことにより，目的の

日本の陶器と磁器
日本では奈良時代の頃から陶器が作られるようになり，それぞれの地方ごとに非常に長い歴史をもつ．江戸時代の頃から磁器が作られるようになったが，現在でも陶器と磁器の両方が生産されている．
日本国内の主な陶器：
益子焼（栃木），薩摩焼（鹿児島），備前焼（岡山），萩焼（山口），信楽焼（滋賀）
日本国内の主な磁器：
砥部焼（愛媛），有田焼（佐賀），九谷焼（石川），伊万里焼（佐賀）

信楽焼（陶器）のたぬき

結合と表面エネルギー

下図にフッ化カルシウム CaF_2 の結晶構造を示す．ここでは単位格子2個分を描画した．結晶の中ではCaは8個のFに配位され（8と表示したCa），安定なイオン結晶となる．表面に露出するCa（4と表示）は結晶内部からの4つのFの配位のみで配位数が小さく，不安定である．配位数8のCaに比べて配位数4のCaはイオン結合の束縛が半分であり，そのため表面の原子は融点よりも低い温度で動くことができる．

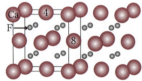

CaF_2 の結晶格子

形状をもったセラミックスが得られる．焼結では互いの粒子同士が近づこうとするため，一般に見かけの体積が減少することが多い．

焼結前　　　　焼結開始　　　　焼結が進行

図29.1　セラミックス粒子同士の焼結の模式図

セラミックスの焼結の推進力は，2つの液滴同士が融合して1つの大きな液滴になる現象と同じであり，**表面張力**である．水は表面の不完全な結合を減らそうとして球の形状を取りやすい．セラミックスも同様で，粒子の表面ではその結合が途切れているため，表面は不安定であり，その面積に応じた表面エネルギーをもつ．陶磁器やセラミックスの焼結において微粒子を用いる理由は，成型しやすいという理由のほかに，微粒子は**比表面積**（単位重さあたりの表面積）が大きく，大きな表面エネルギーをもち，焼結しやすいためである．

29.4 セメント

セメントは無機質の接着剤の総称であり，一般的には**ポルトランドセメント**を指すことが多い．ポルトランドセメントは石灰岩 $CaCO_3$，石膏 $CaSO_4 \cdot 2H_2O$，粘土（ケイ素やアルミニウムの酸化物）を混合し，高温で加熱した後に粉砕し，再び石膏を混ぜて粉砕し粉末にしたものである．ここへ水を加えることで水和物が生じ，隙間を埋めて固化する．実際のセメントの反応は複雑であるが，代表的な反応は式29.1のように書ける．

$$3CaO \cdot SiO_2 + 2H_2O \rightarrow 2CaO \cdot SiO_2 \cdot H_2O + Ca(OH)_2 \quad (29.1)$$

この**水和反応**は比較的ゆっくりと反応が進み，数時間程度では原料粒子の周囲に水和物が形成しているだけで，流動性がある．数日経過すると粒子同士が互いに水和物で結合された状態になり，流動性を失って固化する．水和反応は徐々に進み続け，数カ月かけて硬度を増していく．セメントの水和固化反応は気温が高い夏のほうが速いが，水が蒸発すると水和反応が不十分になることがあり，適切な硬度の達成には水の供給や蒸発防止が必要である．**コンクリート**はセメントに砂を混ぜたものを指す．セメントは砂を含んだまま水和するため，強度が下がらない程度まで砂を混合することで大量のコンクリートを安く製造でき，ビル建築などで最も多く利用される構造材料である．コンクリートは圧縮に対して強い強度をもつが，曲げや引っ張りによって簡単に割れたり折れたりするため，鉄筋と組み合わせて使うことが多い．

29.5 ガラス

陶磁器やセメントなどのセラミックスは，いずれも結晶性の化合物であり，結晶と結晶の間の粒界が光を散乱するため不透明である．**ガラス**は結晶ではなく，特定の原子配列をもたないため，粒界がなく透明にしやすい．ガラスはほとんどの場合，その主成分は二酸化ケイ素 SiO_2 である．SiO_2 は石英として結晶にもなるが，SiO_2 を溶融した液体を急速に冷却すると結晶化せずに液体のようにランダムな構造のまま固化して**石英ガラス**になる．純粋な SiO_2 のガラスである石英ガラスは極めて高温にしないと軟化せず，加工性が悪い．そこで一般的な窓ガラスにはナトリウムやカルシウムを加えることで軟化点を下げて取り扱いやすくした**ソーダ石灰ガラス**が使用される．ビーカーのような耐熱性が求められるガラスには，熱膨張係数が低く耐熱性を高めた**ホウケイ酸ガラス**が用いられる．ホウケイ酸ガラスは耐薬品性にも優れ，理化学機器以外に医療用にも使用される．表 29.1 にこれらのガラスの種類と化学組成および熱膨張係数と軟化点を示す．石英ガラスは他のガラスに比べて高価だが，光の吸収がほとんどなく，長距離でも利用できる通信用光ファイバーとしても利用されている．

色のついたガラス

中世に建設されたヨーロッパの教会など，ガラスに色をつけて絵や模様を描いたステンドグラスは古くから用いられてきた．鉄を加えることで青緑，マンガンで紫，コバルトで青など，様々な色を作ることができる．10 nm 以下の極めて微細な金の粒子は，表面プラズモン吸収とよばれる特殊な光吸収を示し，緑色の光を吸収するので赤いステンドグラスに用いられてきた．日本や中国の古い陶磁器にも表面プラズモン吸収，光の干渉による構造色など，高度で複雑な発色が用いられている．

ステンドグラス

表 29.1 ガラスの種類と化学組成と諸物性

	石英ガラス	ソーダ石灰ガラス	ホウケイ酸ガラス
SiO_2（wt%）	100	70〜73	73
Al_2O_3（wt%）	—	1〜1.8	6.5
Na_2O（wt%）	—	13〜15	6.0
CaO（wt%）	—	7〜12	0.5
B_2O_3（wt%）	—	—	11.0
膨張係数（℃$^{-1}$）	5×10^{-7}	85×10^{-7}	52×10^{-7}
軟化点（℃）	1650	730	785

■問題

29.1 $KAlSi_3O_8$ の化学組成の長石 60 wt% と $MgFeSiO_4$ の化学組成のかんらん石 40 wt% を含む岩石における，K_2O，Al_2O_3，SiO_2，MgO，FeO の重量% を求めなさい．

29.2 密度 2.0 g/cm³ の岩石が，すべて立方体型の粒子として存在するとき，一辺の大きさが 1 mm，0.1 mm，0.01 mm のときの比表面積を求めなさい．

29.3 大きさの揃った球状の粒子は最密充填構造で並び，そのときの充填率は 74.0% である．最密充填構造で並んでいる球状微粒子を1辺 1.00 cm の立方体として成型し，焼成すると収縮して1辺が 0.95 cm の立方体となった．このときの充填率を求めなさい．

29.4 宝石として用いられるダイヤモンドは結晶だが，ガラスと同じように透明である．その理由を説明しなさい．

第30章

青銅と鉄

近代の文明は有機物，無機物，金属など様々な物質を利用して成り立っている．金属として用いられる元素の種類は適材適所で多岐に渡るが，全金属の中で最も多く利用されている金属は鉄である．一方，人類による鉄の利用は銅や金に比べて歴史が浅く，鉄器時代とよばれるのは紀元前 1200 年以降であり，紀元前 3000 年〜1200 年は青銅器時代とよばれる．人類が鉄よりも銅を先に利用できた理由は，鉄と銅の化学的性質の違いに由来する．

30.1 古くから使われている貴金属

金や銀は金貨や銀貨のように貨幣として様々な国で長い期間利用されてきた歴史があり，今なおその価値は非常に高い．これは鉄や銅と異なり地殻中の埋蔵量が少ないことも 1 つの理由であるが，歴史的な価値観の影響も強く残っているといえよう．

金は，たとえば砂金のように天然にその単体が存在するため，特別な技術がなくても利用できる金属であった．一方で産出される量は非常に少なく，集めるために膨大な労働力が必要で，権力の象徴としても用いられてきた．博物館などで見られる古代の遺物に金が装飾されているものが多く見られる．金の単体は極めて安定で，水や空気で酸化しないため，美しい黄金色の光沢を永遠に放ち続ける．そのため古くから装飾品として用いられることが多く，現在でも装飾品としての金の価値は高い．元素という概念がまだ確立していない時代に，金が高く売れることから，別の物質から金を造る試み，すなわち錬金術の研究が行われた．その試みはすべて失敗に終わったが，そこから得られた成果は現代の化学や物理の基礎として活かされている．

金の化学的性質として，極めて安定で水や酸素でさびない（酸化されない）ことがある．この性質を利用して，電子回路の接点では金メッキが多用されている．金の化合物はユニークな化学的性質をもつことから，触媒として有機化学や無機化学の様々な反応に応用されている．

銀も金と同様に天然にその単体が存在するが，金と異なり硫化物として産出されることのほうが多い．金に比べて埋蔵量が多く，価格は金ほど高くない．鉛から分離することで紀元前から長く使われてきた金属の 1 つである．電気伝導率，熱伝導率，可視光線の反射率がすべての金属の中で最も大きい．銀の可視光の反射率の高さは鏡として活用されている．高い反射率は装飾品としての価値にもつながっている．金に比べると反応性が高く化合物を作りやすいが，比較的容易に単体に還元される．この性質を利用してハロゲン化銀は写真に，酸化銀は電池に利用されるなど，銀は金とは異なる用途も多い．

地殻中に含まれる金属

元素	岩石 1 トン中の量（g）
Au	0.004
Ag	0.07
Cu	55
Fe	50,000
Al	81,000
Hg	0.08
Pt	0.01

金の化合物

金は単体が安定であまり化合物を作らないが，以下のような金化合物が知られている．

・塩化金 $AuCl_3$：金色または黄色の結晶．水やエタノールに溶けやすく，光によって分解する．160℃で $AuCl$ と Cl_2 とに分解する．

・酸化金 Au_2O_3：赤褐色の固体．赤色のガラスの着色に使われ，ガラス中で分解して単体のナノ粒子になる．

・水酸化金 $Au(OH)_3$：黄褐色の粉末．140℃で分解して Au_2O_3 になる．

・シアン化金カリウム $K[Au(CN)_2]$：無色の結晶．金メッキに用いられる．

写真の原理

銀塩写真は塩化銀などのハロゲン化銀の化学反応によって画像を形成する．撮影によって，フィルム中のハロゲン化銀に光があたり，感光核が作られる．現像では，感光核の周囲のハロゲン化銀を銀に還元する．定着の操作では，残ったハロゲン化銀を溶解し除去する．これらの操作により，光が当たった部分が黒く，光が当たらない部分が無色の，ネガが得られ，ネガを用いてもう一度同じ操作を行うことで写真（ポジ）が得られる．

30.2 銅と青銅

人類の金や銀の利用の歴史は非常に長いが、どちらも多量に生産されたことがなく、文明や生活への影響は限定的であった。これに対し、銅は多量に生産できたはじめての金属であり、特に青銅の発明は多くの人の生活様式に影響を及ぼした。

純粋な銅は柔らかいが、他の金属と混合し、合金とすると硬度が上がる。道具としての銅の利用価値は、合金を造ることによって格段に向上した。**青銅**は銅とスズの合金で、一般に 3～25% 程度のスズを含む。スズを 10% 程度含む青銅は装飾品や武器として使用できる十分な硬さをもち、黄金に近い色合いとなる。スズを 25% 程度含む青銅は非常に硬くなり、ベル（鐘）として利用された。世界各地の様々な時代の文明において青銅製の道具が使われており、鉄が主流になるまでの長い年月使われ続けた歴史がある。

銅の単体は自然銅として産出されるが、一般に銅の製造は硫化物の鉱石を原料とする。現在は黄銅鉱 $CuFeS_2$ が銅の原料として最も多く用いられている。$CuFeS_2$ から銅の単体を製造する工程を図 30.1 に、全体の反応式を式 30.1 に示す。

図 30.1　黄銅鉱からの銅の製造

$$2CuFeS_2 + 2SiO_2 + 5O_2 \rightarrow 2Cu + 2FeSiO_3 + 4SO_2 \quad (30.1)$$

反応は 3 段階に分けられる。1 段階目は自溶炉とよばれる反応容器中で、高温で $CuFeS_2$ と SiO_2 と酸素を反応させる。硫黄の一部が酸化されて SO_2 に、鉄の一部が酸化されて SiO_2 と反応しスラグ（$FeO \cdot SiO_2$）とよばれる化合物になる。SO_2 は気体として分離され、スラグと $CuS+FeS$ の混合物はいずれも液体であり、密度の違いから上部にスラグ、下部にマットとよばれる $CuS+FeS$ が生成する。黄銅鉱中の Cu の割合に比べて、マット中の Cu の割合が増加する。続いて転炉とよばれる反応容器中で再び SiO_2 および酸素と反応させ、スラグとして Fe を除去し、硫黄分を SO_2 として除去する。このような工程によって得られる Cu は**粗銅**とよばれ、純度は 97～99% 程度である。粗銅を**電気分解**によって純度 99.99% 程度の高純度な銅に精製する。電解精製の過程で微量の金、銀、白金、パラジウムなどの貴金属も作られる（→第 32 章 32.6 節）。

現在の日本で身近な銅の 1 つは 10 円硬貨だろう。10 円硬貨は Cu の他に Zn と Sn を含む青銅の一種である。青銅の色は 10 円硬貨のような赤銅色であり、銅が酸化して形成した**緑青**（ろくしょう）の色が青銅という名称の由来とも言われている。銅は酸化されにくく簡単には錆びないが、酸素以外に二酸化炭素や水と反応して塩基性炭酸銅（$Cu_2(OH)$

日本の貨幣

現在日本で使用されている貨幣は、1 円硬貨を除いてすべて銅の合金が使われている。1 円硬貨は純アルミニウムであり、他の硬貨は以下のような割合の合金で、いずれも銅の割合が最も大きい。500 円はニッケル黄銅、100 円と 50 円は白銅、10 円は青銅、5 円は黄銅である。

硬貨	Cu (%)	Zn (%)	Ni (%)	Sn (%)
500 円	75	12.5	12.5	0
100 円	75	0	25	0
50 円	75	0	25	0
10 円	95	3～4	0	1～2
5 円	60～70	30～40	0	0

銅でできた国宝や世界遺産
国宝に指定されている鎌倉の大仏は，13世紀に建造され，現在でもその形状は当時のまま保存されている．ニューヨークの自由の女神像は19世紀に作られ，世界遺産の1つとして多くの観光客が集まる．どちらも銅の合金で作られており，その表面は緑青で覆われることで内部への腐食の進行が抑えられている．

各金属の生産量
鉄，アルミニウム，銅，亜鉛，鉛，スズはベースメタルとよばれ，埋蔵量が多く世界中で大量に生産・消費されている．鉄の生産量は圧倒的に多く，全金属の9割以上を占める．

金属の種類	年間生産量（トン）
鉄	15億
アルミニウム	7500万
銅	1700万
亜鉛	1300万
鉛	530万
スズ	28万

［出典：2012年資源エネルギー庁総合資源エネルギー調査会］

CO_3 や $Cu_3(OH)_2(CO_3)_2$ など）となり，青緑色を呈することがある．安定に供給され，錆びにくい銅は，合金として世界各国で貨幣に使用されている．

30.3 鉄と鋼

銅に比べて鉄は**イオン化傾向**が大きく，還元されにくい．そのため金属の鉄を造るためには，銅よりもさらに高温が必要になる．人類が鉄を利用できるようになったのは，1000℃を超える高温の炉を使えるようになってからであり，銅に比べると歴史は浅い．一方，銅に比べて鉄は地殻中に大量に存在するため，技術が確立してからは，鉄は銅以上に大量に製造され利用されるようになった．今日においても鉄が最も多く製造されている金属であり，金属生産量の9割以上を占める．

鉄は酸化されやすいため，天然にその単体が産出されることはなく，酸化物や硫化物となっている．鉄鉱石には赤鉄鉱 Fe_2O_3，磁鉄鉱 Fe_3O_4，褐鉄鉱 $Fe_2O_3 \cdot nH_2O$ などがあり，これらを還元することで金属の鉄が作られる．Cuの製造では，CuSを酸素と反応させることで硫黄が SO_2 として除かれ，イオン化傾向の小さいCuが単体として得られた．しかし，Feはイオン化傾向が大きいため，強い還元条件が必要であり，より高度な技術が必要であった．イオン化傾向のさらに大きいAlやTiは，近代になるまで単体が得られなかったことからも，人類の歴史における金属の利用はイオン化傾向の順に強く相関しているといえる．

鉄の製造では，大型の溶鉱炉が用いられる．図30.2に溶鉱炉の構造と反応の概略を示す．上部から鉄鉱石 Fe_2O_3，コークスC，石灰石 $CaCO_3$ を投入する．下部から高温の空気を吹き込むことで，コークスと酸素が反応して一酸化炭素が発生する（式30.2）．発生したCOにより，炉の上部では Fe_2O_3 が Fe_3O_4 に還元され（式30.3），その下の部分では Fe_3O_4 が FeO に還元され（式30.4），さらにその下の部分では FeO が Fe に還元される（式30.5）．Feは高温で液体となっており，最下部へ落ちて**銑鉄**として溜まる．鉄鉱石にはケイ酸分などの不純物が多く含まれており，$CaCO_3$ と反応させることで $CaSiO_3$ のようなスラグとなり，銑鉄の上部に溜まる．

$$2C + O_2 \rightarrow CO_2 + C \rightarrow 2CO \quad (30.2)$$
$$3Fe_2O_3 + CO \rightarrow 2Fe_3O_4 + CO_2 \quad (30.3)$$
$$Fe_3O_4 + CO \rightarrow 3FeO + CO_2 \quad (30.4)$$
$$FeO + CO \rightarrow Fe + CO_2 \quad (30.5)$$

溶鉱炉で得られた銑鉄はCなどの不純物を数％含み，非常に脆く加工性が悪い．そのため銑鉄を転炉で酸素と反応させることで，含まれるCを CO_2 として

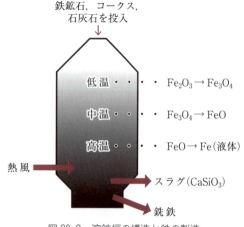

図30.2 溶鉱炉の構造と鉄の製造

除去し，より純粋な鉄を得る．転炉で得られた鉄を**鋼**（はがね，こう）とよぶ．鋼には C が残っており，鉄と炭素の合金に相当し，炭素鋼ともよばれる．炭素の量が多いほど硬くなり，少ないほど柔らかく加工しやすい．用途に応じて異なる炭素含有量の鋼が作られ，表 30.1 のように造り分けと使い分けがなされている．安価で大量に造ることができる鉄・鋼は，硬さや柔らかさも調整でき，現在の生活において大量に生産・消費されている．

表 30.1　炭素鋼の種類と用途

種類	炭素量（%）	用途
極軟鋼	0.15 以下	ブリキ，薄板，針金，釘
軟鋼	0.15〜0.2	鉄筋，鉄骨，リベット
半軟鋼	0.2〜0.3	鉄筋，鉄骨，船舶
半硬鋼	0.3〜0.5	スコップ，ボルト，シャフト
硬鋼	0.5〜0.8	シャフト，レール，ネジ，バネ
最硬鋼	0.8 以上	工具，針，刃物，ピアノ線

■問題

30.1 $CuFeS_2$ を 90 wt% 含む黄鉄鉱 1 トンから，純度 98% の粗銅が何 kg 得られるか求めなさい．黄鉄鉱と粗銅の不純物には Cu とその化合物は含まれないものとする．

30.2 銀塩写真は銀のハロゲン化物が用いられる．金，銅，鉄の化合物が写真の材料として適さない理由を，イオン化傾向から説明しなさい．イオン化傾向は，Au＜Ag＜Cu＜Fe の順である．

30.3 1 kg の Fe_2O_3 を C で還元し Fe を得た．この反応を 1 つの反応式として表し，必要な C の質量を求めなさい．

炭素鋼以外の鉄の合金
鉄は炭素以外との合金としても大量に利用されている．
ステンレス鋼：Ni と Cr との合金．錆びにくく，流し台のような水に触れる箇所に使われる．
インバー：ニッケルとの合金．熱膨張係数が小さく温度によって寸法が変化しないので，時計や液化天然ガスのタンクなどに使用される．
コバール：ニッケルとコバルトとの合金．熱膨張率がガラスやセラミックスと近く，電子材料に用いられる．
ケイ素鋼：ケイ素との合金．透磁率が高く変圧器やモーターの鉄心用磁性材料に用いられる．

第31章

電池

　電池は酸化剤と還元剤が反応する時に放出されるギブズエネルギーを電気エネルギーに変換するデバイスである．バグダッドの近郊から発見された1500年以上前のものと思われる銅と鉄を入れた壺が電池ではないかと主張され，バグダッド電池とよばれている．しかし，人類最初の電池は，1800年にボルタが塩水などを含浸させた紙などの両側にスズ，亜鉛，銀，黄銅，銅などの金属を交互に組み合わせた電堆だと考えられている．その後，1836年にはダニエル電池が登場した．こうして，人類は電気を手に入れることができた．電池はその発明からしばらくは唯一の電源として広く用いられたが，その後交流配電網が整備され，一次電池は懐中電灯や玩具，携帯ラジオのような小型低消費電力の電子・電気機器などの電源として，二次電池は自動車や携帯電話の電源などとして，それぞれの特徴に応じた用途に用いられている．

31.1　電池の仕組み

　酸化還元反応は，物質間での電子の移動反応であるが，均一溶液中では，この時に発生するエネルギーは熱エネルギーとして消費されるだけである．しかし，工夫することにより，物質間で移動する電子を導線を通じて外部に取り出すことができる．このように，酸化還元反応（化学変化）に伴うエネルギーを利用して電気エネルギーを取り出す装置を**電池**という．たとえば，イオン化傾向が異なる2つの金属の板を希硫酸などの電解質溶液に浸し，金属の間を導線で結ぶと，イオン化傾向の大きい金属からイオン化傾向の小さい金属の方向に向かって導線の中を電子が移動する（このとき，電流は電子の動きとは逆方向に流れる）．

　ボルタ電池を用いて，電池の仕組みを説明しよう．ボルタ電池は古くから知られている電池であり，希硫酸に亜鉛板と銅板を浸して両金属板を導線でつないだ構造をしている．単に亜鉛板を希硫酸に加えると，亜鉛板の表面で水素ガスが発生し，亜鉛は溶けてZn^{2+}イオンとなる．

$$Zn + 2H^+ \rightarrow H_2 + Zn^{2+}$$

一方，ボルタ電池では，水素は銅板の表面から発生し，2つの金属板を結ぶ導線上に電流（電子）が流れる．ボルタ電池の各電極表面上での反応は次式で表される．

$$Zn\text{板}：Zn \rightarrow Zn^{2+} + 2e^- \quad （負極；酸化反応）$$
$$Cu\text{板}：2H^+ + 2e^- \rightarrow H_2 \quad （正極；還元反応）$$

このように電池では，各電極表面上において酸化還元反応が独立に起こっており，金属が酸化されて電子を生じる電極を負極（−極），電子を電解質溶液に与えて還元反応を起こす電極を正極（＋極）という．電子は導線を通して負極から正極の方向に流れる（電流は正極から負極の方向に流れる）．

　電池が発生する電気エネルギーのもとは，酸化還元反応に伴うギブズ

金属のイオン化傾向
単体の金属が電子を失って陽イオンになるときのなりやすさを，金属のイオン化傾向という．イオン化傾向の大きい順に金属を並べると，次の系列が得られる．

Li > K > Ca > Na > Mg > Al
> Zn > Fe > Ni > Sn > Pb
> (H₂) > Cu > Hg > Ag
> Pt > Au

この順番を，金属のイオン化列という．イオン化傾向の大きい金属は，他の物質に電子を与える能力（還元力）が強く，反応しやすい．水素H_2よりイオン化傾向の大きい金属は，酸の水溶液に水素を発生しながら溶ける．

鉄の場合
$Fe + 2H^+ \rightarrow Fe^{2+} + H_2$

逆に，水素よりイオン化傾向が小さい金属は酸と反応せず，水素を発生することはない．

電池の起電力
電池の外部を流れる電流（高電位である正極から低電位である負極へ流れる）が流れない状態（すなわち電流が0）になるときの正極と負極の両極間の電位差を，電池の**起電力**という．通常の電圧計によって測られる電池の電圧は，電流を流しながら測られるので，電池内の内部抵抗などのため，電池の起電力よりも低い．正確な起電力は，電位差計を用いて，電池に電流が流れない状態で測定される．
電池は，それぞれに固有な起電力をもつ．起電力の違いは，正極／電解液界面と負極／電解液界面の電極電位の差に起因する．

エネルギーの減少である．一般に，ギブズエネルギーを取り扱う場合には，反応が可逆的でなくてはならない．しかし，ボルタ電池の正極（Cu）で起こる反応の逆反応 $H_2 \rightarrow 2H^+ + 2e^-$ は起こりにくく，ボルタ電池は実質的に不可逆な電池である．したがって，ボルタ電池では，起電力の大きさと電池の内部で起こる化学反応によるギブズエネルギーの変化量とを結びつけることはできない．

可逆性のある電池としては，ボルタ電池を改良した**ダニエル電池**が知られている（図31.1）．ダニエル電池では，正極には硫酸銅水溶液に浸した銅板を，負極には硫酸亜鉛水溶液に浸した亜鉛板を用い，多孔質の素焼き板あるいは塩橋で2つの溶液が混じり合うのを防いでいる．塩橋は，K^+ と Cl^-（または NH_4^+ と NO_3^-）のイオン移動度が近いことを利用して，KCl（または NH_4NO_3）の濃水溶液を寒天やゼラチンなどでゲル状に固めたものである．ダニエル電池の**電池式**は，

$$Zn\,|\,ZnSO_4\,aq\,\|\,CuSO_4\,aq\,|\,Cu$$

となる．二重の垂直線 ‖ は $ZnSO_4$ 溶液と $CuSO_4$ 溶液が接触によって混じり合うのを防ぐために用いる電池内部の素焼き板や塩橋などを示している．

ダニエル電池の両電極を導線でつないだときに電池内で起こる化学反応は，$Zn + Cu^{2+} \rightarrow Zn^{2+} + Cu$ である．正極では $Cu^{2+} + 2e^- \rightarrow Cu$（還元反応），負極では $Zn \rightarrow Zn^{2+} + 2e^-$ の反応（酸化反応）が起こる．

31.2 電極電位

1つの電極を電解質溶液に浸したものを**半電池**もしくは**電極系**という．電極とこれに接触する電解質溶液との間に生じる電位差を**電極電位**といい，半電池の電極電位は基準となる電極（**基準電極**）との電位差で表す．基準電極としては，気体の水素の圧力が1 atm，溶液中の水素イオンの活量が1である**標準水素電極**（**SHE**）が用いられる．

$$Pt\,|\,H_2(p_{H_2} = 1\,atm), H^+(a_{H^+} = 1)$$

一般に，ある半電池の電極電位は，電池式の左側に標準水素電極，右側にその半電池をもつ電池の起電力として定義される．これは，標準水素電極を基準にとり，その電極電位をゼロとおくことに相当する．

$$Pt\,|\,H_2(p_{H_2} = 1\,atm), H^+(a_{H^+} = 1)\,\|\,半電池 \qquad (31.1)$$

式31.1の電池式の負極と正極では，それぞれ次の化学反応が起こる．

負極：$H_2 \rightarrow 2H^+ + 2e^-$　　（酸化反応）

正極：$Ox + ne^- \rightarrow Red$　　（還元反応）

電池式
電池式では，左側に負極の電極の物質，右側に正極の電極の物質を書き，縦線 | は一般には電池を構成している物質の相の間の境界を表す．ボルタ電池を電池式で表すと
$$Zn\,|\,H_2SO_4\,aq\,|\,Cu$$
となる．

液間電位差
濃度や組成の異なる溶液が接すると，二層間に電位差が発生する．これを**液間電位差**という．液間電位差の発生によって，起電力の測定が妨げられることがある．電池内で2種の電解質溶液が接触しているときには，液間電位差もその電池の起電力に寄与する．液間電位差の値は，一般には求めにくい．そこで塩橋などを用いて液間電位差をできるだけ減少させるのが普通である．

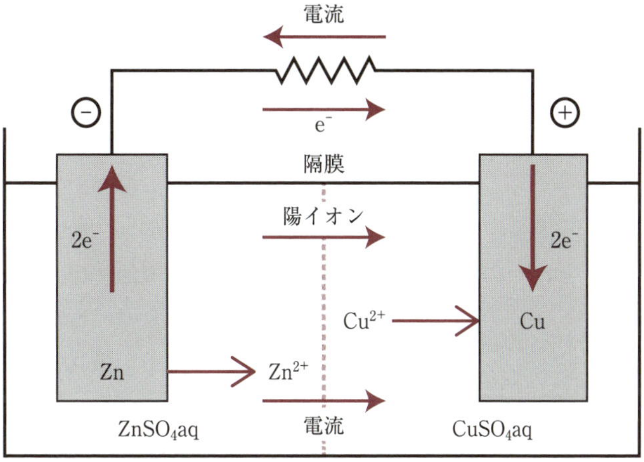

図31.1　ダニエル電池

第 31 章 ● 電池

この電池の起電力は，半電池で還元が起こる傾向を示すので，SHE 基準によるこの電極の**還元電位**という．また，式 31.1 を左右反転して表した電池の起電力は半電池で酸化が起こる傾向を示すことになるので**酸化電位**という．ここで，Ox および Red は，半電池での酸化還元に関与する物質の酸化された状態（酸化体）および還元された状態（還元体）をそれぞれ表す．したがって，1 つの半電池について酸化電位と還元電位は絶対値が等しく，負号が反対となる．通常は，半電池の起電力（電極電位）は還元電位を指す．

電池反応にあずかるすべての物質の活量が 1 のときの電極電位を，**標準電極電位**という．25℃における標準電極電位の値を，別表（→p.152）に示す．この表では下にいくほど，電極で還元反応が起こる傾向が大きくなる．標準電極電位の値は，酸化還元反応を定量的に取り扱うのに役立つ．

硫酸銅 $CuSO_4$ 水溶液中の銅 Cu 電極のように酸化と還元が互いに逆反応となる組合せで電極電位が決まるとき，このときの電極電位を平衡電位という．次式の平衡反応について，平衡電位と物質の活量との関係を考えよう．

$$\text{Ox} + ne^- \rightleftharpoons \text{Red}$$

右向きの反応は電子を受け取る還元反応，左向きでは電子を放出する酸化反応である．この平衡反応の平衡電位 E は，次式のように書ける．

$$E = E° + \frac{RT}{nF}\ln\frac{a_{\text{Ox}}}{a_{\text{Red}}} \tag{31.2}$$

この式をネルンストの式という．a_{Ox} と a_{Red} は，それぞれ酸化体と還元体の活量を表す．式 31.2 の $E°$ が標準電極電位であり，どの物質も標準状態にあるときの平衡電位に相当することがわかる．

一般に，電池は 2 つの半電池をつないだものであるから，電池の起電力はその電池を構成する 2 つの半電池の電極電位の差として求めることができる．ただし，厳密には液間電位差を取り除く必要がある．たとえば，ダニエル電池では，$ZnSO_4$ 水溶液と $CuSO_4$ 水溶液との間に素焼き板や塩橋などを用いることによって液間電位差を取り除いている．

電池内の反応で酸化が起こるほうの電極物質を M_L，それと接する電解質溶液を L_L，還元が起こるほうの電極物質および電解質溶液をそれぞれ M_R および L_R で表せば，電池の電池式は，以下となる．

$$M_L | L_L \| L_R | M_R \tag{31.3}$$

この電池においては，M_L が負極に，M_R が正極になる．それぞれの半電池の電極電位を ϕ_L，ϕ_R とすると，電池の起電力 E は $\phi_R - \phi_L$ となる．

31.3 一次電池

電池から電気エネルギーを取り出すことを**放電**という．放電後に元の状態に戻すことができない電池を**一次電池**という．一次電池は，使い切

31.4 ● 二次電池

りタイプの電池であり，放電のみで，充電しての繰り返し使用はできない．**ボルタ電池**や**ダニエル電池**は，充電ができない電池であり，一次電池である．主な一次電池には，マンガン乾電池，アルカリマンガン電池，酸化銀電池，空気電池，塩化銀電池，リチウム電池がある．

表31.1　いろいろな実用電池の例

電池の分類	電池の名称	電池の構成			起電力 / V	利用用途の例
		負極活物質	電解質	正極活物質		
一次電池	マンガン乾電池	Zn	NH_4Cl	MnO_2	1.5	懐中電灯，ラジカセ，リモコン
		Zn	$ZnCl_2$	MnO_2	1.5	
	アルカリマンガン乾電池	Zn	KOH	MnO_2	1.5	
	二酸化マンガン‐リチウム電池	Li	Li 塩	MnO_2	3.0	時計，電卓，カメラ
	酸化銀電池	Zn	KOH	Ag_2O	1.55	時計，電子体温計
	空気電池	Zn	KOH	O_2	1.4	補聴器
二次電池	鉛蓄電池	Pb	H_2SO_4	PbO_2	2.0	自動車のバッテリー
	ニッケル‐カドミウム電池	Cd	KOH	NiO(OH)	1.2	コードレス機器，電動工具，電気シェーバー
	ニッケル‐水素電池	水素貯蔵合金	KOH	NiO(OH)	1.2	電気シェーバー，ハイブリッド自動車
	リチウムイオン電池	黒鉛，ハードカーボン	Li 塩	$LiCoO_2$, $LiNiO_2$, $LiMn_2O_4$, $LiFePO_4$	3.6	携帯電話，ノートパソコン，電気自動車
	燃料電池（リン酸形）	H_2	H_3PO_4	O_2	1.23	病院やホテルの電源

31.4　二次電池

　放電した電池に外部から電気エネルギーを与え，放電のときと逆向きの反応を起こすことを**充電**という．外部電源から充電ができ，充電によって繰り返し使用できる電池を**二次電池**または**蓄電池**という．自動車のバッテリーとしても利用されている**鉛蓄電池**は，充電が可能であり，二次電池である．また，**リチウムイオン二次電池（リチウムイオン電池）**は，1991年に日本企業のソニーで世界で初めて量産化に成功した二次電池であり，軽量で電気容量が大きいことからノートパソコンや携帯電話のバッテリーとして使われている．

その他の二次電池
その他の二次電池には，ニッケル‐カドミウム蓄電池，ニッケル‐水素化物蓄電池がある．特殊用途に使用されている酸化銀‐亜鉛電池，酸化銀‐カドミウム電池，レドックスフロー電池，ナトリウム‐硫黄電池なども二次電池である．

■問題

31.1 次の電池の電池反応を記せ．$Pt | H_2(g), HCl(aq) | AgCl(s) | Ag$

31.2 次の化学反応が起こる電池を書け．$Cu + Cl_2(g) \rightarrow Cu^{2+} + 2Cl^-$
　　　また，この電池の標準起電力（25℃）を計算せよ．

31.3 次の電池の電池反応を記せ．$Ag | AgCl(s) | HCl(aq), Cl_2(g) | Pt$

31.4 次の化学反応が起こる電池を書け．
　　　$I_2(s) + 2[Fe(CN)_6]^{4-} \rightarrow 2I^- + 2[Fe(CN)_6]^{3-}$
　　　また，この電池の標準起電力（25℃）を計算せよ．

31.5 次の電池について，以下の問いに答えよ．
　　　$Cu | Cu^{2+}(aq) \| H^+(aq), H_2(g) | Pt$
　　　(a) この電池の左側の電極ならびに右側の電極で起こる反応をそれぞれ記せ．
　　　(b) この電池で起こる電池反応を記せ．

135

第32章

電気分解

　ボルタの電堆の発明により，人類ははじめて電気をコントロールして用いることができるようになった．電気エネルギーの応用として最初に考えられたことは，電気分解を用いて，それまで不可能であった活性な元素を単体として単離することだった．電気分解は電気エネルギーを利用して化合物を分解して単体を取り出すシステムとして利用されているが，原理的には，酸化還元を伴う化学反応にはすべて適用できる．その後，回転力を電気に変える発電機が考案され，その性能の向上とともに，現在では電気エネルギーの応用は多種の用途に広がっている．

32.1　電気化学反応

　電解質溶液に2つの電極を入れて電位差を与えると，陰イオンは**陽極**（電池の正極につながった電極）に向かって動き，陽イオンは**陰極**（電池の負極につながった電極）に向かって動く．その結果，電解質溶液に陽極から陰極に向かって電流が流れる．このように，電解質溶液の電気伝導はイオンの移動によって起こり，この現象を**イオン伝導**という．イオン伝導では，陽極の表面において酸化反応（物質から電子を取り去る反応），陰極の表面において還元反応（物質に電子を与える反応）が起こる．このような化学反応を電気化学反応（あるいは**電気分解**，**電解**）という．

32.2　電気分解の原理

電気分解に用いる電極
電気分解に用いる電極には，電極自体が反応する場合と電極は単に電子の授受にあずかるだけで電極自体は反応しない場合がある．後者には，白金や金などの貴金属，水銀，炭素電極などが用いられる．電解液が水溶液の場合には，電極での反応が，H_2O もしくは H^+ の還元による水素発生，H_2O もしくは OH^- の酸化による酸素発生による影響を受けるが，影響の程度は電極および電解液の種類や pH によって変わる．

　白金電極を用いた塩化銅（II）$CuCl_2$ 水溶液の電気分解を考える．この電気分解では，次の反応が起こる．

　　　　陽極　$2Cl^- \rightarrow Cl_2 + 2e^-$　　　（酸化）
　　　　陰極　$Cu^{2+} + 2e^- \rightarrow Cu$　　　（還元）

このとき，白金電極は不活性電極なので，反応に関与しない．しかし，銅板を陽極として用いると，陽極では銅が銅イオンとなって溶け出す．

　　　　陽極　$Cu \rightarrow Cu^{2+} + 2e^-$　　　（酸化）

このように，電気伝導にあずかるイオンと電極での放電に関わるイオンあるいは物質とは必ずしも同じではない．たとえば，$NaCl$ 水溶液を電気分解するとき，陰極に向かって電気量を運ぶイオンは主に Na^+ であるが，陰極で放電する物質は H_2O である．

　　　　陰極　$2H_2O + 2e^- \rightarrow H_2 + 2OH^-$　　　（還元）

32.3　水の電気分解

　水に2本の電極（炭素電極あるいは白金電極）を差して電極の両端に電圧をかけると，次の酸化還元反応が起こり，水は水素と酸素に分解される．

$$2H_2O \rightarrow 2H_2 + O_2 \tag{32.1}$$

このとき，陽極では酸化反応（$4OH^- \rightarrow O_2+2H_2O+4e^-$ または $2H_2O \rightarrow O_2+4H^++4e^-$）が起こり，酸素が発生する．陰極では還元反応（$2H^++2e^- \rightarrow H_2$ または $2H_2O+2e^- \rightarrow H_2+2OH^-$）が起こり，水素が発生する．発生する酸素と水素の体積比は$1:2$となる．実際に水を電気分解するためには，水に酸，塩基，または塩を溶かす必要がある．これは，純粋な水（純水）がほぼ絶縁体であり，電気が流れにくいためである．水の電気分解の際の電解質溶液としては，希硫酸や水酸化ナトリウム水溶液などがよく使用される．

水を電気分解するためには $1.23\,V$ 以上の電圧をかける必要がある．$1.23\,V$ 以下の電圧では，電流は流れず，水は電気分解されない．電気分解の本質はエネルギー変換であるので，$\Delta G^\circ=-nFE^\circ$ の関係において反応電子数 $n=2$ およびファラデー定数 $F=96485\,C/mol$ を用いて ΔG° の値を計算すると，$\Delta G^\circ=237.13\,kJ/mol$ となる．すなわち，式32.1の反応が水 $1\,mol$ あたり $237.13\,kJ$ の吸熱であることがわかる．

水の電気分解で酸素が発生する理論上の電位と水素が発生する理論上の電位は pH の変化につれて同じ動きをする．ネルンスト式（式31.2）により，$25\,℃$ においては，水素発生反応（$2H^++2e^- \rightarrow H_2$）では $E=-(0.0592\,V)pH$，酸素発生反応（$2H_2O \rightarrow O_2+4H^++4e^-$）では $E=1.23\,V-(0.0592\,V)pH$ の関係がある．これらの差を取ると，$1.23\,V-(0.0592\,V)pH-\{-(0.0592\,V)pH\}=1.23\,V$ となる．このことは，水の電気分解に必要な理論上の最小電圧は，pH に関係なく常に $1.23\,V$ であることを示している．

32.4 ファラデーの法則

> 電気分解によって $1\,mol$ のイオンを電極で析出または溶解させるのに要する電気量は $|z|F$ クーロンである．
>
> *zはイオンの**電荷数**（陽イオンでは正，陰イオンでは負），F は**ファラデー定数**（$=9.6485\times10^4\,C/mol$）．

ファラデー定数は，電子 $1\,mol$ のもつ電気量の絶対値であり，アボガドロ定数 N_A と電気素量 e の積に等しい．

$$F = N_A e = 9.6485\times10^4\,C/mol \tag{32.2}$$

ファラデーの法則を用いると，電気分解で電解質溶液に流した電気量から，陽極と陰極で生成する物質の物質量を求めることができる．たとえば，白金を電極として水酸化ナトリウム水溶液に $1.5\,A$ の電流を10分間通じて水の電気分解を行うと，各電極では次の反応が起こる．

$$陽極 \quad 4OH^- \rightarrow O_2+2H_2O+4e^- \quad （酸化）$$

$$陰極 \quad 2H_2O+2e^- \rightarrow H_2+2OH^- \quad （還元）$$

電子 $1\,mol$ のもつ電気量（$96485\,C$）が流れるとき，$1/4\,mol$ の O_2 と $1/2\,mol$ の H_2 が発生する．流れた電気量は $1.5\,A\times600\,s=900\,C$ であるか

$\Delta G^\circ=-nFE^\circ$ の関係式の導出

電池の起電力を E，ファラデー定数を F とすると，一般に，電池内で起こる化学反応に対応して電極上で電子 $n\,[mol]$ の授受があると，電池内で流れる電荷量は $nF\,[C]$ であるから，そのとき電池から得られる電気的仕事は $nFE\,[J]$ であり，これは体積変化を含まないから正味の仕事である．一般に，可逆反応における正味の仕事は，定温・定圧では，電池内で起こる化学変化に伴うギブズエネルギー変化 ΔG に等しい．このことは，上式が次式で表されることを示す．

$$\Delta G = -nFE$$

ここで，$E>0$ のとき $\Delta G<0$ である．すなわち，電池の起電力が正のとき，電池式に対応する化学反応が自発的に起こる．電池の反応にあずかる物質がすべて活量1という標準状態にあるときの起電力は，**標準起電力** E° とよばれる．E° に対しては**標準ギブズエネルギー変化** ΔG° が対応するので，以下のように表すことができる．

$$\Delta G^\circ = -nFE^\circ$$

$E=-(0.0592\,V)pH$ と $E=1.23\,V-(0.0592\,V)pH$ の関係式の導出

水素発生反応（$2H^++2e^- \rightarrow H_2$）で水素イオン活量を $a(H^+)$ とすると，この反応の標準電極電位 E° は $0\,V$ であるので，電極電位 E はネルンスト式により，

$$E = \frac{RT}{F}\ln a(H^+)$$

いま改めて

$$pH = -\log a(H^+)$$

によって pH を定義すると，

$$\ln a(H^+) = \ln 10 \times \log a(H^+)$$
$$= -2.303\,pH$$

によって，

$$E = -\frac{2.303RT}{F}pH$$

特に $25\,℃$ では，

$$E = -(0.0592\,V)pH$$

一方，酸素発生反応（$2H_2O \rightarrow O_2+4H^++4e^-$）では，この反応の E° は $1.23\,V$ であるので，

$$E = 1.23\,V+\frac{RT}{F}\ln a(H^+)$$

したがって，特に $25\,℃$ では，水素発生反応における導出と同様に，

$$E = 1.23\,V-(0.0592\,V)pH$$

ら，発生する気体の体積（0℃，1 atm）は，それぞれ

O_2　$(1/4)(22.4 \text{ L/mol})(900 \text{ C})/(96485 \text{ C/mol}) = 52.2 \text{ mL}$

H_2　$(1/2)(22.4 \text{ L/mol})(900 \text{ C})/(96485 \text{ C/mol}) = 105 \text{ mL}$

となる．

逆に，発生した気体の体積から流れた電気量を求めることもできる．電気分解で生成する物質の物質量を測定することで電解質溶液に流れた電気量を求めることを応用した装置が**電量計**である．

32.5　溶融塩電解

融解した塩（液体状態の塩，溶融塩）に2本の電極を入れ，外部から電圧をかけると電流が流れ，電気分解が起こる．塩化ナトリウムに熱を加えて融解し，電気分解すると，陰極では金属ナトリウム Na が析出し，陽極では塩素 Cl_2 が発生する．

陰極　$Na^+ + e^- \rightarrow Na$　　（還元）

陽極　$2Cl^- \rightarrow Cl_2 + 2e^-$　　（酸化）

全体の反応式は次のようになる．

$$2Na^+ + 2Cl^- \rightarrow 2Na + Cl_2$$

同様に K, Ca, Na, Mg, Al のようなイオン化傾向の大きい金属の塩を高温で溶融塩として電気分解を行うと，その金属の単体が得られる．このようにして，ボルタの電堆の発明は多くの金属を単体として取り出すことを可能にした．塩を融解して電気分解を起こす方法を，**溶融塩電解**という．

32.6　銅の精錬

銅鉱石（黄銅鉱）を溶融炉で還元して得られる粗銅は，純度が99%以下である（→第30章30.2節）．粗銅を低電圧（約0.3 V）で電解精錬すると，純度99.99%程度の純銅が得られる．このとき，銅よりもイオン化傾向が小さい不純物（Ag など）はイオン化せずに電極板から剥がれて陽極の下に沈殿する．この沈殿を，**陽極泥**という．粗銅を精錬するには，粗銅板を陽極，薄い純銅板を陰極に用いて，硫酸銅（Ⅱ）の希硫酸溶液の電気分解を行なう．陰極では水溶液中の銅（Ⅱ）イオンが銅となって析出し，陽極では粗銅中の銅原子が電子を失って銅（Ⅱ）イオン Cu^{2+} となって水溶液中に溶け出す．

陰極　$Cu^{2+} + 2e^- \rightarrow Cu$　　（還元）

陽極　$Cu \rightarrow Cu^{2+} + 2e^-$　　（酸化）

32.7　アルミニウムの製造

アルミニウム Al は，天然には**ボーキサイト**（$Al_2O_3 \cdot nH_2O$）という酸化物の形で産出する．このボーキサイトから不純物を取り除いた酸化アルミニウム Al_2O_3（**アルミナ**）を溶融塩電解すると Al が得られる．アル

電量計
電極を流れた電流を時間ごとに測り，時間で積分し，電気量を計測する装置である．

電解精錬
陽極に粗金属を用いて電気分解して陰極上に高純度の金属を得る方法を**電解精錬**という．

銅の電解精錬

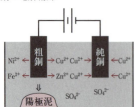

わが国の主な銅電解精錬工場において銅の電解精錬に使用する電極寸法は一般に1 m×1 m 程度である．乾式精錬で製造した精製粗銅（Cu 99.3% 程度）を鋳造して陽極とする．陰極には，銅，ステンレス，あるいはチタンなどの板を通常約24時間通電を行なって薄い電着銅で被覆したものを用いる．陽極泥には，Cu よりもイオン化傾向が小さく溶解しない不純物（Au, Ag, Se, Te, Pt など）のほか，いったん溶解するが不溶性塩（$PbSO_4$ など）となるものが含まれる．電解質溶液には，硫酸浴（Cu 40〜50 g/L, H_2SO_4 180〜200 g/L）を用いる．析出金属の均一性ならびに平滑性の向上のために，電解質溶液への主な添加物として「にかわ」が用いられる．

ミナの融点（融点 2054℃）は高いが，融点の低い**氷晶石** Na_3AlF_6（融点 1020℃）に少しずつ溶かしていくと，比較的低温（約 1000℃）で融解する．

$$Al_2O_3 \rightarrow 2Al^{3+} + 3O^{2-}$$

電極に炭素を用いてこの溶液を電気分解すると，陰極では，Al^{3+} が還元されて Al が生成し，炉の底にたまる．陽極では，酸化物イオン O^{2-} が酸化されるが，高温であるため，電極の炭素と反応して CO または CO_2 が発生する．

陰極　$Al^{3+} + 3e^- \rightarrow Al$　　　　（還元）
陽極　$C + O^{2-} \rightarrow CO + 2e^-$　　（酸化）
　　　$C + 2O^{2-} \rightarrow CO_2 + 4e^-$　（酸化）

■問題

32.1 白金電極で硫酸ナトリウム Na_2SO_4 水溶液を電気分解した．各電極での生成物質は何か．

32.2 硫酸銅（Ⅱ）$CuSO_4$ 水溶液を，白金電極を用いて，0.400 A の一定電流で，16 分 5 秒間電気分解した．以下の各問いに答えよ．
　(a) 流れた電気量は何 C か．
　(b) 陰極に析出する銅は何 g か．
　(c) 陽極からは，標準状態で何 mL の気体が発生するか．

32.3 白金電極を用いて，硝酸銀水溶液を 1.93×10^4 C の電気量で電気分解した．陰極で生成する物質の質量，ならびに陽極で発生する気体の標準状態における体積を求めよ．

32.4 金属ナトリウムの製造には塩化ナトリウムと塩化カルシウムの融解混合物中に黒鉛電極と鉄陰極を入れ，直流電流を通じる方法（融解塩電解）が使われる．陽極と陰極間に 50 A の直流電流を通じて電気分解するとき，11.5 g のナトリウムの単体を得るには何秒通電しなければならないか．ただし，通じた電流はナトリウムイオンの還元にすべて使われたものとする．

アルミニウムの溶融塩電解

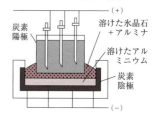

溶融した氷晶石（Na_3AlF_6）にフッ化ナトリウム（NaF）を添加したものを電解浴とし，これにアルミナ（Al_2O_3）を電解原料として溶解する．電解原料であるアルミナは，ボーキサイト鉱石をアルカリ浸出，加水分解，焼成する方法で製造するのが一般的である．電解層底部に溜まった液体のアルミニウム金属自体が陰極となる．陽極は電解浴上面に浸漬した炭素電極で，生成した二酸化炭素は電解浴上面から抜ける．炭素電極は電解の進行に伴って消耗するため，順次位置を下げて電解を継続する．電解の総括反応は，以下の通りである．

$$2Al_2O_3 + 3C \rightarrow 4Al + 3CO_2$$

電流効率の向上や電解浴のイオン伝導率向上の改善のため，電解浴組成に添加物（$CaCl_2, LiF, MgF_2$）を加えて最適化を図る手法が広く使用されている．

第33章

石炭・石油化学 1

長い間，有機化合物は生命体がその営みの過程で作る物質であり，有機化合物を人工的に作ることはできないと考えられていた．しかし，1825年にファラデーによって鯨油からベンゼンが単離され，1828年にウェーラーによってシアン酸アンモニウムから尿素が合成されると，有機化合物も自然界に存在する無機化合物と同じように人工的に合成できることが次第に認識されるようになった．こうして，石油を原料として数多くの有機化合物が人工的に合成されるようになった．今日，我々が医薬品，染料，繊維，樹脂などとして使用している有機化合物の多くは，石油を原料として化学合成されたものである．本章では，石油，石炭，天然ガスに含まれる基本的な有機化合物について，その構造と性質を学ぶ．比較的単純な分子構造をもつこれらの化合物は，より複雑な構造の有機化合物の合成原料となる．

33.1 石油

石油は，原油からガス，水分，異物などを除去したものであり，もとは太古に生息したプランクトンなどの微生物の死骸が年月を経て地下深くで液化したものである．石油は炭素原子の数が2～40個程度の炭化水素の混合物である．これを精留塔で分留することにより石油ガス（沸点約40℃，炭素原子数1～4個），ナフサ（沸点約110℃，炭素原子数5～10個），灯油（沸点約180℃，炭素原子数10～20個），軽油（沸点約260℃，炭素原子数14～20個），重油（炭素原子数20～70個）などに分けられる．この中で化学製品の原料として重要なのがナフサである．ナフサを熱分解すると，エチレン，プロピレン，ブタジエン，ベンゼン，トルエン，キシレンなどの化学基礎製品となる．石油ガスに圧力を加え液体にしたものは，LPガス（liquefied petroleum gas，主成分はプロパン）とよばれ，家庭用の燃料として用いられる．灯油，軽油，重油も主に家庭用や機械の燃料として用いられる．

33.2 石炭

石炭は植物の化石であり，文字どおり石のように固い炭の塊である．安価な燃料として広く用いられている．石炭は乾留することにより，ガス，コールタール，コークスに分けられる．得られたガスは，硫黄分などの不純物を除去したのち都市ガス（主成分はメタン）として利用される．コールタールは熱分解するとナフタレンやアントラセンなどの化学基礎製品が得られる．コークスは主成分が炭素であり，鉄鉱石から鉄分を取り出す際の還元剤として用いられる．石炭は埋蔵量が多い上に安価であることから，燃料（火力発電など）として利用されているが，燃焼する際，二酸化炭素，窒素酸化物，二酸化硫黄が排出されることが欠点である．

シェールガス
地下深くにあるシェール（頁岩：粘土や泥が固まってできた細粒の堆積岩）層から採取される天然ガスをシェールガスとよぶ．主成分はメタンで，化学組成はLNG（液化天然ガス）と変わらないため有望な化石燃料である．しかし，頁岩は非常に粒子が細かく液体や気体を通すスキマがほとんどないことから，頁岩からガスを回収する技術の開発が進められている．

乾留
主に固体の有機物を，空気を遮断して加熱し，分解する操作を乾留とよぶ．石炭乾留の場合，石炭をおよそ1200～1300℃に加熱して分解させる．

33.3 天然ガス

天然ガスの起源は，堆積物中の有機物（原油，石炭等）が熱分解されたもの，堆積物中の有機物がバクテリアなどにより分解されたもの，マントル中の無機炭素が変化したもの，などと考えられている．天然ガスの主成分はメタン，エタンであり，燃料（火力発電の燃料，都市ガスなど）としての利用が多い．天然ガスは常温常圧では気体のため運送，貯蔵には不向きである．そのため $-162℃$ 以下（体積は気体の約 $1/600$）に冷却し，液化天然ガスとして運送または貯蔵される．

33.4 基本的な有機化合物

有機化合物は，それに含まれる官能基によって様々な種類に分類される（表 33.1）．炭素と水素のみで構成されている有機化合物を炭化水素といい，その中でも $C-C$ 結合がすべて単結合のものを飽和炭化水素，$C=C$ 二重結合や $C≡C$ 三重結合を含むものを不飽和炭化水素とよぶ．また，炭素鎖が鎖状に結合しているものを鎖式炭化水素，環状のものを環式炭化水素とよぶ．鎖式炭化水素のうち，飽和炭化水素がアルカン，二重結合を1つ含む不飽和炭化水素がアルケン，三重結合を1つ含む不飽和炭化水素がアルキンである．ベンゼンのように二重結合と単結合が交互に結合した六角形の炭素骨格をもつ炭化水素は芳香族化合物とよばれる．

アルカン Alkane

最も簡単な構造のアルカンはメタンである．メタンは常圧において沸点が $-161℃$ の気体である．アルカンは一般に，炭素数が増加するとともに沸点および融点が上昇する（表 33.2）．また，アルカンの $C-H$ 結合は分極が小さいため水素結合を形成せず，アルカンは水などの極性溶媒にはほとんど溶けない．炭素数が20以上のアルカンをパラフィンとよぶ．

アルカンは良質な燃料であり，燃焼すると多量の熱を発生しながら水と二酸化炭素を生じる．メタンの燃焼熱は $891\ kJ/mol$ である．

$$CH_4(g)+2O_2(g) = CO_2(g)+2H_2O(l),\ \Delta H = -891\ kJ/mol \tag{33.1}$$

アルカンでは，すべての炭素原子が sp^3 混成状態となっている．$C-C$ 結合はすべて強固な σ 結合であり分極も小さいため，アルカンは反応性に乏しい．一方で $C-C$ 結合はねじれて回転することができるため，アルカンは多様な分子構造（立体配座）をとることができる．

環状構造をもつ飽和炭化水素をシクロアルカンとよぶ（図 33.1）．最

表 33.1 有機化合物の分類

総称	一般式	官能基
アルカン Alkane	C_nH_{2n+2}	なし
アルケン Alkene	C_nH_{2n}	$C=C$
アルキン Alkyne	C_nH_{2n-2}	$C≡C$
芳香族化合物 Aromatic compound	$R-C_6H_5$	（芳香環）
アルコール Alcohol	$R-OH$	$-OH$
エーテル Ether	$R-O-R$	$-O-$
アミン Amine	$R-NH_2$ R_2-NH R_3-N	
アルデヒド Aldehyde	O ‖ RCH RCHO	
ケトン Ketone	O ‖ RCR RCOR	
カルボン酸 Carboxylic acid	O ‖ RCOH RCOOH	
エステル Ester	O ‖ RCOR RCOOR	
アミド Amide	O ‖ RCNH_2 O ‖ RCNHR O ‖ RCNRR	
ニトリル Nitrile	RCN	$-C≡N$

R は任意のアルキル基

表 33.2 直鎖状アルカン C_nH_{2n+2} の名称と性質

n	名称	英語名	融点（℃）	沸点（℃）	燃焼熱（kJ/mol）
1	メタン	methane	−183	−161	890.4
2	エタン	ethane	−183	−89	1560
3	プロパン	propane	−189.7	−42	2204
4	ブタン	butane	−138	−0.5	2855
5	ペンタン	pentane	−129.73	36.06	3509.5
6	ヘキサン	hexane	−95.32	68.74	4163
7	ヘプタン	heptane	−91	98	4817
8	オクタン	octane	−60	125	5471
9	ノナン	nonane	−51	151	6124.5
10	デカン	decane	−29.7	174.2	6778

も簡単な構造のシクロアルカンはシクロプロパンである．シクロプロパンは正三角形の炭素骨格をもつため，C−C−C 結合角が本来の sp³ 混成軌道の結合角（109.5°）から大きく歪んでいて化学的に不安定である．同様のことは，四角形の炭素骨格をもつシクロブタンにもいえる．

有機化合物の構造式

有機化合物の構造は，様々な構造式を用いて記述される．エタン C_2H_6 を例として，よく用いられる構造式を以下に示す.

ニューマン投影式

図 33.1 シクロアルカンの構造

最も安定なシクロアルカンはシクロヘキサンである．シクロヘキサンは正六角形の構造式で表されるが，実際は平面構造ではなく，横から見るとジグザグのいす型の構造を形成している．いす型配座の C−C−C 結合角は sp³ 混成軌道の結合角に等しく，シクロヘキサンには環構造による歪みはない.

アルケン Alkene

分子内に C=C 二重結合を 1 つ有する鎖式不飽和炭化水素をアルケンとよぶ．最も単純なアルケンはエチレン（エテン）である．エチレンの二重結合は sp² 混成軌道どうしの σ 結合と余った p 軌道どうしの π 結合で形成されている．そのため二重結合はねじれて回転することができない（→第 8 章 8.3 節）．また，エチレン分子を形成する 2 つの炭素原子と 4 つの水素原子は同一平面上に配置される．二重結合が回転できないことから，アルケンには 2 つの立体異性体（ジアステレオマー）が存在する．たとえば，2-ブテンには *cis*-2-ブテン（Z 体）と *trans*-2-ブテン（E 体）の 2 つのジアステレオマーが存在する（図 33.2）．これらは幾何異性体ともよばれる．

アルカンの分子構造

ブタン C_4H_{10} を例として，アンチ型配座，2 つのゴーシュ型配座の構造を，ニューマン投影式を用いて以下に示す．1 つの C−C 結合について 3 つの配座が可能であるとすると，C_4H_{10} では 3 個，C_5H_{12} では $3^2=9$ 個，$C_{10}H_{22}$ では $3^7=2{,}187$ 個の可能な配座があることになる．

アンチ型　　ゴーシュ型

エチレン
（エテン）

図 33.2　2-ブテンの 2 つの立体異性体

アルキン Alkyne

アルキンは，分子内に C≡C 三重結合を 1 つ有する鎖式不飽和炭化水素の総称である．最も簡単なアルキンはアセチレン（エチン）である．アセチレンの三重結合は sp 混成軌道同士の σ 結合と余った p 軌道同士の 2 つの π 結合で形成されている．そのためアセチレン分子を形成する 2 つの炭素原子と 2 つの水素原子は直線上に配置される．

アセチレンは工業的に，石油を分留して得られるナフサを熱分解することで製造されている．実験室では，生石灰 CaO とコークス C から得られる炭化カルシウム CaC_2 を水と反応させると得られる．

$$CaC_2 + 2H_2O \longrightarrow H-C\equiv C-H + Ca(OH)_2$$

芳香族化合物 Aromatic compound

ベンゼン C_6H_6（→第 8 章 8.4 節）を代表とする芳香族化合物は，平面環状の π 共役系（二重結合と単結合が交互に配置された環構造）をもち，π 電子が非局在化しているために比較的安定な化合物である．芳香族化合物の π 電子は，一般に**ヒュッケル則**（π 電子数が $4n+2$ 個）を満たす．

ベンゼン環に官能基が置換した誘導体にはフェノールやアニリン，安息香酸などがある．また，ベンゼン環同士が縮合した化合物（縮合多環炭化水素）にはナフタレンやアントラセンなどがある．ベンゼン環はもたないが，ピリジンやフランなどもヒュッケル則を満たし，芳香族ヘテロ環化合物とよばれる．

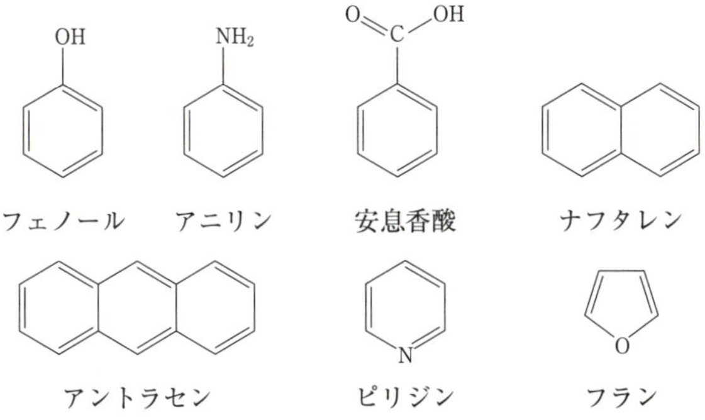

フェノール　アニリン　安息香酸　ナフタレン

アントラセン　ピリジン　フラン

trans-cis 異性化の活性化エネルギー

二重結合の *trans-cis* 異性化は容易には進行しない．たとえば，2-ブテンの *trans* 体を *cis* 体に変換するためには，π 結合をいったん切断しなければならない．そのためには 60 kcal/mol ものエネルギーが必要となる．

アセチレン
（エチン）

サリチル酸

ベンゼン環上にカルボキシ基とヒドロキシ基を有する無色の針状結晶．19 世紀ごろまで消炎剤として使用されてきたが副作用が強いためサリチル酸の誘導体であるアセチルサリチル酸（アスピリン）が開発された．アスピリンは世界で初めて人工合成された医薬品である

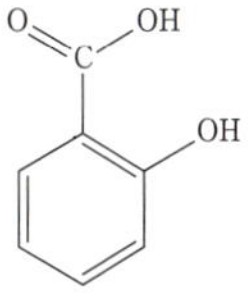

サリチル酸

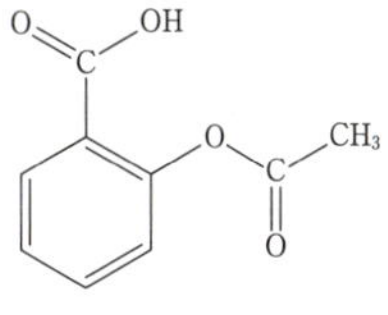

アセチルサリチル酸
（アスピリン）

■問題

33.1 シクロプロパンの安定性はシクロヘキサンの安定性より低い．その理由を説明しなさい．

33.2 フランは五員環であるが芳香族性を示す．その理由を説明しなさい．

第34章

有機合成

テトロドトキシンの全合成

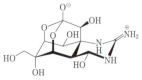

ふぐ毒として知られるテトロドトキシンは，青酸カリの1000倍以上の猛烈な毒性をもち，わずか2 mg程度の摂取で人間（成人）は絶命するとされている．テトロドトキシンの構造決定は1964年頃，複数のグループにより達成された．その後，1972年に岸義人により全合成が達成された．テトロドトキシンの構造は複雑なため，現在でも様々な全合成ルートが検討されている．

第33章で示した基本的な有機化合物は，様々な反応を経て有用な化成品（医薬品，染料，繊維，樹脂など）へと変換される．この際に用いられる有機化合物の変換法が有機合成である．たとえば，テトロドトキシンは高い毒性をもつ化合物であり，天然にはふぐの卵巣にある．この化合物は1972年に岸らにより世界で初めて化学合成された．岸らの研究成果をきっかけにして，神経伝達に関する研究が進められ，神経細胞膜上のNa^+チャネルの機能が解明された．本章では有機合成の基本的な反応である置換反応，付加反応，脱離反応，転位反応について解説する．

34.1 置換反応（A＋B→C＋D）

炭素原子上で，それに結合した原子（または置換基）が別の原子（または置換基）で置き換わる反応を置換反応という．置換反応は求核置換反応と求電子置換反応に大別される．反応物（基質 substrate）に対して求核剤 nucleophile が反応すれば求核置換反応であり，求電子剤 electrophile が反応すれば求電子置換反応である．

求核置換反応では求核剤（略号 Nu^- または NuH）が基質と反応し，基質の脱離基 L が脱離する．求核剤は非共有電子対（ローンペア）をもち，この電子対が基質の正に帯電した炭素原子を求めて反応（求核攻撃）する．求核剤は Lewis 塩基でもあり，負電荷をもつイオン（Nu^-）でも中性の分子（NuH）でも求核置換反応が起こる．脱離基 L は，脱離後に安定かつ弱塩基性の分子または陰イオン（アニオン）になる置換基である必要がある．求核置換反応は，求核剤の結合と脱離基の脱離が1つの炭素原子上で同時に起こる S_N2 反応と，脱離基が脱離した後に求核剤が結合する S_N1 反応の2つに分類される．この2つの反応のうちいずれの反応が起こるのかは，基質と求核剤の構造の違いに依存する．

S_N2 反応と S_N1 反応の例
S_N2 反応

$CH_3Cl + NaOH \longrightarrow CH_3OH + HCl$

（シクロヘキサン構造 Br + KI → I + KBr の反応図）

OTs（トシルオキシ基）
（トシレートとアルコキシドナトリウムの反応で ＋NaOTs を生成）
（ウィリアムソンエーテル合成）

S_N1 反応

（t-ブチル-Cl + H_2O → t-ブチル-OH + HCl）

（t-ブチル-I + CH_3OH → t-ブチル-OCH_3 + HI）

S_N2 反応では求核剤は脱離基の付いた炭素原子の背面より求核攻撃する．求核剤が結合を形成しつつ脱離基が外れていくと，炭素原子の立体配置が反転する．この反転をワルデン反転という．S_N2 反応では中間体は形成されずに，反応は遷移状態を経て一段階で進行する．

一方，S_N1 反応は，求核剤の求核攻撃が立体的に禁制（基質が第3級

ハロゲン化アルキルなど）の場合に起こり，いくつかの中間体を経て多段階で進行する．反応の律速段階は，脱離基の脱離によって第3級カルボカチオン中間体が生じる過程である．カルボカチオンは平面構造（sp²混成状態）となるため，カルボカチオン中間体が生成すると炭素原子の周りに求核剤が接近できるスペースが生じ，これによって反応が進行する．また，生成物はラセミ体として得られる．

求電子置換反応は，芳香族化合物で起こる反応であり，芳香族化合物に求電子剤を作用させると，芳香環の水素原子が別の原子または原子団に置換される．反応機構は求電子剤が付加し，その後にプロトンが脱離する．

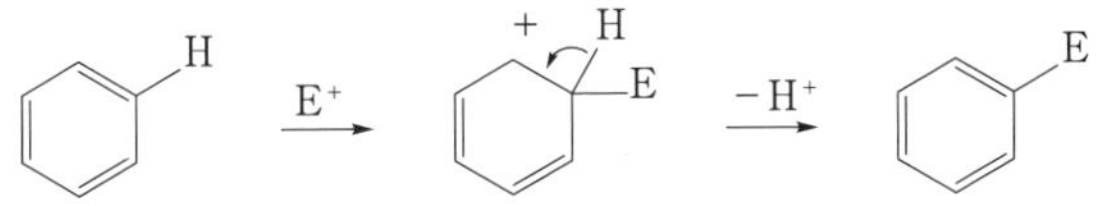

求電子置換反応の例として，FeCl₃やFeBr₃などのルイス酸存在下，Cl₂やBr₂をベンゼンに作用させることによりクロロベンゼン（E＝Cl）やブロモベンゼン（E＝Br）を得るハロゲン化がある．また，ベンゼンに濃硝酸と濃硫酸（酸触媒）を作用させることによりニトロベンゼン（E＝NO₂）を得るニトロ化も求電子置換反応である．求電子置換反応にはこの他に，AlCl₃などのルイス酸存在下，アルキルクロリド（RCl）を反応させるフリーデル・クラフツアルキル化反応や塩化アシル（RCOCl）を反応させるフリーデル・クラフツアシル化反応などがある．

34.2 付加反応（A＋B→C）

付加反応とは，2つの化合物が反応して1つの生成物が得られる反応であり，求電子付加反応と求核付加反応の2種類がある．求電子付加反応では，まず，ハロゲン化水素などの求電子剤がC＝C二重結合またはC≡C三重結合のπ電子を求めて接近し，プロトンが付加してカルボカチオン中間体がいったん生じる．次に，生成したカルボカチオン中間体に，求電子剤から遊離したハロゲン化物イオンが求核剤として反応する．求電子剤としては，水H₂Oやハロゲン（Cl₂, Br₂, I₂）も用いることができ，それぞれアルコールやジハロアルカンが生じる．

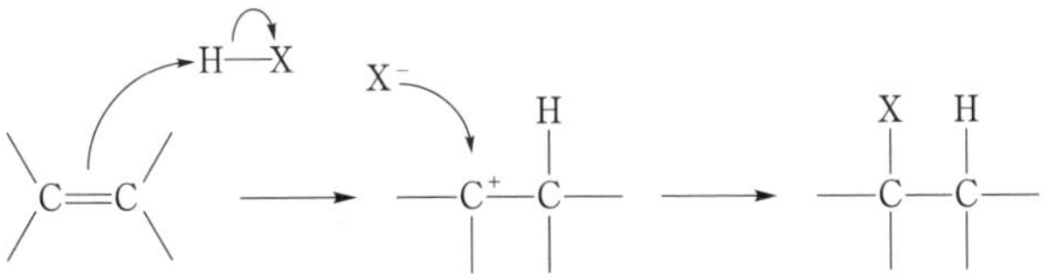

図34.1 ハロゲン化水素のアルケンへの求電子付加反応

求核付加反応はアルデヒドやケトンに対して起こる反応で，求核剤がC＝O二重結合の正に帯電（δ＋）した炭素原子に付加する反応である．求核剤としては，ヒドリド（H⁻）やカルボアニオン（R⁻）に加えて，アルコールROHやアミンHNRR′も用いることができる．

求電子置換反応の特徴

フリーデル・クラフツアルキル化反応は，多アルキル置換体が生成されやすい．また，反応過程でアルキル基の転位が起こりやすい．求電子置換反応の反応速度は，無置換のベンゼンに比べて，電子供与性の置換基（アルキル基-R，ヒドロキシ基-OH，アミノ基-NH₂など）が結合した芳香族化合物では速くなる．逆に，電子吸引性の置換基（ニトロ基-NO₂，スルホ基-SO₃H，カルボキシ基-COOHなど）が結合した芳香族化合物では遅くなる．これは，置換基の電子的性質（置換基効果）によってベンゼン環のπ電子密度が増減し，π電子密度が大きいほど求電子剤が反応しやすくなるからである．

マルコフニコフ則

非対称アルケンに求電子剤AHが付加する場合，AHの水素原子は水素原子が多く結合したアルケンの炭素原子のほうに結合するという経験則．

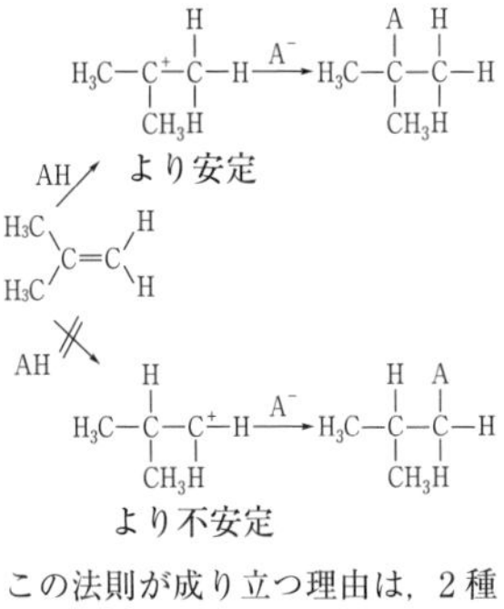

この法則が成り立つ理由は，2種類のカルボカチオン中間体の相対的な安定性によって説明することができる．カルボカチオンは，正電荷をもつ炭素原子上のアルキル置換基の数が多いほど安定である．これは，アルキル基がわずかに電子を押し出す性質（電子供与性）をもつためである．水素原子（プロトン）はアルキル置換基の数が少ないほうの炭素原子に結合したほうが，結果としてより安定なカルボカチオン中間体が生じることになる．

第6部

第34章 ● 有機合成

協奏反応
反応剤の付加と脱離基の脱離が同時に起こる反応を協奏反応という. S_N2反応とE2反応はいずれも協奏反応であり, 一段階で反応が完了する. 求核剤が強塩基(たとえばEtONaなど)でもある場合には, S_N2反応とE2反応はしばしば競合する. 求核剤(強塩基)が脱離基と結合している炭素原子(α位炭素原子)を攻撃するとS_N2反応となり, 隣接する炭素原子上の水素原子(β位水素原子)を攻撃すればE2となる.

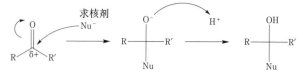

たとえば, 酸性または塩基性条件下でアルデヒドまたはケトンにアルコールを反応させると, アルコールが1分子付加したヘミアセタールが生成する.

酸性条件下

塩基性条件下

34.3 脱離反応 (A → B+C)

脱離反応とは, 一般に1つの分子から複数の原子(または原子団)が脱離して多重結合が形成される反応である. 脱離反応は, **E2反応**と**E1反応**の2つに分類される. E2反応は, 隣接する炭素原子から2つの原子団が同時に(協奏的に)脱離する反応である. E1反応は, カルボカチオン中間体を経由して2つの原子団が段階的に脱離する反応である. アルコール(X=OH)の脱水は, 一般にE1反応である.

カルボカチオン
S_N1反応とE1反応は, ともにカルボカチオン中間体を経由して反応が進行する. このような反応では, より安定なカルボカチオン中間体を経由する生成物が優先的に得られる. また, しばしばアルキル基が転位した生成物が得られる. これは, カルボカチオン中間体において, より安定な第3級カルボカチオンが生じるようにアルキル基が転位するからである.

E1反応

34.4 転位反応 (A → B)

転位反応は, 反応の過程で分子中の原子や原子団が移動して結合の順序が入れ替わり, 反応物が別の分子に変化(異性化)する反応である. 転位反応の例としてピナコール転位を示す. ピナコールに強酸を作用させると脱水を伴った転位反応が起こり, カルボニル化合物が得られる. ピナコール転位の推進力は, カルボアニオン中間体の安定性によるものである.

34.5 代表的な人名反応

人名反応は，有名なものだけでも現在までに100以上が知られている．ここでは重要かつ基本的な人名反応をいつくか例示する．

グリニャール反応　求核付加反応の一種であり，有機ハロゲン化物がエーテル溶媒中でマグネシウムと反応し有機マグネシウム化合物（グリニャール試薬RMgX）を生成し，これがケトンやアルデヒドと反応してアルコールが生成する反応をグリニャール反応という．グリニャール試薬は，エステル，アミド，酸塩化物，二酸化炭素，ニトリル，ハロゲン化アルキルとも反応する．

ディールズ・アルダー反応　ジエンとアルケンからシクロヘキセン誘導体を得る $4\pi+2\pi$ 環化反応をディールズ・アルダー反応という．本反応は高い位置選択性と立体選択性を有しており試薬や溶媒がなくても反応が進行する．反応機構は軌道相互作用により説明され，右の傍注に示すような遷移状態を経て反応が進行する．

ウィッティヒ反応　リンイリドを用いてカルボニル化合物からアルケンを合成する反応をWittig反応という．アルケンの生成法としてはE2反応（脱離反応）を用いることができるが，E2反応は一般に高温加熱といった過激な反応条件が必要である．これに対して，Wittig反応は穏和な条件で反応が進行するため，アルケンの合成法として有用である．

■問題

34.1 アルカンは一般に，炭素数が増加すると沸点および融点が上昇する．その理由を答えなさい．

34.2 ヨウ化メチルとマグネシウムを反応させて得られる試薬に，アセトンを反応させて得られる化合物の化合物名を答えなさい．

クロスカップリング反応
分子間で脱離反応が起こると，2つの分子の間に結合が生じる．このような反応を縮合反応（あるいはカップリング反応）という．
鈴木・宮浦クロスカップリングでは，パラジウム触媒存在下，芳香族ホウ素化合物（Ar'BY$_2$）と芳香族ハロゲン化合物（ArX）とをカップリングさせる．反応条件が穏和であり官能基選択性も高いことから，幅広い化合物の合成に用いられている．

カップリング反応は形式的に3段階で進行する．まず，電子豊富な金属触媒が酸化されつつ（電子を与える）炭素-脱離基結合を切断する．その結果，金属触媒の酸化数は2増加する（酸化的付加）．このとき，炭素原子は金属触媒から電子を受け取り負に帯電する．第2段階では，有機金属化合物が酸化的付加により生成した金属触媒との間で配位子の交換を起こし，金属触媒上に2つの炭素基が配位した中間体を生成する（トランスメタル化）．最後に，金属触媒上の2つの炭素基が脱離して炭素-炭素結合が生成される．このとき，金属触媒は還元されつつ（電子を奪う），配位子が脱離していく（還元的脱離）．この結果，遷移金属触媒が再生される．

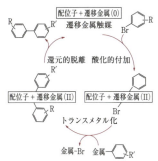

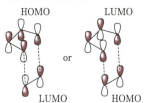

ディールズ・アルダー反応の遷移状態（軌道相互作用）

第35章

石炭・石油化学 2

1907年にベークランドは，コールタールから得られたフェノール C_6H_5OH とホルムアルデヒド HCHO を反応させてできた有機物質が固形材料として優れた性能をもつことを発見し，この物質をベークライトと命名した．その後，ベークライトは金属や陶磁器などの無機材料に代わる人工の有機材料として，日常生活で広く使われるようになった．さらに，石油を原料としてナイロン繊維やポリエチレンフィルムなども合成されるようになった．今や我々の生活にとって，石油や石炭から製造されるこれらの**高分子化合物（ポリマー）** は必要不可欠なものであり，その恩恵は計り知れない．本章では，このような高分子化合物について，概説する．

35.1 高分子化学

高分子化合物は，分子量がおよそ 10,000 以上の化合物である．天然にはデンプンやセルロース，タンパク質，核酸のように，繰り返し構造をもつ様々な高分子化合物（ポリマー）が存在するが，同様の高分子化合物は石油や石炭を原料として合成することもできる．高分子化合物を対象とした研究分野，すなわち高分子化学は，1926年にシュタウディンガーが唱えた高分子説がその始まりであるとされる．当時，高分子化合物（ポリマー）はその繰り返し単位であるモノマー（単量体）が凝集してできた会合コロイドであると考えられていたが，シュタウディンガーは多数のモノマーが共有結合でつながった分子量の大きい分子こそが高分子化合物であることを明らかにした．シュタウディンガーの高分子説は当時の著名な研究者によって批判されたが，次第に高分子説の正しさが認識され，今日では疑いのないものとなっている．

35.2 高分子化合物の合成法

高分子化合物を合成するには，重縮合，付加重合，開環重合などの反応が用いられる．これらの合成法は，それぞれ以下のような特徴をもつ．

重縮合：2つ以上の官能基を有するモノマーが水などの小分子を取り外しながら，分子間で逐次的に縮合（カップリング）を繰り返して高分子化合物が得られる反応を重縮合という．ポリアミドの一種であるナイロン 66（PA66）やポリエステルの一種であるポリエチレンテレフタレート（PET）は，重縮合によって合成される．

合成高分子と天然高分子

我々の身の回りでは様々な高分子化合物が利用されている．合成高分子としてはポリエチレンやポリプロピレン，ナイロンなどが，天然高分子としては綿や絹，天然ゴムなどが挙げられる．無機化合物のポリマーも存在し，ガラスやシリカゲル，カーボンナノチューブなどは無機合成高分子，水晶やダイヤモンドなどは無機天然高分子である．

ポリプロピレン　　シリカゲル

カーボンナノチューブ

分子量分布と平均分子量

高分子化合物を合成するとき，基質や反応条件の違いにより合成される高分子の分子量は大きく変化する．また，このとき得られる高分子には様々な分子量の高分子が混ざっており，分子量分布がある．したがって，高分子の分子量は平均分子量によって定義される．平均分子量には数平均分子量 M_n と重量平均分子量 M_w の2種類がよく用いられる．M_w/M_n の値が大きいほど分子量分布が広く，小さいほど分子量分布が狭い．高分子の平均分子量は，ゲル浸透クロマトグラフィー（GPC）法や超遠心機を用いた沈降速度法などを用いて測定することができる．

ポリマーの構造式

$$\left[-CH_2-CH_2- \right]_n$$

ポリエチレン（PE）

ポリマーの構造式は，その繰り返し構造を [ ] でくくり，その右下に重合度 n を添えて示される．重合度 n は一定値ではなく分子ごとに異なるので，n は平均重合度を表す．一般に，n が 100 以上の化合物をポリマーとよび，それ以下のものはオリゴマーとよぶ．

$$n\ HO\underset{O}{\overset{O}{-C-}}(\ )_4\underset{O}{\overset{O}{-C-}}OH + n\ H_2N(\ )_6NH_2 \longrightarrow \left[\underset{O}{\overset{O}{-C-}}(\ )_4\underset{O}{\overset{O}{-C-}}NH(\ )_6NH- \right]_n + 2nH_2O$$

ナイロン 66

付加重合：二重結合をもつ不飽和化合物が連鎖的に付加を繰り返して高分子化合物が得られる反応を付加重合という．ポリエチレン（PE），ポリプロピレン（PP），ポリ塩化ビニル（PVC）などが付加重合によって合成される．

開環重合：環状化合物が環構造を解きながら連鎖的に分子間で結合することで高分子化合物が得られる反応を開環重合という．ナイロン6（PA6）やポリエチレングリコール（PEG）などが開環重合によって合成される．

ポリアセチレン

アセチレンを重合して得られる高分子をポリアセチレンとよぶ．ポリアセチレンでは π 電子が非局在化しているため，ヨウ素などを加える（ドープする）と導電性を示すようになる．導電性をもつポリアセチレンは，白川英樹（2000年ノーベル化学賞）のグループによって合成された．

35.3　高分子化合物の分類と性質

　化学合成された高分子化合物は，小さな構造単位が繰り返し連なった分子構造をしている．このような高分子化合物をポリマー（重合体）とよび，その合成原料である化合物を**モノマー（単量体）**という．たとえば，ポリエチレンは，モノマーであるエチレンを重合して得られるポリマーである．1つのポリマー分子に含まれるモノマーの数 n を重合度という．

　高分子化合物は様々な分類法で分類されるが，ポリマーを構成するモノマーに注目すると，**ホモポリマー**と**コポリマー**（共重合体）に大別することができる．ホモポリマーとは1種類のモノマーのみで構成されるポリマーであり，コポリマーとは2種類以上のモノマーで構成されるポリマーである．コポリマーはさらに，2種類のモノマーが交互に結合した交互共重合体，ランダムに結合したランダム共重合体，種類の異なるホモポリマーが連結してできたブロック共重合体などに分類される．

　合成高分子では，同じモノマーでできたポリマーであっても単一な成分となることはなく，分子量や分子構造の異なる多種類の分子の混合物となる．そのため，ポリマーは低分子化合物とは異なる特徴的な性質をもつ．たとえば，ポリマーは一定の融点をもたず，温度の上昇に伴って軟化する．軟化し始める温度を軟化点またはガラス転移温度とよぶ．固体状態のポリエチレンやナイロンなどでは，ポリマー鎖が規則正しく密に配列した結晶領域とポリマー鎖が不規則に配置した非結晶領域（無定

タクティシティ

タクティシティは高分子の立体規則性を指す言葉である．ポリプロピレン PP では，高分子鎖中のメチル基がどの様に配向されているかによってその物性が異なる．同じ異性体が連なっているものを「イソタクチック」とよび，交互に違う異性体が連なっているものを「シンジオタクチック」とよぶ．ランダムに，違う異性体が連なっているものは「アタクチック」とよぶ．
ポリプロピレンのタクティシティは，反応条件や重合開始剤を調整することによって制御することができる．

形領域)が混在する．非結晶領域のポリマーが動き始める温度が軟化点であり，この状態をゴム状態という．さらに温度を上げると結晶領域のポリマーが動き始め，ポリマーは液体状態となる．結晶領域の多いポリマーは密度が大きく，硬く，軟化点が高い．逆に，非結晶領域の多いポリマーは密度が小さく，柔らかく，軟化点が低い．結晶領域と非結晶領域の割合は，分子量の大きさや均一性，枝分かれ構造の有無などによって異なるが，ポリマーの物性に及ぼすこれらの要因は，重合条件や精製方法を変えることによって制御することができる．ポリエチレンを例に，分子構造と物性の関係を説明しよう．

ポリエチレンには分子が線状（直鎖状）のもの，分岐（枝分かれ）構造をもつものなど，様々な構造の分子が含まれている．エチレンを付加重合する際の圧力や触媒などの条件により，高密度ポリエチレン（HDPE）や低密度ポリエチレン（LDPE）など，性能の異なるポリエチレンが得られる．高密度ポリエチレンは低圧，60℃前後で合成され半透明で硬い．ある程度の硬度があるため，レジ袋やブルーシート，パイプ類にも使用される．高分子鎖は枝分かれが少なく結晶部分が多い．一方，低密度ポリエチレンは高圧下，200℃前後で合成され透明で柔らかい．安価であるため菓子や衣類などの簡易包装やごみ袋，気泡緩衝材として利用される．高分子鎖は枝分かれが多く結晶部分が少ない．このように，ポリエチレンの物性，すなわち用途は，それに含まれるポリマー鎖の分子構造によって大きく異なる．

低密度ポリエチレン

高密度ポリエチレン

35.4　人工繊維

人工繊維は合成繊維ともよばれ，合成高分子を繊維状に加工したものである．アクリル繊維は，柔らかく羊毛に類似した肌触りをもち保温性に優れることから衣類などに用いられる．アクリロニトリルを付加重合するとポリアクリロニトリル（PAN）が得られる．ポリアクリロニトリルを主成分とした繊維がアクリル繊維である．

ビニロンは国産初の合成繊維であり，強度や磨耗性に優れ，適度な吸湿性をもつ繊維である．そのため防災ネット，テント，ロープなどに用いられる．ビニロンは酢酸ビニルを付加重合した後，加水分解し，これをアセタール化することで得られる．

35.5　合成樹脂（プラスチック）

合成高分子のうち熱や圧力で成形できる固体物質を合成樹脂（プラス

$$\underset{\substack{H \\ n}}{\overset{OCOCH_3}{\underset{H}{\bigwedge}}} \longrightarrow \left[\overset{OCOCH_3}{\underset{n}{\bigwedge}} \right] \overset{H_2O}{\longrightarrow} \cdots \overset{OH \quad OH \quad OH \quad OH \quad OH \quad OH}{\bigwedge\bigwedge\bigwedge} \cdots$$

$$\overset{HCHO}{\underset{-H_2O}{\longrightarrow}} \cdots \bigwedge \cdots$$

ビニロン

チック）とよぶ．合成樹脂は，熱に対する性質の違いにより，熱可塑性樹脂と熱硬化性樹脂に分類される．

熱可塑性樹脂：温度の上昇とともに軟化し，冷却することで硬化するプラスチックである．成形や加工がしやすいが，機械的強度や耐熱性に欠ける．ポリエチレン，ポリプロピレンなど，鎖状構造をもつ多くのポリマーが熱可塑性樹脂である．熱可塑性樹脂は，一般的に付加重合で合成される．

熱硬化性樹脂：温度の上昇とともに硬化するプラスチックである．硬く耐熱性に優れるが，一度硬化したものは再び成形，加工することはできない．網目状の構造のポリマーであり，一般的に付加縮合で合成される．

35.6 合成ゴム

ゴムとは，伸縮性をもつ無定形かつ軟質の高分子である．エラストマーともいう．ゴムには天然から産出される天然ゴムと人工的に合成される合成ゴムがある．

分子内に二重結合を2つもつジエン化合物を付加重合させると弾性のある合成ゴムが得られる．例として，耐寒性や耐摩擦性に優れたブタジエンゴム（BR），耐熱性や耐油性に優れたクロロプレンゴム（CR）などがある．また，ブタジエンに少量のスチレンあるいはアクリロニトリルを加えて共重合させると，スチレン–ブタジエンゴム（SBR）やアクリロニトリル–ブタジエンゴム（NBR）が得られる．これらは機械的強度が高いことが特徴である．

$$n \underset{\substack{H \\ H}}{\overset{H \quad H}{\bigwedge}} \longrightarrow \left[\underset{X}{\bigwedge} \right]_n$$

X＝H：ブタジエンゴム（BR）
X＝Cl：クロロプレンゴム（CR）

■問題

35.1 あるナイロン66の平均分子量は4.5×10^5である．この高分子中に含まれるアミド結合の数は平均でいくつか．

35.2 ビニロンが適度な吸湿性を示す理由を考えなさい．

天然ゴムと加硫

天然ゴムは，ゴムの木（一般的にはパラゴムの木）の樹液（ラテックス）に酢酸などを加えて凝固・乾燥させて得られる．これを天然ゴムまたは生ゴムとよぶ．生ゴムの主成分はポリイソプレンである．ポリイソプレンの構造には*cis*形と*trans*形の2通りが考えられるが，生ゴムは*cis*形のポリイソプレンである．ポリイソプレン鎖は分子全体として丸まった構造となる．力を加えるとC—C結合を軸とした内部回転が起こるため引き伸ばすことができる．しかし，引き伸ばされた状態は不安定であり，ポリマー鎖の熱運動によってもとの丸まった状態へ戻ろうとする．このポリマー鎖の構造変化がゴム弾性の原因となる．

生ゴムは弾性に乏しく，エラストマーとしての性能はよくない．そこで，生ゴムに強い弾性をもたせるに，加硫（硫黄を添加して加熱する処理）が行われる．生ゴムに対し数パーセントの硫黄を加えて加硫処理を行うと，弾性，耐熱性，耐寒性が格段に上昇する．さらに，生ゴムに対し数十パーセントの割合で硫黄を加え長時間加熱すると，エボナイトとよばれる弾性をほとんどもたない黒色の物質が得られる．エボナイトは硬く光沢があり，ボウリングの球や楽器のマウスピースなどに用いられている．

生ゴム ＼S

加硫後の天然ゴム

ペルカゴム

マレー半島に生息するガタパーチャとよばれるゴムの木から得られるペルカゴムは，ポリイソプレン鎖が*trans*形である．通常の天然ゴムより固く強靭で，弾性はほとんどない．

ペルカゴムの構造式

第 31 章の別表　標準電極電位（25℃）

電極系	電極反応	$E°/\mathrm{V}$ *vs.* SHE
$Li^+|Li$	$Li^+ + e^- \to Li$	-3.045
$K^+|K$	$K^+ + e^- \to K$	-2.925
$Ba^{2+}|Ba$	$Ba^{2+} + 2e^- \to Ba$	-2.906
$Ca^{2+}|Ca$	$Ca^{2+} + 2e^- \to Ca$	-2.866
$Na^+|Na$	$Na^+ + e^- \to Na$	-2.714
$Mg^{2+}|Mg$	$Mg^{2+} + 2e^- \to Mg$	-2.363
$Al^{3+}|Al$	$Al^{3+} + 3e^- \to Al$	-1.662
$ZnO_2{}^{2-}, OH^-|Zn$	$ZnO_2{}^{2-} + 2H_2O + 2e^- \to Zn + 2OH^-$	-1.215
$Zn^{2+}|Zn$	$Zn^{2+} + 2e^- \to Zn$	-0.763
$Fe^{2+}|Fe$	$Fe^{2+} + 2e^- \to Fe$	-0.4402
$Cd^{2+}|Cd$	$Cd^{2+} + 2e^- \to Cd$	-0.4029
$Ni^{2+}|Ni$	$Ni^{2+} + 2e^- \to Ni$	-0.250
$Sn^{2+}|Sn$	$Sn^{2+} + 2e^- \to Sn$	-0.136
$Pb^{2+}|Pb$	$Pb^{2+} + 2e^- \to Pb$	-0.126
$SO_4{}^{2-}, SO_3{}^{2-}, OH^-|Pt$	$SO_4{}^{2-} + H_2O + 2e^- \to SO_3{}^{2-} + 2OH^-$	-0.93
$OH^-, H_2|Pt$	$2H_2O + e^- \to H_2 + 2OH^-$	-0.82806
$OH^-|Ni(OH)_2|Ni$	$Ni(OH)_2 + 2e^- \to Ni + 2OH^-$	-0.72
$Fe^{3+}|Fe$	$Fe^{3+} + 3e^- \to Fe$	-0.036
$D^+, D_2|Pt$	$2D^+ + 2e^- \to D_2$	-0.0034
$H^+, H_2|Pt$	$2H^+ + 2e^- \to H_2$	0.000
$Sn^{4+}, Sn^{2+}|Pt$	$Sn^{4+} + 2e^- \to Sn^{2+}$	$+0.15$
$Cu^{2+}, Cu^+|Pt$	$Cu^{2+} + e^- \to Cu^+$	$+0.153$
$Cl^-|AgCl|Ag$	$AgCl + e^- \to Ag + Cl^-$	$+0.2224$
$Cl^-|Hg_2Cl_2|Hg$	$Hg_2Cl_2 + 2e^- \to 2Hg + 2Cl^-$	$+0.268$
$Cu^{2+}|Cu$	$Cu^{2+} + 2e^- \to Cu$	$+0.337$
$[Fe(CN)_6]^{3-}, [Fe(CN)_6]^{4-}|Pt$	$[Fe(CN)_6]^{3-} + e^- \to [Fe(CN)_6]^{4-}$	$+0.36$
$Pt, I_2|I^-$	$I_2 + 2e^- \to 2I^-$	$+0.536$
$Fe^{3+}, Fe^{2+}|Pt$	$Fe^{3+} + e^- \to Fe^{2+}$	$+0.771$
$Ag^+|Ag$	$Ag^+ + e^- \to Ag$	$+0.799$
$Hg^{2+}|Hg$	$Hg^{2+} + 2e^- \to Hg$	$+0.854$
$Hg^{2+}, Hg_2{}^{2+}|Pt$	$2Hg^{2+} + 2e^- \to Hg_2{}^{2+}$	$+0.92$
$Br_2, Br^-|Pt$	$Br_2 + 2e^- \to 2Br^-$	$+1.065$
$Tl^{3+}, Tl^+|Pt$	$Tl^{3+} + 2e^- \to Tl^+$	$+1.25$
$Cr_2O_7{}^{2-}, Cr^{3+}, H^+|Pt$	$Cr_2O_7{}^{2-} + 14H^+ + 6e^- \to 2Cr^{3+} + 7H_2O$	$+1.33$
$Pt, Cl_2|Cl^-$	$Cl_2 + 2e^- \to 2Cl^-$	$+1.360$
$MnO_4{}^-, Mn^{2+}, H^+|Pt$	$MnO_4{}^- + 8H^+ + 5e^- \to Mn^{2+} + 4H_2O$	$+1.51$
$Ce^{4+}, Ce^{3+}|Pt$	$Ce^{4+} + e^- \to Ce^{3+}$	$+1.61$
$Co^{3+}, Co^{2+}|Pt$	$Co^{3+} + e^- \to Co^{2+}$	$+1.808$
$S_2O_8{}^{2-}, SO_4{}^{2-}|Pt$	$S_2O_8{}^{2-} + 2e^- \to 2SO_4{}^{2-}$	$+2.01$
$F_2, F^-|Pt$	$F_2 + 2e^- \to 2F^-$	$+2.87$

第 7 部
未来の化学

第6部では，人がかかわることで生み出された様々な化学反応や物質を概観した．これらは人々の生活を豊かなものとし，現代文明を支える基盤となっている．

第7部では，われわれの未来の生活に化学がどのように貢献できるのかを見ていこう．現在の化学はかなり成熟した学問ではあるが，成熟すればするほど物質の機能に対する人々の要求は高くなっている．これからの化学が目指すべき方向は多方面にあるが，その中からいくつかを抜粋して解説する．物質文明の発展の一方で，大量に溢れた化学物質による弊害も深刻化している．第39章では21世紀の人類の課題とされる環境問題を取り上げ，この問題への化学者の取り組みについて述べる．

第 36 章

新エネルギー

　世界的なエネルギー使用量の増大に伴い，太陽電池などの再生可能エネルギーへの期待が高まっている．石油などの化石燃料に頼らない発電技術の研究開発は世界各国で行われており，わが国においても盛んに行われている．本章では，化石燃料を用いる火力発電，再生可能エネルギーである水力，風力，太陽光発電を解説する．また，クリーンなエネルギー源として注目される燃料電池について触れる．さらに，原子力発電について述べ，それらのメリット・デメリットを比較する．

36.1　火力・水力・風力発電

　火力発電は，石油・石炭・天然ガスなどに分類される化石燃料を燃焼し，その熱で水を沸騰させる．沸騰した水は水蒸気となって体積が膨張し，その体積膨張によって**タービン**（発電機）を回転させ，発電する．大規模な発電が可能で，発電量を制御しやすく，全世界で最も大きな割合を占める発電手法である．しかし，火力発電のデメリットとして，燃料が有限であり枯渇の懸念があること，燃焼時に発生する CO_2 による温室効果の2点が指摘されている．

　水力発電では，山などの高所に建設したダムに雨水をため，放水する際にタービンを回転させ発電する．太陽光によって海水が蒸発し，雲となって雨が降ると，海面より高い場所に水が移動する．この**位置エネルギー**を利用するのが水力発電である．したがってエネルギーの元は太陽光であり，枯渇の心配はなく，再生可能エネルギーの一種である．放水の制御によって発電量を制御できることもメリットである．一方，大きな電力の発電には巨大なダムの建設が必須であり，周囲の環境への影響は大きい．ブラジルやカナダなど，国土が広く水力発電に有利な国では，全発電に対して大きな割合を水力発電が担っている．

　風力発電はプロペラが取り付けられた発電機を自然の風で回転させることで発電する．風は気圧差によって生じ，気圧差は温度差によって生じる．この温度差は太陽光によって発生するため，風力発電は水力発電と同様に太陽光のエネルギーを間接的に利用する発電手法であり，再生可能エネルギーである．太陽光による温度差は陸地と海との間で大きくなるため，風力発電機は沿岸部に設置されることが多い．中国，アメリカ，ヨーロッパなど世界各国で利用されており，発電量は年々増大している．自然の風を利用するため発電量の制御はできず，台風などの強風による破損や，発電コストが高いという難点がある．

36.2　太陽電池

　再生可能エネルギーの1つとして，わが国では太陽光発電の普及が特に進んでいる．**シリコン型太陽電池**の概略を図 36.1 に示す．
　n 型半導体のシリコンと **p 型半導体**のシリコンが接する **pn 接合**では，

日本のエネルギー供給構成

日本で使われるエネルギーは様々な形態で作られており，2019 年度は以下のような割合である．再エネは水力以外の再生可能エネルギーであり，太陽光，風力，小型水力，地熱，バイオマスを含む．

石炭	25.4%
石油	37.1%
天然ガス	22.4%
原子力	2.8%
水力	3.5%
再エネ	8.8%

［出典：資源エネルギー庁 エネルギー白書 2021］
2011 年の東日本大震災以降，原子力発電の割合は大幅に低下し再生可能エネルギーの割合は徐々に増えている．

n型部からp型部へ電子が移動して内部電位差が生じ，キャリア（n領域の電子，p領域の正孔）がない**空乏層**とよばれる部分が生じる．ここへ光を照射すると，空乏層で電子は励起されてn型部へ移動し，正孔がp型部へ移動する．それぞれへ電極を接続すると，n型部が負極，p型部が正極となって電子が外部回路を流れ，電力が得られる．シリコン中の**価電子帯**の電子を**伝導帯**に励起するためには波長約1100 nm以下の光が必要で，波長1100 nm以下の光は吸収され発電し，それ以上の波長では光が吸収されず発電に使われない．

市販の太陽電池は太陽光の**エネルギー変換効率**は20%程度が多い．日本の正午付近における1 m²あたりの太陽光の強度はおよそ1 kWであり，したがってシリコン太陽電池では1 m²あたり最大200 Wの発電が可能である．一般家庭では，屋根の面積すべてに太陽電池を設置すると，その家庭で使う消費電力を大きく上回る発電量が得られる．一方，太陽光発電は日中のみ可能であり，夜間の電気使用には発電所からの電力を利用する．そのため家庭用の太陽光発電では，日中は発電した電力を使用し余った分を電力会社に売却，夜間には電力会社から電気を購入する形で活用されている．発電量が時間や天候に左右される太陽電池は，火力発電などの発電量を日中のみ抑制するなどの補助的な役割となっている．

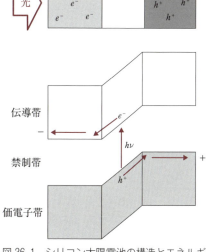

図36.1 シリコン太陽電池の構造とエネルギー図

36.3 燃料電池

燃料電池は，化学反応のエネルギーを熱経由ではなく直接電気エネルギーとして取り出す装置である．水素と酸素を反応させる燃料電池では，以下のような反応が起こる．

負極　　$2H_2 \rightarrow 4H^+ + 4e^-$ 　　　　　　　　　　(36.1)

正極　　$O_2 + 4H^+ + 4e^- \rightarrow 2H_2O$ 　　　　　　(36.2)

全体　　$2H_2 + O_2 \rightarrow 2H_2O$ 　　　　　　　　　(36.3)

この反応は，**水の電気分解**反応の逆反応に相当する．負極で生じたH^+はKOHやリン酸などの電解質溶液を通じて正極側に移動し，O_2と反応する．H^+の移動と同時に，電子は負極から外部回路を通じて正極へと移動し，このときに電力が取り出せる．理論上の電圧は水の電気分解に必要な1.23 Vだが，実際は反応に対する**過電圧**の影響などで0.9 V以下である．それでも水素を燃焼してタービンを回転させるよりも発電効率は高い．

燃料電池では，正極の反応に使用する酸素は大気を利用するため，負極の反応に使用する水素が必要となる．燃料電池自動車では，水素を高圧のボンベに貯蔵し，燃料電池によって発電した電力でモーターを駆動し自動車を動かす．モーターによって動かすため電気自動車に近いが，

第 36 章 ● 新エネルギー

リチウムイオン電池に比べて，水素は非常に軽く重量あたりのエネルギーが大きいため，より長い航続距離が実現できるメリットがある．エンジンの燃料であるガソリンや軽油と比べても，重量あたりのエネルギー密度は大きい．一方，水素は気体であり，高圧にしないと大きな体積が必要となり，一般に 700 気圧（70 MPa）程度の高圧の水素ボンベが使用されている．そのため，高圧に対する強度を保つため，ボンベそのものにある程度の重量が必要である．

燃料電池は使用時に水が生成物として生じるが，CO_2 などを排出せずクリーンなエネルギー源として期待されている．一方，燃料となる水素の生成には化石燃料が使用され，その際に CO_2 が発生するため，必ずしもトータルでクリーンなエネルギーとはいえない．

36.4 原子力発電

火力発電では化石燃料を燃焼し，その熱で水を沸騰させてタービンを回すことで発電する．原子力発電における発電でも水を沸騰させてタービンを回すというプロセスは同様であるが，その発熱反応が**核分裂反応**である点が異なる．

核分裂反応は，陽子と中性子によって形成される原子核が分裂し，別の原子核になる反応である．Fe よりも原子番号の大きな元素の原子核が分裂するとき，核分裂反応後はその反応前に比べて質量が減少する．この減少した質量がエネルギーとして放出される．減少する質量 m(kg) と発生するエネルギー E(J) は式 36.4 で求められる．c は光速 2.998×10^8(m/s) である．

$$E = mc^2 \qquad (36.4)$$

化石燃料の燃焼に比べ，膨大なエネルギーが得られる利点がある．原子力発電では，核分裂反応の原料として質量数 235 のウラン（^{235}U）が用いられることが多い．^{235}U に中性子 n を吸収させると，次のような反応を起こす．

$$^{235}\text{U} + \text{n} \rightarrow {}^{95}\text{Y} + {}^{139}\text{I} + 2\text{n} \qquad (36.5)$$

$$^{235}\text{U} + \text{n} \rightarrow {}^{90}\text{Kr} + {}^{143}\text{Ba} + 3\text{n} \qquad (36.6)$$

^{235}U の核分裂反応はこれら 2 つの反応だけでなく，様々な反応が起こる．いずれの反応においても反応系と生成系の質量数は 236 で変化しないが，質量は減少し，式 36.4 のように減少した質量に相当するエネルギーが発生する．式 36.5 と式 36.6 の反応は中性子 1 つを吸収させることで中性子 2 個または 3 個が放出される反応であり，新たに発生した中性子が別の ^{235}U と反応することでこの反応は連鎖反応を起こし，反応は加速する．原子力発電では，この核分裂の連鎖反応を制御しながら起こすことで，継続的に発熱反応を起こす．核分裂反応の抑制には，ホウ素やカドミウムを含む制御棒が用いられる．ホウ素の同位体の一種 ^{10}B と中性子の反応は式 36.7 のようであり，この反応で中性子が消費される．

発電に必要な燃料と面積
100 万 kW の発電能力で，一般家庭 230 万世帯分の電力を供給できる．火力発電と原子力発電で必要な燃料は以下のような量になる．

火力（石炭）	235 万トン
火力（石油）	155 万トン
火力（天然ガス）	95 万トン
原子力（濃縮ウラン）	21 トン

再生可能エネルギーの難点の 1 つに，大きな面積が必要な点が上げられる．100 万 kW の発電に必要な面積は以下のようになる．

原子力発電所	0.6 km²
太陽光発電	58 km²
風力発電	214 km²

ホウ素は約 20% の ^{10}B 同位体を含むため,効率的に中性子の捕獲ができ,核分裂反応の制御に用いられる.

$$^{10}B + n \rightarrow {}^4He + {}^7Li \qquad (36.7)$$

原子力発電は,極めて大きな発電量の発電が可能であり,かつ CO_2 を排出せず,フランスや日本などで国全体の発電量の大きな割合を占めている.一方,事故が起こった際の放射能汚染の被害は甚大かつ長期間に渡り,他の発電手法に比べて圧倒的に高いレベルのリスク管理が求められる.また,原料となるウランの枯渇や,放射性廃棄物の処理・保管コストなど,深刻な課題が残されている.

核分裂反応とは逆に,**核融合反応**を発電に利用しようという試みがなされている.核融合にもいくつかの種類があるが,制御のしやすさから ^2H と ^3H を核融合反応させ,^4He と中性子 1 つを作る反応が最も有望といわれている.一方,この核融合反応を起こすには数千万〜数億度の温度が必要であり,極めて大規模な設備が必要となる.現在,様々な国が協力して,核融合反応の平和利用に向けて研究が進められている.

■問題

36.1 地熱発電は,火山付近などの高温の地熱を利用して水を沸騰させ,タービンを回して発電する.地熱発電は太陽光を利用しないが,再生可能エネルギーの一種である.その理由を説明しなさい.

36.2 ホウ素またはリンを不純物として含むシリコンを用いてシリコン太陽電池の pn 接合を形成するとき,正極と負極はそれぞれどちらの不純物を含むシリコンかを説明しなさい.

36.3 ^{235}U を含む核燃料 1000.00 g を原子炉で核分裂反応させ,質量が 999.90 g となるときに放出されるエネルギー (J) を求めなさい.

第 37 章

新素材（機能材料）

37.1 蛍光体

蛍光体は照明やディスプレイに大量に使用される発光材料である．人間の目は波長 380〜780 nm の光に感度をもち，網膜には錐体細胞とよばれる色を感知する細胞が3種類ある．光の三原色はこの錐体細胞の種類の数を表しており，3種類の錐体細胞はそれぞれ 460 nm（青），530 nm（緑），560 nm（赤）に感受性が高く，それぞれの細胞への光刺激の量の違いが多様な色として認識される．光のエネルギーは波長に反比例し，光の三原色のエネルギーは青＞緑＞赤の順に小さくなる．

現在の液晶ディスプレイには**白色発光ダイオード**（白色 LED）がバックライトとして用いられることが多い．白色 LED を利用する液晶ディスプレイの主な仕組みを図 37.1 に示す．白色 LED の光をカラーフィルターで青・緑・赤だけを透過させ，さらに液晶と偏光板を用いて透過する量を調整することで様々な画像を映し出す．白色 LED は実際には青色 LED に蛍光体を組み合わせたデバイスであり，LED そのものの発光は白色ではなく青色である．青色の光は，白色 LED の内部で2種類の蛍光体（緑色発光する蛍光体と赤色発光する蛍光体）に当たることによって三原色がそろって白色になる．緑色発光蛍光体には Eu^{2+} を微量添加した $Si_{6-x}Al_xO_xN_{8-x}$ などが，赤色発光蛍光体には Eu^{2+} を微量添加した $CaAlSiN_3$ などが使われている．希土類元素の1つであるユーロピウム Eu は d 軌道と f 軌道の電子遷移によって強い発光を示すため，蛍光体に最も多く利用される元素である．

> **LED を使った植物工場**
> LED は電気から高効率で発光させることができ，ビルの中で LED を光源として光合成をさせる植物工場が稼動している．太陽光の利用に比べて光源に大きなコストが必要となるが，天候に左右されずに安定した収穫が可能であり，レタスやルッコラなどの比較的短期間で成長する農作物が作られている．効率的に栽培できる波長や，光を照射する時間などはそれぞれの植物によって異なるため，最適化のための研究が行われている．

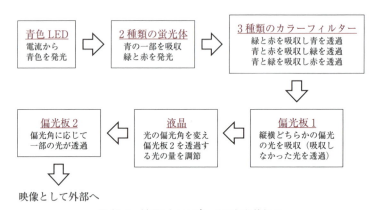

図 37.1 液晶ディスプレイの主な仕組み

37.2 光触媒

光触媒は 1970 年代に本多・藤嶋らによって，水の光電気分解反応として報告された．図 37.2 にその概要を示す．一方の電極を二酸化チタン TiO_2 とし，もう一方の電極を白金 Pt とし，TiO_2 に光を照射し，電極間に低い電圧を掛けることで TiO_2 電極から酸素が，Pt 電極から水素が発生する．光触媒の特殊性は，水の電気分解は最低でも 1.23 V が必要であ

るが，この実験では 1.23 V よりも低い電圧で電気分解が起こることである．この電圧を補っているのが，TiO₂ の光触媒作用である．

図 37.3 に光触媒反応の基本的な原理を示す．TiO₂ は半導体の一種であり，O の 2p 軌道に由来する**価電子帯**と，Ti の 3d 軌道に由来する**伝導帯**があり，その間はおよそ 3.0 eV の**バンドギャップ**の電子構造をもっている．バンドギャップ以上のエネルギーの光を照射すると，価電子帯の電子が伝導帯へと励起する．この励起電子が還元反応を，価電子帯に生じた正孔が酸化反応を起こす．TiO₂ 光触媒では水素と酸素への水の分解は電圧を掛けて補助しないと起こらないが，多くの酸化・還元反応が電圧を掛けずに起こる．そのため光触媒は電極としてではなく，粉末や膜として利用されることが多い．粉末では 1 つの粒子の表面で，励起電子による還元反応と正孔による酸化反応が起こる．大気中には水蒸気や酸素があり，励起電子によって・O_2^-，正孔によって・OH が生成し，それらが様々な物質と反応する．東京駅八重洲口のルーフやアメリカ・ダラスのドームスタジアムの屋根などに用いられており，太陽光で自然に汚れが分解され清浄な状態を保つセルフクリーニング機能として応用されている．ほかに，発がん性物質や悪臭物質の分解除去，病院でのウイルスの不活化など，身近なところでの応用も始まっている．

製品として使われる光触媒
光触媒として商品化され，実際に使われている物質は TiO₂ と WO₃ の 2 つがある．TiO₂ は高い光触媒特性を持つが，紫外線で作動するため，主に太陽光があたる屋外に利用される．室内で使われる光源には紫外光が含まれないことから，可視光で作動する WO₃ が利用されることが多い．WO₃ は可視光のうちエネルギーの高い青色光で光触媒反応を示す．そのため WO₃ は黄色である．一方 TiO₂ は可視光を吸収しないので無色（白色）である．

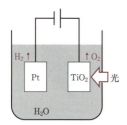

図 37.2 TiO₂ による水の光電気分解（本多・藤嶋効果）

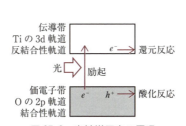

図 37.3 光触媒反応の原理

37.3 液晶

液晶とは液体と固体の両方の性質をもつ物質のことである．液晶は，液体の流動性と結晶の規則性とをあわせもち，光学的異方性を示す．そのため，透明な電極で挟んで時計・パソコン・テレビ・携帯電話などの画面表示に用いられている．液晶状態を示す分子の特徴として，硬い骨格（方向性をもつために必要な硬い骨格）と柔らかい側鎖（流動性を保つために必要な柔らかい構造）をもつこと，さらに極性基（電場や磁場に応答するための部位）をもつことが挙げられる．最もよく知られた液晶分子である 4-シアノ-4′-ペンチルビフェニル（5CB）は，柔軟性のあるアルキル鎖，剛直なベンゼン環，極性を有するシアノ基（ニトリル）から成り立っている．このような分子は分子同士がある程度の規則性を持ちながら並ぶため，液晶状態が発現される．

液晶には大きく分けて，**ネマティック液晶**（分子が一定方向を向き層

代表的な液晶分子

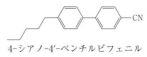

4-シアノ-4′-ペンチルビフェニル

をもたない構造），**スメクティック液晶**（分子が一定方向を向き層をもつ構造），**コレステリック液晶**（分子が一定方向を向いた層をもち，各層ごとに規則的なねじれをもつ構造）の3つがある（図37.4）．

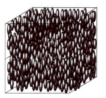 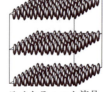 

　　ネマティック液晶　　スメクティック液晶　　コレステリック液晶

図37.4　3種類の液晶の構造

テレビなどの液晶ディスプレイの簡単なものでは，ガラス上に配置された透明電極の間に液晶物質をサンドイッチした構造になっている（図37.5）．電極の間の電圧を調節することによって液晶分子の配列を変化させ，これによって生じる液晶の光学的性質の変化を表示に利用している．

液晶ディスプレイ
図37.5は液晶ディスプレイの模式図である．液晶に電圧をかけていないとき（上図），左側から入った光は1つ目の偏光板により縦方向の偏光になる．その後，液晶にあたり偏光が捻じ曲げられて2つ目の偏光板を通過して光が届く．一方，液晶に電圧がかかっているときは，液晶分子は電圧の方向に沿って配列する（下図）．このとき，1つ目の偏光板により縦方向の偏光になった光は，液晶分子によって捻じ曲げられることはなく，2つ目の偏光板を通過できない．そのため，光が届かずに黒い表示になる．

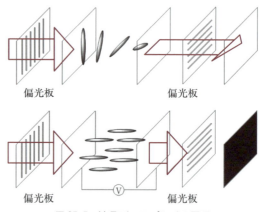

図37.5　液晶ディスプレイの原理

37.4　高性能プラスチック

　20世紀における石油化学の発展によって，様々なプラスチック（合成樹脂）がつくられ，これらは人々の生活の隅々にまで浸透してきた（→第35章）．熱可塑性樹脂（加熱により軟化するプラスチック）は成形や加工がしやすく，大量に製造され消費されている．しかし，熱可塑性樹脂には，機械的強度が弱く耐熱性に欠けるという欠点もある．一方，熱硬化性樹脂（温度上昇とともに硬化するプラスチック）は硬く耐熱性に優れるが，一度硬化したものは再び成形，加工はできない．近年，これらの欠点を補うような高性能なプラスチックの開発が進められている．

　エンジニアリングプラスチックは，機械的強度が強く耐熱性に優れた熱可塑性樹脂で，工業分野で用いられている．エンジニアリングプラスチックの明確な定義はないが，一般的には，引張強度が500 kgf/cm² 以上，曲げ弾性率が20,000 kgf/cm²（1,960 MPa）以上，耐熱性が100℃以上の性質のものである．5大エンジニアリングプラスチックとされるポ

リアセタール（POM），ポリアミド（ナイロン）（PA），ポリカーボネート（PC），変性ポリフェニレンエーテル（m-PPE），ポリブチレンテレフタレート（PBT）のうち，POM，PC，m-PPE，PBT の構造式を図 37.6 に示す．エンジニアリングプラスチックは，従来の汎用プラスチックに比べて素材費や加工費が高いが，高性能プラスチックとして特殊な用途に使用されている．

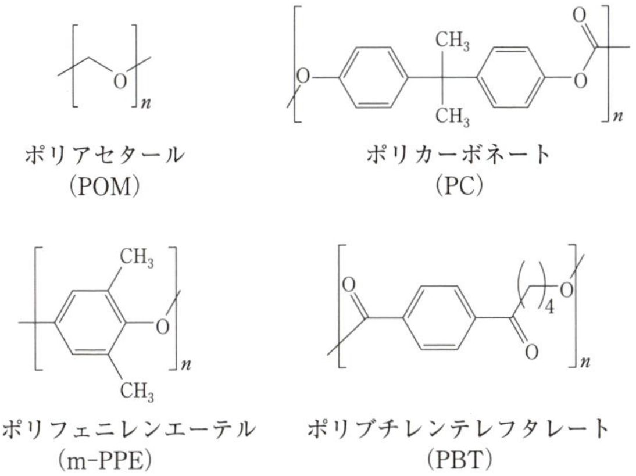

ポリアセタール
（POM）

ポリカーボネート
（PC）

変性ポリフェニレンエーテル
（m-PPE）

ポリブチレンテレフタレート
（PBT）

図 37.6　代表的なエンジニアリングプラスチックの分子構造

生分解性プラスチックは，土壌中の微生物によって分解されて，最終的に二酸化炭素と水になるプラスチックである．汎用プラスチックは安価で加工もしやすいが，自然界においては分解されにくく自然破壊（環境汚染）の原因にもなりうる．そのため自然界において分解される生分解性プラスチックが開発された．土壌中の微生物は天然高分子（デンプンやセルロース，タンパク質など）を分解する能力をもつ．したがって，綿やウールなどの天然高分子は優れた生分解性プラスチックの原料となりうる．トウモロコシのデンプンから作ったポリ乳酸も生分解性プラスチックの 1 つであり，コンパクトディスク（CD），パソコン，各種パッケージなどに使用されている．

■問題

37.1 液晶ディスプレイで青・緑・赤・黒・白の 5 色を同じ面積で表示させたとき，バックライトのうち何％の光が外部に放出されるか求めなさい．カラーフィルターはいずれも 3 分の 2 の光を吸収し，偏向板は 2 分の 1 の光を吸収する．

37.2 市販されている光触媒には白色の TiO_2 と黄色の WO_3 があり，どちらも半導体である．なぜ半導体である必要があるのか述べなさい．TiO_2 と WO_3 の光触媒特性の違いを，そのバンドギャップから説明しなさい．

37.3 液晶を加熱し続けると透明になる．その理由を考えなさい．

37.4 ポリカーボネートはアンモニアと水存在下，劣化することが知られている．その理由を考えなさい．

スーパーエンジニアリングプラスチック
ポリエーテルエーテルケトン樹脂（PEEK 樹脂）は代表的なスーパーエンジニアリングプラスチックである．ベンゼン環のパラ位でケトンとエーテル結合により結合した高分子である．高価であるが融点が 334℃ で耐熱性に優れ，さらに機械的強度，耐薬品性などを兼ね備えている．

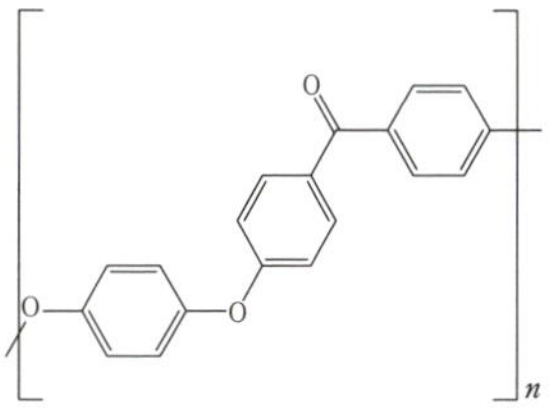

PEEK 樹脂

ポリ乳酸
ポリ乳酸は，デンプンを多く含んだ植物（トウモロコシやサツマイモなど）からデンプンを抽出し，発酵させて乳酸とした後，重合して得る直接重合法と，乳酸の環状二量体であるラクチドを合成した後，触媒存在下で重合しポリ乳酸を得るラクチド法がある．乳酸は鏡像異性体が存在することから L 体の乳酸を重合したポリ-L-乳酸（poly-L-lactic acid, PLLA），D 体を重合させたポリ-D-乳酸（poly-D-lactic acid, PDLA），L 体と D 体の混合物を重合させたポリ-DL-乳酸（poly-DL-lactic acid, PDLLA）がある．PLLA と PDLA を混合させると耐熱性の高い高分子になる一方，PDLLA は結晶性が低く機械的強度が低い．

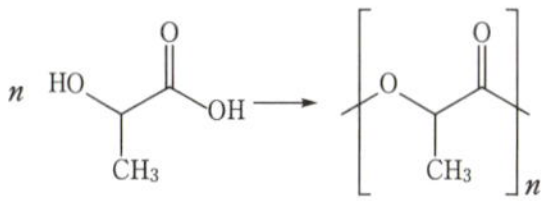

第 38 章

バイオテクノロジー

サイエンス（科学研究）は人間の探究心から始まり，学問の発展，さらには人々の生活を豊かにすることに広く貢献してきた．サイエンスから得られた成果を利用することで QOL（quality of life）のさらなる向上へと導くことができる．化学研究の成果が QOL 向上に大きく利用されている分野の 1 つに医療が挙げられる．本章では，医薬品や人工臓器を題材にして，いくつかの実例とともに医療と化学の関係を紹介する．

38.1 病気と薬

現在我々が使用している薬のほとんどは，体内で新しい作用（化学反応）を引き起こしているのではなく，生体分子がもつ本来の作用を強めたり弱めたりして，病気やけがの症状の改善を図っている．細胞の表面には他の臓器や外界からの情報（伝達物質）を受け入れる受容体タンパク質が存在する（図 38.1）．伝達物質が受容体タンパク質に結合することで様々な指令が細胞内に伝わり，その結果，遺伝子が活性化されて必要なタンパク質が合成される．伝達物質と受容体の関係は一般に鍵と鍵穴に例えられる．受容体の鍵穴にぴったりとはまる物質のみがその受容体に対する伝達物質として働くのである．

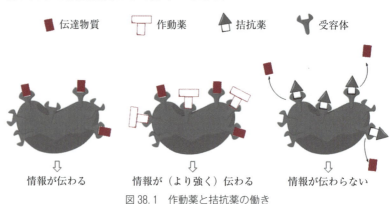

図 38.1 作動薬と拮抗薬の働き

薬剤の分子構造

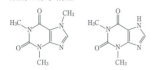

カフェイン　テオフィリン

ぜんそく薬であるテオフィリンはカフェインの誘導体でもあり茶葉に含まれる苦味成分である．強力な気管支拡張作用があり，医薬品として，気管支喘息や慢性閉塞性肺疾患（COPD）などの呼吸器疾患の治療に用いられる．

受容体と伝達物質の仕組みをうまく利用したものが薬である．薬には大きく分けると，**作動薬（アゴニスト）**と**拮抗薬（アンタゴニスト）**の 2 種類がある．作動薬は細胞表面にある受容体にはまり込むことにより，伝達物質の代わりとして細胞に指令を出す物質である．一方，受容体にはまり込むことで，本来の伝達物質が受容体にはまり込むことを阻害し，情報を伝達させない（細胞に指令を出させない）ことを目的としたものが拮抗薬である．疾患においてある生体機能が低下している場合は，作動薬を用いてその生理機能を補うことで症状の改善を促す．一方，何らかの生体機能が働き過ぎることが原因で疾患を抱えている場合は，拮抗薬を用いて症状の改善を図ることができる．

作動薬の例としては，ぜんそくの薬（ぜんそくの発作が起こらないように気道または気管支を拡げる），抗うつ薬（脳の働きをコントロールす

る物質の不足を補う）などがある．一方，拮抗薬の例としては，抗アレルギー薬（アレルギーのもとになる物質が作用するのを抑える），降圧薬（血管を収縮させる物質ができるのを抑える）などが知られている．これらは一例であり，上記とは異なる作用機序で症状を緩和する薬剤もある．

38.2　拮抗薬の実例と副作用（抗ヒスタミン剤を例として）

拮抗薬の例として，抗アレルギー薬の1つである抗ヒスタミン剤がある．花粉の季節になると花粉症の人は目や鼻などの粘膜にかゆみを感じることとなるが，この花粉症の症状緩和のために抗ヒスタミン剤が処方されることがある．なぜ抗ヒスタミン剤が花粉症に有効なのか？　それを知るには，まず花粉症の発症メカニズムから理解する必要がある．

ヒトの体内では，"花粉"などの異物（アレルゲン）が侵入するとリンパ球とよばれる免疫細胞（B細胞）が刺激されてIgE抗体（タンパク質の一種）が作られる（図38.2）．次にIgE抗体が肥満細胞と結合し，花粉に対する免疫反応が記憶される．再び花粉などの異物が体内に入ると，肥満細胞に結合しているIgE抗体が花粉などの異物と結合し，肥満細胞からヒスタミンが放出される．その結果，体内に放出されたヒスタミンが血管や神経に存在するヒスタミン受容体に結合し，くしゃみの誘発や流涙などの症状を引き起こす．つまり，これら一連の現象は「外界から侵入した異物の排除」という生体防御反応の1つであると考えられる．花粉症の場合，この生体防御反応（免疫反応）が過剰に起こってしまい，その制御のために拮抗薬が投与される．

ヒスタミンと抗ヒスタミン剤の分子構造

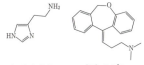

ヒスタミン　　ドキセピン

ドキセピンは抗ヒスタミン剤の1つである．抗ヒスタミン剤は，ヒスタミン受容体のポケットにはまり込みかつ受容体とある程度の結合力をもたないとならない．下図は，ヒト由来ヒスタミンH1受容体に抗ヒスタミン剤であるドキセピンが結合した構造のX線結晶構造解析の結果である．ドキセピンがヒスタミン受容体の中にうまくはまっていることがわかる．

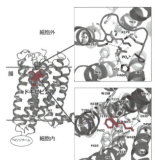

［生化学, 84 (9), p.774 (2012)より改変］

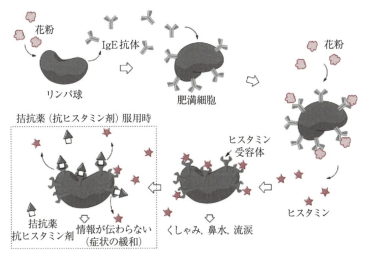

図38.2　抗ヒスタミン剤の働き

抗ヒスタミン剤はヒスタミン受容体に結合し，ヒスタミンによる情報伝達を阻害するように設計された薬剤である．そのため，拮抗薬である抗ヒスタミン剤を服用すると，くしゃみや鼻水，流涙などを誘発する情報が体内で遮断され，その結果，花粉症の症状が改善される．

チタン合金（Ti-Ni 合金）

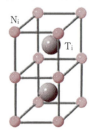

体心立方格子構造でニッケルとチタンが原子数の比で1:1の合金である．

シリコンゴムの構造

シリコンゴムは機械的強度が低い，高価であるが耐熱性，耐寒性，耐候性，電気絶縁性，難燃性，無毒性などに優れている．シリコンゴムにはいくつもの種類があるがここでは代表的なメチルシリコンゴム（MQ），ビニル・メチルシリコンゴム（VMQ），フェニル・メチルシリコンゴム（PMQ）の分子構造を示す．

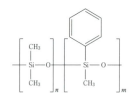

メチルシリコンゴム（MQ）

ビニル・メチルシリコンゴム（VMQ）

フェニル・メチルシリコンゴム（PMQ）

花粉症の人にとっては，伝達物質のヒスタミンはつらい花粉症を引き起こす悪い物質と思うかもしれないが，実はヒスタミンは生体の免疫反応において重要な化学物質である．さらに，ヒスタミンは脳の覚醒や集中力の増強などにも寄与している．服用した抗ヒスタミン剤は脳の神経細胞にあるヒスタミン受容体に対しても同様に，ヒスタミンが結合することを阻害する．その結果，抗ヒスタミン剤を服用すると覚醒が解かれ，集中力が低下し，結果として眠くなるという症状が現れる．このように，本来目的としていた作用以外で薬理作用が現れることを，薬の副作用とよぶ．近年では副作用を少なくする目的で，脳内に入りにくい抗ヒスタミン剤が開発されている．このような薬剤の開発においては，第34章で述べた有機合成の技術が応用されている．

38.3　生体適合材料と人工臓器

人工臓器とは一般に生体の臓器の機能を代行する装置のことであるが，人工臓器の明確な定義はない．人工臓器の開発には様々な分野（医学，機械工学，薬学など）の連携が必要となるが，ここでは化学に関連するトピックスを取り上げて紹介する．

人工臓器の製造には生体適合材料が必要不可欠である．人工臓器は体内に埋植されたり血液と接したりする．したがって，拒絶反応を起こさないこと，耐久性と耐摩耗性をもっていること，血栓をつくりにくいこと，生体に無害であること，発癌性をもたないこと，などの高度な性能が要求される．よく用いられる生体適合材料のチタンおよびチタン合金，アルミナ（セラミックス），シリコーンについて以下に紹介する．

チタンおよびチタン合金

チタン Ti はイオン化傾向は大きいが，表面が酸化皮膜（不働態）で覆われ，体液中でも安定に存在できる．また，チタン合金（Ti-Ni 合金）は比重および弾性係数が他の金属材料の半分であり，強度が強く，骨に近い弾性係数をもつ．そのため，体内用固定器具（クリップ，ステープルなど）に使用され，人工心臓へも応用されている．しかし，チタンおよびチタン合金は耐摩耗性が低いことが欠点であり，人工関節などの接合部分への適応は困難である．

アルミナ（セラミックス）

アルミナ Al_2O_3 も体液に対して完全に安定であり，生体内において溶出や変質することはない．そのため人工歯根，人工関節，人工骨，人工耳小骨などがアルミナそのものでつくられている．アルミナは臨床的に広く使用されている．

シリコーン

シリコーン（シリコンゴム）はシロキサン結合（Si－O－Si 結合）をもつ合成高分子である．金属や無機材料と違い柔軟性があるため体内の機械的強度が必要でない箇所で多く利用される．実際にカテーテルや人口

関節，人工乳房に使用される他，DDS（ドラッグデリバリーシステム）にも応用されている．薬剤が内包されたシリコーンを体内に留置することにより，薬剤の体内濃度を長時間一定に保つことができ，薬剤投与の回数を減らすこともできる．

38.4 人工透析

生体に適合した材料を用いて様々なデバイスが開発されている．その中でも比較的多く使用されいる人工臓器として，人工透析装置がある．人工透析とは，腎臓の機能が低下した患者が尿毒症になるのを防止するために外的な手段で血液の老廃物除去，電解質維持，水分量維持を行う治療法である．

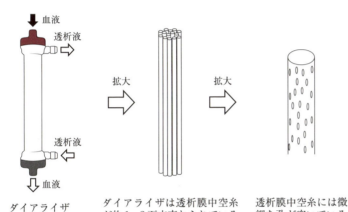

図 38.3　人工透析で用いられる高分子膜

腎臓は血液中の不要物を取り除く機能をもつ．この役割を人工的に行うには**半透膜**（高分子膜）でできた中空糸（ストロー状の細い管）が必要である（図 38.3）．機械により圧力をかけられた血液はダイアライザとよばれるろ過装置へ送られる．ダイアライザ内で血液は半透膜でできた中空糸の中を流れ，半透膜の無数の孔（あな）を通じて管の外側で血液と反対の方向に流れる透析液と接触する．その際，尿素や老廃物など小分子や余分な水分は透析液側に移行し，同時に，電解質など身体に必要な物質が透析液から血液に移行する．赤血球（細胞）やアルブミン（タンパク質）などの人体に必要な物質は孔よりも大きいため血液中にとどまる．このように，腎臓の機能の一部が失われてもそれを代替する装置により，日常生活を維持することが可能となっている．

■問題

38.1 シリコンゴムが一般のゴムより熱に強い理由を答えなさい．

半透膜

一定の大きさ以下の分子やイオンのみを通す膜を半透膜とよぶ．半透膜の一種であるセロハンは，塩水中の水の分子は通すが，大きな分子やイオンは通さない．セロハンは化学的に天然のセルロースと同じであるがセルロースを以下の方法で処理することでセロハンが合成できる．

セルロースに水酸化ナトリウムを加えることによりセルロースのナトリウム塩が生成する．このナトリウム塩に二硫化炭素を加えるとビスコースが得られる．その後，グリセリンを添加したビスコースを希硫酸に加えることで，セロハンが生成する．

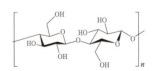

上記の工程を経て得られるセロハンは，セルロースとは異なる部分構造（結晶構造）をもち，物性もセルロースとは異なる特徴的なものとなる．

第39章

環境問題

　現在の地球環境のバランスは長い歴史の中で形成されてきたものであり，様々な要素が複雑に絡み合っている．人類の科学技術の発展は生活を豊かにすることに貢献してきたが，一方で地球環境を変化させ，人間や他の生物にとっても望ましくない影響を与えている．また現在のような資源を大量に使用する社会は，長期間継続できない持続不可能な状態であり，これを持続可能な社会へと進化させる必要がある．本章では，科学技術の発展によって生じた環境破壊が人類にどのような影響を及ぼしているのかを解説する．

39.1　土壌汚染と水質汚染

　イタイイタイ病や水俣病などの公害は，重金属による土壌汚染と水質汚染によって，近隣に住む住民に大きな被害が発生した例である．**イタイイタイ病**はカドミウムの慢性中毒による骨軟化症を引き起こした．亜鉛の鉱石である閃亜鉛鉱（主成分 ZnS）に 1% 程度のカドミウムが含まれており，亜鉛の精錬工程で発生する排水に含まれるカドミウムによって土壌汚染が発生した．イタイイタイ病を発症した患者は主にこの土壌汚染が起こった場所の下流域に住んでいた住民であり，土壌汚染が河川の水質汚染を招いたと考えられている．汚染された水を利用して作られた米などの作物を長期間食べることで，徐々にカドミウムが蓄積し，骨の形成に異常をきたした．

　水俣病は有機水銀による神経障害疾患である．アセトアルデヒド CH_3CHO の生産のため触媒として用いられていた水銀が，副反応によって塩化メチル水銀 CH_3HgCl などの有機水銀化合物となって排水とともに海へと排出された．この水銀化合物の海水中の濃度は低かったものの，汚染された湾内で生態系による**生物濃縮**が起こり，高濃度になった水銀化合物を含む魚を摂取した住民に被害が発生した．メチル水銀などの有機水銀化合物の生物濃縮は日本以外でも報告されており，水銀以外にも多くの元素や化合物が生物濃縮によって高濃度化し健康被害に発展した例は多い．

39.2　酸性雨

　酸性雨の定義は単に酸性の雨ではない．pH が 5.6 以下のときを酸性雨とよぶ．これは大気には CO_2 が含まれており，雲粒や雨粒に CO_2 が溶け込むことで炭酸を生じ，通常の雨もやや酸性になっているためである．炭酸以外に，硝酸や硫酸が雨に含まれるとき，pH は 5.6 よりも低下し，酸性雨となる．

　大気中の硫酸や硝酸は火山活動や微生物の活動でも発生するが，人為的な発生原因（主として化石燃料の燃焼）もある．硫酸は，化石燃料中に含まれる硫黄が燃焼によって SO_2 などの**硫黄酸化物 SO_x** として大気

水銀の生物濃縮
海中に排出された Hg はプランクトンなどによって取り込まれ，生物濃縮によって濃度が上昇する．生態系でより上位に位置する生物ほど，水銀の濃度が高い．日本人の毛髪中の水銀濃度の平均値は 2.12 ppm である．〔出典：内閣府食品安全委員会〕

魚介類 1 g に含まれる水銀の量

魚介類等	Hg 濃度（ppm）
イワシ	0.018
サケ	0.034
アジ	0.044
タイ	0.102
カツオ	0.154
マグロ	0.687
イルカ	20.84

中へ排出され，以下のような反応を起こし発生する．

$$SO_2 + \cdot OH \rightarrow HOSO_2 \tag{39.1}$$

$$HOSO_2 + O_2 \rightarrow HO_2 \cdot + SO_3 \tag{39.2}$$

$$SO_3 + H_2O \rightarrow H_2SO_4 \tag{39.3}$$

OH ラジカル（・OH）はオゾン O_3 と水分子が太陽光を吸収して発生する化学種である．SO_2 は比較的安定であることから，SO_2 の発生から硫酸の形成まで時間が掛かるため，SO_2 の発生源と離れた箇所で酸性雨を降らせることがある．SO_2 の発生の防止には，燃料中の硫黄を取り除く**脱硫**が行われる．原油中にはチオエーテル（R−S−R′）やチオフェン（C_4H_4S）として硫黄が多く含まれており，水素と反応させることで H_2S として除去できる．

$$R-S-R' + 2H_2 \rightarrow RH + R'H + H_2S \uparrow \tag{39.4}$$

$$C_4H_4S + 4H_2 \rightarrow C_4H_{10} + H_2S \uparrow \tag{39.5}$$

生成した H_2S は空気中の酸素と反応させ，硫黄として回収し資源として活用される．

$$3H_2S + 3O_2 \rightarrow 2H_2O + 2SO_2 \tag{39.6}$$

$$SO_2 + 2H_2S \rightarrow 2H_2O + 3S \tag{39.7}$$

酸性雨の原因の1つである硝酸は，大気中に放出された**窒素酸化物 NO_x** によって生成する．NO_x も SO_x と同様に化石燃料の燃焼によって発生するが，燃料中の窒素化合物に由来する**フューエル NO_x** と，空気中の窒素に由来する**サーマル NO_x** の2種類に分けられる．排出量の割合はフューエル NO_x に比べてサーマル NO_x が大きい．空気中の窒素 N_2 は化学的安定性が高くあまり反応しないが，高温では酸素と窒素は以下のような反応を起こしサーマル NO_x が発生する．

$$O_2 + N_2 \rightarrow 2NO \tag{39.8}$$

この反応はより高温ほど起こりやすく，エンジンはより高温のほうが効率的に動力を取り出せるため，サーマル NO_x の発生が避けられない．NO は以下のような反応を経由して空気中で硝酸に変化する．

$$2NO + O_2 \rightarrow 2NO_2 \tag{39.9}$$

$$NO_2 + O_3 \rightarrow NO_3 + O_2 \tag{39.10}$$

$$NO_2 + NO_3 \rightarrow N_2O_5 \tag{39.11}$$

$$N_2O_5 + H_2O \rightarrow 2HNO_3 \tag{39.12}$$

このようにして発生した硫酸や硝酸が雨として降り注ぐことで，土壌の酸性化によるアルミニウムイオンの溶出によって生態系へ影響を及ぼしたり，樹木を枯死させるなどの影響が現れる．

サーマル NO_x の温度と平衡濃度
空気中に含まれる窒素と酸素は温度が高くなると反応して NO を形成し，平衡状態になる．各温度における平衡状態での NO 濃度は以下のようになる．

温度（℃）	NO 濃度（ppm）
20	0.001
427	0.3
527	2.0
1538	3700
2200	25000

第7部

フロンガスの濃度の遷移

オゾン層の破壊を食い止めるため，特定フロンとよばれるオゾンへの影響が特に強いフロンの使用は1995年以降，禁止されている．フロン使用の停止後，大気中のフロンは種類によっては減少しているが，横ばいのものもある．

フロン11(CCl$_3$F)

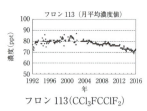

フロン113(CCl$_3$FCClF$_2$)

フロン12(CCl$_2$F$_2$)

[出典：理科年表2018年]

オゾンホール

フロンによるオゾン層の破壊の影響は南極付近で特に顕著であり，南極上空にはオゾン濃度が特に低いオゾンホールとよばれる部分がある．オゾンホールの大きさは南極大陸の大きさの1.5～2倍に達する．

南極のオゾンホールの面積
[出典：理科年表2018年]

39.3　オゾン層の破壊

　太陽光は幅広い波長分布をもっているが，地球の大気によってその一部が吸収され地表へと到達する．波長が短くエネルギーの大きな紫外線（波長400 nm以下）は，有機化合物の共有結合の結合エネルギーを越えるエネルギーをもつため，生物に害をもたらすことがある．波長280 nm以下のUV-Cとよばれる紫外線は，大気中のO$_2$によって吸収され，以下のような反応を起こし**オゾン**O$_3$が生成する．

$$O_2 + UV\text{-}C \rightarrow 2O \tag{39.13}$$

$$O + O_2 \rightarrow O_3 \tag{39.14}$$

O$_2$とUV-Cで作られたオゾンがUV-Bとよばれる紫外線（波長280～320 nm）を吸収することで，地表に届く紫外線はUV-A（波長320～400 nm）のみになる．太古に海で発生した藻類がO$_2$を放出し，その結果発生したO$_3$がUV-Bを吸収することでエネルギーの大きい紫外線（UV-BとUV-C）が吸収されるようになったことで，生物が上陸できる環境が整ったと考えられている．O$_3$はその一部を担っているが，非常に不安定な物質で式39.15のように塩素原子などと反応して分解される．反応してできたClOは式39.16と式39.17のような反応によって再びClとなるため，オゾンの分解反応に対して塩素原子は触媒として働く．そのため，1つの塩素原子によって大量のオゾンが消失する．

$$O_3 + Cl \rightarrow ClO + O_2 \tag{39.15}$$

$$ClO + O \rightarrow Cl + O_2 \tag{39.16}$$

$$2ClO \rightarrow 2Cl + O_2 \tag{39.17}$$

オゾンを分解する塩素原子は，フロンガス経由で大気中に発生することがわかっている．**フロン**はハロゲン化炭化水素の総称で，CCl$_3$F，CCl$_2$F$_2$，CClF$_2$CClF$_2$などである．フロンは燃えないことや，人体への毒性がほとんどないことから，噴射剤や冷媒，消化剤などとして1980年代まで盛んに使われてきた．一方，大気中に放出されたフロンは徐々に上空へと拡散し，紫外光によって分解され塩素原子を放出し，オゾンの分解を引き起こす．1995年に先進国でフロンの使用が禁止され，それ以降大気中のフロンの濃度は停滞または減少しているが，フロンによる影響がなくなるまで60～80年ほどかかると予測されている．

39.4　地球温暖化

　化石燃料の使用によって大気中のCO$_2$濃度が増大し，地球の平均気温が100年あたり0.7℃の割合で上昇している．CO$_2$以外にもフロンや**メタン**が**温室効果ガス**とよばれ，地球の平均気温の上昇を招いている．**地球温暖化**が及ぼす影響は，陸上の氷の融解によって海水が増えることによる海面上昇や，動植物の生息できる範囲が変わることで多くの種が激減や絶滅するなど，複雑で多岐に渡る．

　地球は太陽から1日に1.67×10^{22} JのエネルギーをÛ受け取っている．

また地球は，この量と同じエネルギーを宇宙空間に赤外線として放射することで一定の温度に保たれる．太陽の放射は 5800 K の黒体輻射に近似でき，最大のエネルギーは 500 nm 付近の可視光である．これに対し，地球が放射する赤外光は，15〜20 μm が最大である．CO_2 は透明で可視光の吸収はないが，4.3 μm や 15 μm の赤外光を吸収する性質をもつ．そのため，地球温暖化は以下のようなメカニズムで起こっている．

1) 地球から放射される赤外光が大気中の CO_2 などの温室効果ガスに吸収され，宇宙空間へ放出される量が減少する．
2) 大気が吸収したエネルギーが地球の温度上昇を引き起こし，温度の上がった地球から放射される赤外線量が増える．
3) 太陽光から受けるエネルギーと同じ赤外線放射量になったとき，地球の温度が一定になる．この時の温度が，温室効果ガスが少ないときに比べて高い．

現在の温室効果はおよそ 60% が CO_2，20% がメタン，6% が N_2O，13% がフロン類によるものと調査されている．重量あたりの温室効果では CO_2 は他の温室効果ガスに比べて小さいものの，量が極めて多いため現在の温暖化の主要因とされている．CO_2 排出量の低減には化石燃料の使用量の削減が必要だが，火力発電や自動車等，現代社会における化石燃料の重要性はあまりに大きく，太陽光発電や電気自動車など様々な試みが行われているが CO_2 排出量の削減には至っていない．

39.5 化学の使命

自然科学の学問分野において，化学 Chemistry の最大の特徴は新しい物質を作り出すことができる点であろう．第 7 部で述べたように，化学の発展により人は新エネルギー，新素材，バイオテクノロジーなどを手に入れ，豊かな生活を送ることができるようになった．地球は数十億年という長い年月をかけて現在の環境をつくってきたが，化学は数百年という短い時間で人類の生活を一変させ，地球環境さえも変えつつある．そのため現代の生活は，数千年，数万年という長い時間を持続することができない社会となっている．人々を豊かにするだけでなく，持続可能な社会・世界をつくることが，これからの化学に課せられた使命といえよう．

日本と世界の平均気温の推移
地球温暖化はおよそ 100 年で 0.72 ℃ の割合で起こっている．一方，日本の平均気温は 100 年で 1.19℃ の割合で上昇している．

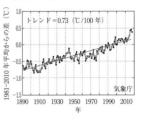

世界の年平均気温

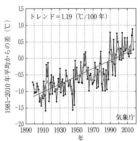

日本の年平均気温
[出典：気象庁]

問題の解答

【第1部】

1.1 ^{35}Cl 陽子数17, 中性子数18；^{37}Cl 陽子数17, 中性子数20
^{36}Ar 陽子数18, 中性子数18；^{38}Ar 陽子数18, 中性子数20；^{40}Ar 陽子数18, 中性子数22

1.2 塩素の原子量 $35 \times 0.7578 + 37 \times 0.2422 = 35.48$. この値は原子量表の値 35.45 とほぼ一致する. 値が若干大きいのは, ^{35}Cl と ^{37}Cl の相対質量が質量欠損により, 実際には 35 と 37 よりそれぞれやや小さいからである.

1.3 ^{31}P の相対質量が質量欠損により 31 よりやや小さいからと考えられる.

1.4 $^{226}_{88}\text{Ra} \rightarrow \,^{222}_{86}\text{Rn} + \alpha(^{4}_{2}\text{He})$

1.5 $\ln(3/4) = -\lambda t$. ^{14}C の半減期が 5730 年なので, $\lambda = 0.693 \div 5730 (/\text{年})$ であり, これを代入すると, $t = -\ln(3/4)\{5730 \div 0.693\} = 2380$ 年前となる.

2.1 $\lambda_{2s \rightarrow 1s} = \{109737(1 - 1/4)\}^{-1} = 1.215 \times 10^{-5}$ cm $= 121.5$ nm. 同様に, $\lambda_{3s \rightarrow 1s} = \{109737(1 - 1/9)\}^{-1} = 102.5$ nm, $\lambda_{4s \rightarrow 1s} = \{109737(1 - 1/16)\}^{-1} = 97.2$ nm.

2.2 $\nu = c/\lambda$ より, $\nu_{2s \rightarrow 1s} = 3.00 \times 10^8/(121.5 \times 10^{-9}) = 2.47 \times 10^{15}$ Hz
同様に, $\nu_{3s \rightarrow 1s} = 2.93 \times 10^{15}$ Hz, $\nu_{4s \rightarrow 1s} = 3.09 \times 10^{15}$ Hz

2.3 4p 軌道 $n = 4$, $l = 1$　4d 軌道 $n = 4$, $l = 2$
5s 軌道 $n = 5$, $l = 0$　5f 軌道 $n = 5$, $l = 3$

2.4 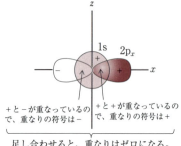　2.5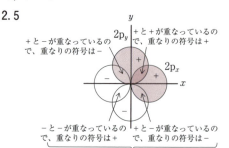

3.1 Na, S, Cr, Mn の電子配置図

3.2 C, Si, Ge, Sn, Pb

3.3 Ni, Pd, Pt

4.1 カルコゲン元素は最外殻の電子配置がすべて s^2p^4 であり, 貴ガス元素は最外殻の電子配置がすべて s^2p^6 である.

4.2 (a) Se 第4周期，第16族のカルコゲン元素であり，2本の共有結合を形成する．2価の陰イオンになる．
(b) Xe 第5周期，第18族の貴ガス元素であり，化合物をつくらない．
(c) Cs 第6周期，第1族のアルカリ金属であり，1価の陽イオンになる．
(d) Ba 第6周期，第2族のアルカリ土類金属であり，2価の陽イオンになる．
(e) Pb 第6周期，第14族の典型元素であり，CやSiに似た性質をもつ．
(f) Cd 第5周期，第12族の典型元素であり，2価の陽イオンになる．
(g) Zr 第5周期，第4族の遷移元素であり，Tiに似た性質をもつ．
(h) W 第6周期，第6族の遷移元素であり，Crに似た性質をもつ．

4.3 $_{18}$Arの最外殻の電子配置は$3s^23p^6$であり，イオン化するには3p軌道の電子を取り去る必要がある．$_{19}$Kでは，エネルギー準位の高い4s軌道に価電子があるので，イオン化エネルギーは$_{18}$Arに比べると小さくなる．なお，$_{19}$Kの3p軌道のエネルギー準位は，$_{18}$Arよりも低下している．

【第2部】

5.1 Mg^{2+}はNe，S^{2-}はArと電子配置が同じ．

5.2 H·⌒·Ö·⌒·H ⟶ H:Ö:H

H·⌒·N̈·⌒·H ⟶ H:N̈:H
　　·⌒·　　　　　H
　　H

5.3 金属の融点と気化熱の間には，正の相関がある．すなわち，気化熱が大きい金属であるほど，融点も高い．これは，融点も気化熱も金属結合の強さ（金属原子同士をつなぎとめる力）と関連しているためである．

5.4
H H 　　　　H H
H:B̈ :N̈:H ⟶ H:B⁻:N⁺:H
H H 　　　　H H

錯体中のB原子とN原子はNe，H原子はHeと同じ電子配置である．

5.5
化学結合の種類	結合力	結合エネルギー	性質
イオン結合	陽イオンと陰イオンの間のクーロン力	非常に大きい	イオン結晶をつくる
共有結合	不対電子を2つの原子間で共有しようとする力（軌道相互作用）	大きい	分子や共有結合の結晶をつくる
金属結合	多数の金属イオンと多数の自由電子との間のクーロン力	中程度〜大きい	金属をつくる

6.1 右図より，$\sqrt{3}\times 2r_-=2r_-+2r_+$なので，$r_+/r_-=\sqrt{3}-1=0.732$

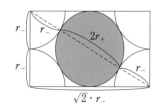

問題の解答

6.2 右図より,

$$\left\{\sqrt{\frac{8}{3}}\,r_- - (r_+ + r_-)\right\}^2 + \left(\frac{2}{3}\times\sqrt{3}\,r_-\right)^2 = (r_- + r_+)^2 \text{ なので,}$$

これを整理して,

$$2r_- - \sqrt{\frac{8}{3}}\,(r_+ + r_-) = 0 \text{ より,}$$

$$\frac{r_+}{r_-} = \sqrt{\frac{3}{2}} - 1 = 0.225$$

7.1 共有電子対が 3 つ,非共有電子対が 1 つあり,計 4 つの高電子密度領域(電子対)があり,それらは N 原子を中心として四面体型の配置をしている.4 つの電子対のうち 3 つが他の原子と結合しているので,三角錐形の形状をしている.

7.2 HCl:$\dfrac{q}{e} = \dfrac{\mu/r}{e} = \dfrac{1.09\times3.336\times10^{-30}}{1.602\times10^{-19}\times1.28\times10^{-10}} = 0.177$(18%)

HBr:$\dfrac{q}{e} = \dfrac{\mu/r}{e} = \dfrac{0.79\times3.336\times10^{-30}}{1.602\times10^{-19}\times1.41\times10^{-10}} = 0.117$(12%)

HI:$\dfrac{q}{e} = \dfrac{\mu/r}{e} = \dfrac{0.38\times3.336\times10^{-30}}{1.602\times10^{-19}\times1.60\times10^{-10}} = 0.049$(5%)

7.3 共有電子対が 4 つあり,それらは C 原子を中心として(正)四面体型の配置をしている.4 つの C-H 結合は等価なので,C-H 結合の双極子モーメントが打ち消し合い,分子全体としては双極子モーメントをもたない.したがって,無極性分子である.

8.1 ダイヤモンドは,sp³ 混成軌道をとる C 原子から構成されており,強固な σ 結合で結合した C 原子が 3 次元型網目構造をとっている.強固な σ 結合のみで構成されているため,融点・沸点は高く,非常に硬い.グラファイトは,sp² 混成軌道をとる C 原子から構成されている.そのため,σ 結合で結合した C 原子の 2 次元平面構造が,ファンデルワールス力で結合した層状構造(平面構造)をとっており,層に平行な方向にはがれやすい(劈開性).層平面内では p 軌道同士の重なりによって電子が非局在化しており,電気伝導性がある.

9.1 単位格子の長さを a,金属原子の半径を r とすると,$4r = \sqrt{2}\,a$ であるから $r = \dfrac{\sqrt{2}}{4}a$.また単位格子中の金属原子は,$\dfrac{1}{8}\times8 + \dfrac{1}{2}\times6 = 4$ 個あるので,充塡率は,$\left(\dfrac{4}{3}\pi r^3\times4\right)/a^3 = \dfrac{\sqrt{2}}{6}\pi = 0.74$.

9.2 単位格子の長さを a,金属原子の半径を r とすると,$4r = \sqrt{3}\,a$ であるから $r = \dfrac{\sqrt{3}}{4}a$.また単位格子中の金属原子は,$\dfrac{1}{8}\times8 + 1 = 2$ 個あるので,充塡率は,$\left(\dfrac{4}{3}\pi r^3\times2\right)/a^3 = \dfrac{\sqrt{3}}{8}\pi = 0.68$.

【第 3 部】

10.1 二酸化炭素の液相が存在できるのは,三重点の圧力(5.15×10^5 Pa)より高い圧力下である.相図より,大気圧付近で存在できる二酸化炭素の相は,固相(ドライアイス)と気相のみなので,

172

固相（ドライアイス）に熱が加わり温度が上がると，昇華して気相に変化する．

11.1 反応のエンタルピー変化 $\Delta H < 0$ なので，発熱反応である．ダイヤモンドは準安定相である．

12.1 $\Delta S_{tr} = Q_{tr}/T = n \times \Delta H_{tr}/T = (1 \times 40.7 \times 10^3)/(100+273) = 109$ J/K

12.2 太陽光を含めた系を孤立系として考えた場合に $\Delta G < 0$ となり，光合成反応が自発的に進行すると考えられる．したがって，光合成が起こる孤立系には植物の他に太陽（および地球を含めた宇宙空間）が含まれる．

13.1 温度と物質量が一定のため，$PV = k$．$P_1 V_1 = P_2 V_2 = k$ とし，$P_1 = 1000$ hPa，$V_1 = 4$ L，$V_2 = 10$ L を代入し，1000 hPa $\times 4$ L $= P_2 \times 10$ L．$P_2 = 1000$ hPa $\times 4$ L$/10$ L $= 400$ hPa

13.2 $V = kT$ で k が一定のため，k $= V_1/T_1 = V_2/T_2$ とし，$V_1 = 1.00$ L，$T_1 = (25+273)$ K，$T_2 = (80+273)$ K を代入して $V_2 = 1.00$ L $\times 353$ K$/298$ K $= 1.18$ L

13.3 $PV = nRT$ を変形し $n = PV/(RT)$ とし，それぞれの値を代入すると，$n = (5.00 \times 10^5$ Pa$) \times 25$ L$/\{R \times (127+273)$ K$\}$ となり，気体定数 R に 8.314×10^3 Pa L/(K mol) を用いると，$n = 3.76$ mol となる．

13.4 $PV = (w/M)RT$ を変形し M $= wRT/PV$ とし，それぞれの値を代入すると，M $= 55.8$ g$\times$R$\times (27+273)$ K$/(1$ atm $\times 49.2$ L$)$ となり，気体定数 R に 0.08205 atm L/(K mol) を用いると，M $= 27.9$ (g/mol) となる．

13.5 体積が合計で 3 L となり，空気の分圧は 600 hPa $\times (1$ L$/3$ L$) = 200$ hPa．二酸化炭素の分圧は 900 hPa $\times (2$ L$/3$ L$) = 600$ hPa．全圧は 200 hPa $+ 600$ hPa $= 800$ hPa．

13.6 ファンデルワールスの状態方程式から，$T = (P + an^2/V^2)(V - nb)/(nR)$．それぞれの値を代入すると $T = (100000 + 3400 \times 1^2/1^2)(1 - 1 \times 0.0237)/(1 \times 8314) = 12.1$ K

14.1 液面の上部の空間に水が蒸発して水蒸気の分圧が上がり，蓋を閉めておくことで蒸気圧と等しくなるまで分圧が上がる．この時，上部の空間と液面とでは気液平衡に達しており，蒸発と凝縮が同じ速度になることで水が減らなくなる．

14.2 温度が上がることで水の蒸気圧が上昇し，水蒸気の分圧が上昇する．それ以外の空気も温度の上昇にともない圧力が増すので，全圧は上昇する．

14.3 最初の圧力は 1013 hPa で，いずれの溶液も沸騰しない．圧力が低下し 67.7 hPa にまで下がると 361 K（88℃）のギ酸（B）が沸騰し，次に 37.1 hPa まで下がると 361 K（88℃）の酢酸（D）が沸騰し，次に 16.5 hPa まで下がると 322 K（49℃）のギ酸（A）が沸騰し，10 hPa まで下がったところで減圧をやめている．したがって，B，D，A の順で沸騰し，C は沸騰しない．

14.4 水 100 g を気化させるには 40.6 kJ/mol $\times (100/18)$mol $= 226$ kJ が必要で，メタノール 200 g を気化させるには 35.2 kJ/mol $\times (200/32)$ mol $= 220$ kJ が必要であり，水 100 g のほうがより大きなエネルギーを要する．

15.1 氷の結晶は水素結合によって水よりも密度が低いため，圧力がかかると体積が小さい水になる．鉄の液体は固体よりも密度が低いため，圧力がかかるとより体積の小さい固体になる．

15.2 氷の結晶中では O と O の間に H があるが，一方の O とは共有結合で距離が短く，もう一方の

173

O とは水素結合で距離が長く，距離の短いほうと分子を形成している．水晶の結晶中では Si と Si のちょうど中間に O があり，どちらも共有結合で区別できず，SiO_2 という分子にはなっていない．

15.3 氷の融解熱によって水の温度が 0℃ まで下がる．18 g（＝1 mol）の水が 50℃ から 0℃ まで下がるため，75 J/K×50 K＝3750 J の融解熱が消費され，融解する氷の量は 18 (g/mol)×3750 (J)/6020 (J/mol)＝11.2 g となる．したがって，18−11.2 g＝6.79 g の氷が残る．

16.1 $\Delta_r G° = -RT \ln K = -32.9\,\text{kJ/mol}$

$\ln K = (32.9×10^3)/(8.314×298) = 13.28$ より $K = 5.85×10^5$

17.1 70℃ の飽和水溶液 400 g 中には 400×47/(100＋47)＝127.9 g の $CuSO_4$ と 400−127.9＝272.1 g の水がある．20℃ に冷却して x(g) の結晶が析出したとすると，この結晶中には x×160/250＝$0.64x$ の $CuSO_4$ と $x-0.64x=0.36x$ の水が含まれる．したがって，20℃ の溶解度は 20 g/100 g ＝(127.9−$0.64x$)/(272.1−$0.36x$) であるので，$x = 129$ g

17.2 溶解度を S とすると，溶解度積は $[Ag^+][Cl^-] = S(S+0.01) = 1.8×10^{-10}$ となる．S は 0.01 mol/L に比べて非常に小さいので無視すると，$S = 1.8×10^{-8}$ mol/L

17.3 最初水溶液中に S が n (mol) 存在し，平衡では $n-x$ (mol) になったとすると，分配係数は $(x/100\,\text{mL})/((n-x)/100\,\text{mL}) = x/(n-x) = 50$ となるので，$x/n = 50/51 = 0.98$，すなわち 98% 回収される．

17.4 式 17.19 より 25.5 mmHg−23.8 mmHg＝25.5 mmHg×0.018 kg/mol×m_2 となり，質量モル濃度 m_2 は 3.70 mol/kg となるから，モル質量は (100 g/kg)/(3.70 mol/kg)＝27 g/mol

17.5 式 17.20 より ΔT_b＝0.51 K・kg/mol×3.70 mol/kg＝1.9 K となるので，沸点は 101.9℃ になる．

18.1 式 18.1 より ΔT_f＝1.85 K・kg/mol×3.70 mol/kg＝6.8 K となるので，凝固点は −6.8℃ になる．

18.2 問題の溶液の質量モル濃度は，$(2.5\,\text{g}/(5×10^5\,\text{g/mol}))/0.100\,\text{kg} = 5×10^{-5}$ mol/kg となる．

(a) 式 18.1 より ΔT_f＝1.85 K・kg/mol×$5×10^{-5}$ mol/kg＝$9×10^{-5}$ K．

(b) 式 17.20 より ΔT_b＝0.51 K・kg/mol×$5×10^{-5}$ mol/kg＝$3×10^{-5}$ K．

(c) 溶液の体積が 100 mL であるのでモル濃度は $5×10^{-5}$ mol/L である．式 18.3 より Π＝$(5×10^{-5}\,\text{mol/L})×(8.3×10^3\,\text{Pa・L}/(\text{K・mol}))×300\,\text{K} = 120$ Pa．

(d) 凝固点降下と沸点上昇は普通の温度計では測定できないほど小さいので，十分な精度で測定できる浸透圧を用いるのが適している．

18.3 硫酸銅水溶液のような真の溶液に光線を当てても，進行方向と垂直のほうから見て光の通路は見えないが，牛乳を薄めたコロイド溶液に光線を当てると，垂直方向から見ても光の通路が輝いて見える．この現象をチンダル現象という．

18.4 疎水コロイドに少量の電解質を加えたときコロイド粒子が凝集して沈殿するのが凝析であり，親水コロイドに多量の電解質を加えたとき沈殿するのが塩析である．

19.1 $[H^+] = 1.3×10^{-3}$ mol/L，pH $= 2.88$

19.2 $[H^+] = [H_2PO_4^-] = 2.3×10^{-2}$ mol/L，$[H_3PO_4] = 7.7×10^{-2}$ mol/L，$[OH^-] = 4.3×10^{-13}$ mol/L，$[HPO_4^{2-}] = 6.3×10^{-8}$ mol/L，$[PO_4^{3-}] = 1.1×10^{-18}$ mol/L

19.3 (a) 酸：CH_3COOH，H_3O^+　　　塩基：H_2O，CH_3COO^-

(b) 酸：H₂O, CH₃COOH　　塩基：CH₃COONa, NaOH

(c) 酸：NH₄⁺, H₃O⁺　　塩基：H₂O, NH₃

19.4 $\alpha = 3.0 \times 10^{-2}$, $[OH^-] = 6.0 \times 10^{-4}$ mol/L

19.5 (a) HNO₃（酸）と NO₃⁻（塩基），H₂O（塩基）と H₃O⁺（酸）

(b) CH₃COOH（酸）と CH₃COO⁻（塩基），H₂O（塩基）と H₃O⁺（酸）

(c) CH₃COOH（酸）と CH₃COO⁻（塩基），NH₃（塩基）と NH₄⁺（酸）

(d) HCO₃⁻（酸）と CO₃²⁻（塩基），H₂O（塩基）と H₃O⁺（酸）

20.1 酢酸：69.2 mL，酢酸ナトリウム：80.8 mL

20.2 $\beta = 7.6 \times 10^{-5}$，$[H^+] = 1.3 \times 10^{-9}$ mol/L，pH = 8.9

20.3 (a) $[H^+] = 1.4 \times 10^{-5}$ mol/L，pH = 4.9　　(b) 0.1

20.4 (a) $[H^+] = 2.3 \times 10^{-5}$ mol/L，pH = 4.6　　(b) 0.0　　(c) 0.1

【第 4 部】

21.1 この物質の時間 t における濃度を [A] とすると，

$$-\frac{d[A]}{dt} = k[A]^n$$

この式を書き換えると，$k\,dt = -\frac{1}{[A]^n}d[A]$

$t=0$ のときの濃度を $[A]_0$ として，0 と t の間，$[A]_0$ と $[A]$ の間で積分すると，

$$k\int_0^t dt = -\int_{[A]_0}^{[A]} \frac{1}{[A]^n}d[A]$$

$$kt = \frac{1}{n-1}\left\{\frac{1}{[A]^{n-1}} - \frac{1}{[A]_0^{n-1}}\right\}$$

$$\therefore k = \frac{1}{t(n-1)}\left\{\frac{1}{[A]^{n-1}} - \frac{1}{[A]_0^{n-1}}\right\}$$

上の式で $[A] = [A]_0/2$，$t = t_{1/2}$（半減期）とおくと，

$$t_{1/2} = \frac{2^{n-1}-1}{k(n-1)[A]_0^{n-1}} \propto \frac{1}{[A]_0^{n-1}}$$

21.2 (a) 二次，$k = 5.84 \times 10^{-2}$ mol⁻¹ L min⁻¹　　(b) $t = 15$ min

21.3 $k = 4.8 \times 10^{-4}$ s⁻¹，$t_{1/2} = 1.44 \times 10^3$ s

22.1 $E = 103.8$ kJ/mol，$t_{1/2} = 50$ s

22.2 $E = 184$ kJ/mol，$A = 6.6 \times 10^{10}$ mol⁻¹ L s⁻¹

23.1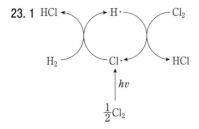

問題の解答

【第5部】

24.1 共通点：いずれもテトラピロール環をもっている.

相違点：金属イオンの種類.クロロフィルでは,テトラピロール環の側鎖に長い疎水性のアルキル基をもつアルコール(フィトール)が結合している.その他にも,細かく見ると異なる点が多数ある.

24.2 酸素原子の酸化数は O_2 が 0,$O_2 \cdot^-$ が $-1/2$,H_2O_2 が -1,H_2O が -2 である.電子を受け取るごとに酸化数は減少する.

24.3 酸素が大気中に放出されたことで好気呼吸ができるようになったこと,酸素が太陽光と反応してオゾン層ができ,その結果有害な紫外線が地上に到達しにくくなったこと,生物の死骸が化石燃料となって地中に埋蔵されたこと,など.

25.1 糖は水溶液中で環状構造と鎖状構造の平衡状態にある.鎖状構造においてホルミル基(アルデヒド構造)をもつ糖は,ホルミル基が還元作用を示すため,還元性を示す.しかし,ホルミル基をもたない糖の場合には,還元性を示さない.

25.2 リン酸部位が電荷をもち,水分子と水素結合を形成することができるため.

26.1 卵の中のタンパク質が熱を加えられた結果,タンパク質の三次構造が変化して凝集する.

26.2 たとえば,グルタミン酸は旨味の元として働く.

27.1 ウラシルとアデニンの間には,チミンとアデニンの間と同様に,2つの水素結合が形成されるため.

【第6部】

28.1 (a) $+3$ (b) $\underline{N}H_4$：-3,$\underline{N}O_3$：$+5$ (c) $+7$

28.2 (a) 還元されている,$+7 \to +2$

(b) どちらでもない,$+1 \to +1$

(c) どちらでもない,$-3 \to -3$

(d) どちらでもない,$+4 \to +4$

(e) 酸化されている,$-1 \to 0$

(f) 酸化も還元もされている(不均化している),$-1 \to -2, 0$

(g) 酸化も還元もされている(不均化している),$0 \to -1, +1$

(h) どちらでもない,$+6 \to +6$

28.3 (a) $Cu^{2+} + H_2 \to Cu + 2H^+$ Cu^{2+} が H_2 によって還元され,H_2 が Cu^{2+} によって酸化された.

(b) $2Ba + O_2 \to 2BaO$ Ba が O_2 によって酸化され,O_2 が Ba によって還元された.

(c) $Cu^{2+} + Zn \to Cu + Zn^{2+}$ Cu^{2+} が Zn によって還元され,Zn が Cu^{2+} によって酸化された.

29.1 式量はそれぞれ,$KAlSi_3O_8$ が 278.3,$MgFeSiO_4$ が 172.2,K_2O が 94.2,Al_2O_3 が 102.0,SiO_2 が 60.1,MgO が 40.3,FeO が 71.8 である.K_2O の重量％＝$60 \times (94.2/2)/278.3$ は 10.2 wt％.Al_2O_3 の重量％＝$60 \times (102.0/2)/278.3 = 11.0$ wt％.SiO_2 の重量％＝$60 \times 3 \times 60.1/278.3 + 40 \times 60.1/172.2 = 52.8$ wt％.MgO の重量％＝$40 \times 40.3/172.2 = 9.4$ wt％.FeO の重量％＝$40 \times 71.8/172.2 = 16.7$

wt%.

29.2 密度 $2.0\,g/cm^3$ のため，1 g では $0.5\,cm^3=500\,mm^3$ の体積である．1 mm の立方体の体積は $1\,mm^3$ で，表面積は $6\,mm^2$ であり，1 g の粒子の数は $500/1=500$ 個のため，比表面積は $6\times500=3000\,mm^2/g=0.003\,m^2/g$．0.1 mm の立方体の体積は $0.001\,mm^3$ で，表面積は $0.06\,mm^2$ であり，1 g の粒子の数は $500/0.001=500000$ 個のため，比表面積は $0.06\times500000=30000\,mm^2/g=0.03\,m^2/g$．0.01 mm の立方体の体積は $1\times10^{-6}\,mm^3$ で，表面積は $6\times10^{-4}\,mm^2$ であり，1 g の粒子の数は $500/(1\times10^{-6})=5\times10^8$ 個のため比表面積は $6\times10^{-4}\times5\times10^8=3\times10^5\,mm^2/g=0.3\,m^2/g$．立方体や球状など，形状を問わず，粒子サイズと比表面積は反比例する．

29.3 1.00 cm の見かけの体積に対し，充填率 74% の粒子の体積は $0.74\,cm^3$ である．0.95 cm の立方体の体積は $0.95^3=0.857\,cm^3$ である．したがって焼結後の充填率は $100\times0.74/0.857=86.3\%$

29.4 結晶における光の散乱は結晶同士の境目である粒界や，内部に空気などが入ることで起こる．宝石に用いられるダイヤモンドは単結晶であり，粒界がないため光の散乱が起こらず，透明である．結晶性の物質を透明にするには粒界を減らす必要があり，ガラスのような非晶質に比べて透明化が難しい．

30.1 $CuFeS_2$ の式量 183.52，Cu の原子量 63.55 から，90 wt% の黄鉄鉱に含まれる Cu は $1000\times0.9\times63.55/183.52=311.7\,kg$ である．粗銅中の銅の純度が 98% であり，粗銅の質量は $311.7\times100/98=318.1\,kg$

30.2 ハロゲン化銀の銀は Ag^+ であり，光によって Ag へと還元される．Ag よりもイオン化傾向の大きい Cu や Fe では還元反応は起こりにくく，わずかな光だけで金属へと還元できない．Au はイオン化傾向が小さくその塩は光によって還元され Au となるが，イオン化傾向が小さすぎるため Au の塩をつくることが困難である．

30.3 $2Fe_2O_3+3C\rightarrow4Fe+3CO_2$．1 kg の Fe_2O_3 は $1000/159.7=6.26\,mol$ なので，必要な C は $6.26\times3/2=9.39\,mol$．よって必要な C の質量は $9.39\times12.01=112.8\,g$．

31.1 $H_2+2AgCl(s)\rightarrow2H^++2Cl^-+2Ag$

31.2 $Cu|Cu^{2+}||Cl^-|Cl_2(g),Pt,\ E^{\ominus}=1.023\,V$

31.3 $2Ag+Cl_2(g)\rightarrow2AgCl(s)$

31.4 $Pt|Fe(CN)_6^{4-},\ Fe(CN)_6^{3-}||I^-|I_2(s),Pt,\ E^{\ominus}=0.176\,V$

31.5 (a) 左側の電極：$Cu\rightarrow Cu^{2+}(aq)+2e^-$

右側の電極：$2H^+(aq)+2e^-\rightarrow H_2(g)$

(b) $Cu+2H^+(aq)\rightarrow Cu^{2+}(aq)+H_2(g)$

32.1 陽極：酸素，陰極：水素

32.2 (a) 386 C，(b) 0.127 g，(c) 22.4 mL

32.3 陽極：酸素 1.12 L，陰極：銀 21.6 g

32.4 9.7×10^2 秒

33.1 シクロプロパンの $C-C-C$ 結合角は，sp^3 混成軌道から形成される角度より小さく，歪みが大きい．これに対して，シクロヘキサンの $C-C-C$ 結合角は，sp^3 混成軌道から形成される角度

と等しくなり，歪みがないため．

33.2 フランの酸素原子上の孤立電子対が共鳴に寄与するために，π電子数が6であり，ヒュッケル則を満たすため．

34.1 分子間力が増加するため．

34.2 *tert*-ブチルアルコール．

35.1 4.0×10^3 個．

35.3 高分子化合物中に水酸基があるため．

【第7部】

36.1 地熱発電は地球内部が高温であり，その熱を利用する．地球内部が高温である主な理由は，寿命の長い放射性同位体の核分裂反応が，地球ができたときから現在まで起き続けているためであり，太陽光がエネルギー源ではないが，十分に長期間利用できるため再生可能エネルギーと見なせる．

36.2 価電子が4つであるSiに対して，価電子が3つのBが不純物として含まれると，電子が足りないため正孔が存在し，p型半導体となる．これに対し，価電子が5つのPでは電子が余り，n型半導体となる．そのため，Bが含まれるシリコンが正極，Pが含まれるシリコンが負極となる．

36.3 $E = mc^2 = 0.10 \times 10^{-3}\,\text{kg} \times (3.0 \times 10^8\,\text{m/s})^2 = 9.0 \times 10^{12}\,\text{kg·m}^2 \cdot \text{s}^{-2} = 9.0 \times 10^{12}\,\text{J}$

37.1 光量はカラーフィルターで3分の1に減少し，偏向板で半分になるため6分の1となる．したがって白色の表示部分は6分の1の光が外部へ放出される．青・緑・赤の表示部分はその3分の1であり，18分の1が外部に出てくる．黒の表示部分は光の放出はない．よって$100 \times \{(1/6) + 3 \times (1/18) + 0\}/5 = 6.67\%$

37.2 光触媒は光を吸収して価電子帯から伝導帯に電子が励起するため，いずれの光触媒も半導体になる．バンドギャップが小さいほどより多くの光が利用できるが，酸化力と還元力が弱くなる．TiO_2は白色で可視光を吸収しないため，利用できる光の量は少ないが酸化力と還元力が高い．WO_3は黄色で紫外光に加えて青色光が利用でき，利用できる光の量が多いが酸化力と還元力は小さい．

37.3 加熱することにより分子運動が活発になり，分子の配向がなくなるため．

37.4 エステル結合をもっているので，ポリカーボネートは加水分解してしまうため．最終的には，ビスフェノールAと二酸化炭素に分解する．

38.1 シリコーンのSi–O結合の結合エネルギーが，炭素を基本とした他の合成ゴム中のC–C結合の結合エネルギーよりも大きいため．

付録

1 基本的な単位

基本単位

量	単位名	記号
長さ	メートル	m
質量	キログラム	kg
時間	秒	s
電流	アンペア	A
熱力学温度	ケルビン	K
物質量	モル	mol
光度	カンデラ	cd

その他の単位

量	単位名	記号	単位の間の関係
振動数（周波数）	ヘルツ	Hz	$1\,Hz = 1/s$
力	ニュートン	N	$1\,N = 1\,kg\,m/s^2$
圧力	パスカル	Pa	$1\,Pa = 1\,N/m^2$
仕事（エネルギー）	ジュール	J	$1\,J = 1\,N\,m$
仕事率	ワット	W	$1\,W = 1\,J/s$
体積	リットル	L	$1\,L = 1\,dm^3$

2 単位の 10^n の接頭語

名称	記号	大きさ
ペタ（peta）	P	10^{15}
テラ（tera）	T	10^{12}
ギガ（giga）	G	10^9
メガ（mega）	M	10^6
キロ（kilo）	k	10^3
ヘクト（hecto）	h	10^2
デシ（deci）	d	10^{-1}
センチ（centi）	c	10^{-2}
ミリ（milli）	m	10^{-3}
マイクロ（micro）	μ	10^{-6}
ナノ（nano）	n	10^{-9}
ピコ（pico）	p	10^{-12}
フェムト（femto）	f	10^{-15}

付録

3 定数表

物理量	数値*	単位
真空中の光の速さ (c)	2.99792458×10^{8}	m/s
プランク定数 (h)	6.62607015×10^{-34}	kg m^2/s
電気素量 (e)	$1.602176634\times10^{-19}$	C
電子の質量 (m_e)	$9.1093837105(28)\times10^{-31}$	kg
陽子の質量 (m_p)	$1.67262192369(51)\times10^{-27}$	kg
中性子の質量 (m_n)	$1.67492749804(95)\times10^{-27}$	kg
リュードベリ定数 (R_∞)	$1.0973731568160(21)\times10^{7}$	m^{-1}
ボーア半径 (a_0)	$0.529177210903(80)\times10^{-10}$	m
アボガドロ定数 (N_A)	6.02214076×10^{23}	mol^{-1}
ファラデー定数 (F)	9.648533212×10^{4}	C/mol
ボルツマン定数 (k_B)	1.380649×10^{-23}	J/K
気体定数 (R)	8.314462618	J/(K mol)
理想気体 $(0℃, 1\,\mathrm{atm})$ のモル体積	$22.41410(19)$	dm^3/mol

*括弧内の数値は，最後の桁につく標準不確かさを示す．
　たとえば，リュードベリ定数は $10973731.568160\pm0.000021$ m^{-1} である．

4 単位換算表

長さ	$1\,\text{Å(オングストローム)}=0.1\,\text{nm}=1\times10^{-10}\,\text{m}=1\times10^{-8}\,\text{cm}$
圧力	$1\,\text{atm(気圧)}=1.01325\,\text{bar}=1.01325\times10^{5}\,\text{Pa}=1013.25\,\text{hPa}=760\,\text{mmHg(Torr)}$
温度	$0℃\text{(セ氏温度)}=273.15\,\text{K}$
双極子モーメント	$1\,\text{D(デバイ)}=3.33564\times10^{-30}\,\text{C m}$
エネルギー	$1\,\text{cal}=4.184\,\text{J}$
	$1\,\text{eV}=1.6022\times10^{-19}\,\text{J}$

付録

5 4桁の原子量表

(元素の原子量は，質量数 12 の炭素（^{12}C）を 12 とし，これに対する相対値とする。)

本表は，実用上の便宜を考えて，国際純正・応用化学連合（IUPAC）で承認された最新の原子量に基づき，日本化学会原子量専門委員会が独自に作成したものである。本来，同位体存在度の不確定さは，自然に，あるいは人為的に起こりうる変動や実験誤差のために，元素ごとに異なる。従って，個々の原子量の値は，正確度が保証された有効数字の桁数が大きく異なる。本表の原子量を引用する際には，このことに注意を喚起することが望ましい。

なお，本表の原子量の信頼性は亜鉛の場合を除き有効数字の 4 桁目で±1 以内である。また，安定同位体がなく，天然で特定の同位体組成を示さない元素については，その元素の放射性同位体の質量数の一例を（ ）内に示した。従って，その値を原子量として扱うことは出来ない。

原子番号	元　素　名	元素記号	原子量	原子番号	元　素　名	元素記号	原子量
1	水　　　素	H	1.008	60	ネ オ ジ ム	Nd	144.2
2	ヘ リ ウ ム	He	4.003	61	プロメチウム	Pm	(145)
3	リ チ ウ ム	Li	6.941†	62	サ マ リ ウ ム	Sm	150.4
4	ベ リ リ ウ ム	Be	9.012	63	ユ ウ ロ ピ ウ ム	Eu	152.0
5	ホ ウ 素	B	10.81	64	ガ ド リ ニ ウ ム	Gd	157.3
6	炭　　　素	C	12.01	65	テ ル ビ ウ ム	Tb	158.9
7	窒　　　素	N	14.01	66	ジスプロシウム	Dy	162.5
8	酸　　　素	O	16.00	67	ホ ル ミ ウ ム	Ho	164.9
9	フ ッ 素	F	19.00	68	エ ル ビ ウ ム	Er	167.3
10	ネ オ ン	Ne	20.18	69	ツ リ ウ ム	Tm	168.9
11	ナ ト リ ウ ム	Na	22.99	70	イッテルビウム	Yb	173.0
12	マ グ ネ シ ウ ム	Mg	24.31	71	ル テ チ ウ ム	Lu	175.0
13	ア ル ミ ニ ウ ム	Al	26.98	72	ハ フ ニ ウ ム	Hf	178.5
14	ケ イ 素	Si	28.09	73	タ ン タ ル	Ta	180.9
15	リ ン	P	30.97	74	タ ン グ ス テ ン	W	183.8
16	硫　　　黄	S	32.07	75	レ ニ ウ ム	Re	186.2
17	塩　　　素	Cl	35.45	76	オ ス ミ ウ ム	Os	190.2
18	ア ル ゴ ン	Ar	39.95	77	イ リ ジ ウ ム	Ir	192.2
19	カ リ ウ ム	K	39.10	78	白　　　金	Pt	195.1
20	カ ル シ ウ ム	Ca	40.08	79	金	Au	197.0
21	ス カ ン ジ ウ ム	Sc	44.96	80	水　　　銀	Hg	200.6
22	チ タ ン	Ti	47.87	81	タ リ ウ ム	Tl	204.4
23	バ ナ ジ ウ ム	V	50.94	82	鉛	Pb	207.2
24	ク ロ ム	Cr	52.00	83	ビ ス マ ス	Bi	209.0
25	マ ン ガ ン	Mn	54.94	84	ポ ロ ニ ウ ム	Po	(210)
26	鉄	Fe	55.85	85	ア ス タ チ ン	At	(210)
27	コ バ ル ト	Co	58.93	86	ラ ド ン	Rn	(222)
28	ニ ッ ケ ル	Ni	58.69	87	フ ラ ン シ ウ ム	Fr	(223)
29	銅	Cu	63.55	88	ラ ジ ウ ム	Ra	(226)
30	亜　　　鉛	Zn	65.38*	89	ア ク チ ニ ウ ム	Ac	(227)
31	ガ リ ウ ム	Ga	69.72	90	ト リ ウ ム	Th	232.0
32	ゲ ル マ ニ ウ ム	Ge	72.63	91	プロトアクチニウム	Pa	231.0
33	ヒ 素	As	74.92	92	ウ ラ ン	U	238.0
34	セ レ ン	Se	78.97	93	ネ プ ツ ニ ウ ム	Np	(237)
35	臭　　　素	Br	79.90	94	プ ル ト ニ ウ ム	Pu	(239)
36	ク リ プ ト ン	Kr	83.80	95	ア メ リ シ ウ ム	Am	(243)
37	ル ビ ジ ウ ム	Rb	85.47	96	キ ュ リ ウ ム	Cm	(247)
38	ストロンチウム	Sr	87.62	97	バ ー ク リ ウ ム	Bk	(247)
39	イ ッ ト リ ウ ム	Y	88.91	98	カリホルニウム	Cf	(252)
40	ジ ル コ ニ ウ ム	Zr	91.22	99	アインスタイニウム	Es	(252)
41	ニ オ ブ	Nb	92.91	100	フ ェ ル ミ ウ ム	Fm	(257)
42	モ リ ブ デ ン	Mo	95.95	101	メンデレビウム	Md	(258)
43	テクネチウム	Tc	(99)	102	ノ ー ベ リ ウ ム	No	(259)
44	ル テ ニ ウ ム	Ru	101.1	103	ローレンシウム	Lr	(262)
45	ロ ジ ウ ム	Rh	102.9	104	ラザホージウム	Rf	(267)
46	パ ラ ジ ウ ム	Pd	106.4	105	ド ブ ニ ウ ム	Db	(268)
47	銀	Ag	107.9	106	シ ー ボ ー ギ ウ ム	Sg	(271)
48	カ ド ミ ウ ム	Cd	112.4	107	ボ ー リ ウ ム	Bh	(272)
49	イ ン ジ ウ ム	In	114.8	108	ハ ッ シ ウ ム	Hs	(277)
50	ス ズ	Sn	118.7	109	マ イ ト ネ リ ウ ム	Mt	(276)
51	ア ン チ モ ン	Sb	121.8	110	ダームスタチウム	Ds	(281)
52	テ ル ル	Te	127.6	111	レントゲニウム	Rg	(280)
53	ヨ ウ 素	I	126.9	112	コペルニシウム	Cn	(285)
54	キ セ ノ ン	Xe	131.3	113	ニ ホ ニ ウ ム	Nh	(278)
55	セ シ ウ ム	Cs	132.9	114	フ レ ロ ビ ウ ム	Fl	(289)
56	バ リ ウ ム	Ba	137.3	115	モ ス コ ビ ウ ム	Mc	(289)
57	ラ ン タ ン	La	138.9	116	リ バ モ リ ウ ム	Lv	(293)
58	セ リ ウ ム	Ce	140.1	117	テ ネ シ ン	Ts	(293)
59	プ ラ セ オ ジ ム	Pr	140.9	118	オ ガ ネ ソ ン	Og	(294)

†：市販品中のリチウム化合物のリチウムの原子量は 6.938 から 6.997 の幅をもつ。
*：亜鉛に関しては原子量の信頼性は有効数字 4 桁目で±2 である。

©2017 日本化学会　原子量専門委員会

年表 化学に関する主なできごと

138 億年前	ビッグバン（宇宙の誕生）
	原子や物質が生まれる
46 億年前	太陽系ができる
40 億年前	地球上に生命が誕生
35 億年前頃	シアノバクテリア（ラン藻）が光合成を始める
	酸素が大気中に放出され，オゾン層ができる
	好気呼吸する生物が出現
20 万年前	人類が誕生
	石器の使用（旧石器時代）
	火の使用
1 万年前	農耕や牧畜が始まる（新石器時代）
	中国で土器がつくられる
紀元前 3500 年頃	エジプト・メソポタミアで青銅が造られる（青銅器時代）
紀元前 1400 年頃	ヒッタイト人が鉄を製造（鉄器時代）
紀元前 400 年頃	デモクリトスが原子論を唱える

紀元

中世のヨーロッパで錬金術が発展する

1662 年	ボイルの法則
1789 年	ラヴォアジエが「化学原論」を出版（近代化学の始まり）
1800 年	ボルタが電堆を発明
1803 年	ドルトンの原子説
1811 年	アボガドロの法則
1828 年	ウェーラーが尿素を人工的に合成
1833 年	ファラデーの電気分解の法則
1869 年	メンデレーエフが元素の周期表を作成
1887 年	アレニウスの電離説
1897 年	アスピリンの合成（人工合成された初めての医薬品）
1898 年	キュリー夫妻によってラジウムが発見される
1911 年	ハーバー・ボッシュ法によるアンモニアの合成
1913 年	ボーアの原子模型
1926 年	シュタウディンガーの高分子説
1926 年	シュレーディンガーの波動方程式
1939 年	ポーリングが「The Nature of the Chemical Bond」を著作
1953 年	ワトソンとクリックが DNA の二重らせん構造を提唱
1956 年	サンガーがインスリンのアミノ酸配列を決定
1968 年	本多–藤嶋効果が発表される
1972 年	岸義人がふぐ毒のテトロドトキシンの全合成に成功
1979 年	鈴木–宮浦クロスカップリング反応
1991 年	飯島澄男がカーボンナノチューブを再発見
1991 年	ソニーでリチウムイオン二次電池が商品化
2004 年	森田浩介がニホニウムを発見

索　引

【英数字】

^{14}C 年代測定法, 5
1 電子近似, 10
3 中心 2 電子結合, 23
Born-Oppenheimer 近似, 3
D-アミノ酸, 110
d 軌道, 9, 158
f 軌道, 9, 158
NO_x, 167
n 型半導体, 154
O_3, 167, 168
pn 接合, 154
p 型半導体, 154
SHE, 133
S_N1 反応, 144
S_N2 反応, 144
SO_x, 166
sp^2 混成, 33, 63
sp^3 混成, 33, 63
sp 混成, 33
UV-A, 168
UV-B, 168
UV-C, 168
π 結合, 34
π 電子, 34
σ 結合, 34

【あ】

アインシュタイン, 2, 7
青色 LED, 158
アクチノイド, 17
アクリル繊維, 150
アゴニスト, 162
アスピリン, 143
アセチルサリチル酸, 143
アセトアルデヒド, 166
圧力, 43
アボガドロ定数, 48
アボガドロの法則, 55
アミノ酸, 110
アミラーゼ, 113
アモルファス, 21, 62
アルカリ, 81
アルカリ金属, 16
アルカリ性, 81
アルカリ土類金属, 16
アルカン, 141

アルキン, 143
アルケン, 142
アルミナ, 138, 164
アレニウス, 78, 93
アレニウスの式, 93
アンタゴニスト, 162
安定同位体, 4

【い】

硫黄化合物, 166
イオン液体, 20
イオン化エネルギー, 7, 15, 16, 20, 24
イオン化傾向, 130
イオン結合, 20, 24
イオン結晶, 20, 24, 124
イオン伝導, 136
イオン半径, 24
イタイイタイ病, 166
一次電池, 135
一次反応, 88
一酸化炭素, 130
陰極, 136
インバー, 131

【う】

ウィッティヒ反応, 147
ウェーラー, 140
ウラン, 156
運動エネルギー, 46

【え】

永久双極子, 30
液間電位差, 133
液晶, 159
液晶ディスプレイ, 158
液相, 44
液体, 42
液体窒素, 60
エネルギー, 46
エネルギー等分配の法則, 48
エネルギー変換効率, 155
エネルギー保存則, 46
塩化メチル水銀, 166
塩基, 81
塩基解離定数, 80
塩基触媒反応, 94
塩基性, 81

塩基性塩, 84
塩基性炭酸銅, 129
エンジニアリングプラスチック, 160
延性, 37
塩析, 76
エンタルピー, 47
エンタルピー変化, 48
エントロピー, 50
エントロピー増大則, 50
塩の加水分解, 83

【お】

黄銅鉱, 129
オクテット則, 29
オストワルドの希釈律, 80
オゾン, 167, 168
オゾン層, 102
温室効果, 154
温室効果ガス, 168
温度, 43

【か】

外界, 51
開殻, 12
開環重合, 149
会合コロイド, 76
開始反応, 98
海水の淡水化, 74
解糖系, 109
開放系, 53
界面活性, 77
界面活性剤, 76
解離平衡, 67
化学結合, 20
化学式, 23
化学反応式, 23
化学平衡, 66
化学平衡の法則, 66
鏡, 128
可逆反応, 66
核, 65
核酸, 104
核生成, 65
角閃石, 124
核分裂反応, 156
核融合反応, 157
化合物, 6

183

索　引

加水分解定数, 83
加水分解度, 83
火成岩, 124
化石燃料, 105, 154
活性化エネルギー, 93
活性化状態, 92
活性錯体, 95
活性酸素, 103
褐鉄鉱, 130
過電圧, 155
価電子, 15
価電子帯, 155, 159
カドミウム, 166
カラーフィルター, 158
ガラス, 64, 127
火力発電, 154
カルコゲン元素, 16
カルボカチオン, 146
過冷却, 59, 65
岩塩, 124
還元, 121
還元剤, 121
還元電位, 134
緩衝液, 82
緩衝作用, 82
岩石, 124
かんらん石, 124
乾留, 140

【き】
気圧, 54
気圧差, 154
擬一次反応, 91
気液平衡, 58
規格直交性, 8
貴ガス元素, 15, 16
気化熱, 22
基質特異性, 113
基準電極, 133
岸義人, 144
輝石, 124
気相, 44
気体, 42
気体定数, 55
気体の状態方程式, 55
拮抗薬, 162
基底状態, 7
起電力, 132
希土類元素, 17
機能材料, 125
ギブズエネルギー, 51

ギブズエネルギー変化, 51
逆浸透法, 74
逆反応, 66
キャリア, 155
求核置換反応, 144
求核付加反応, 145
求電子置換反応, 144
求電子付加反応, 145
吸熱反応, 48
キュリー, 4
共役塩基, 78
共役酸, 79
凝固点, 65
凝固点降下, 74
凝固点降下定数, 74
凝縮系, 55, 58
凝析, 76
協奏反応, 146
共通イオン効果, 71
強電解質, 79
共有結合, 21, 28
共有結合の結晶, 21, 63
共有電子対, 29
極性, 31
極性分子, 31
金, 128
銀, 128
均一触媒, 94
均一触媒反応, 94
銀塩写真, 128
金属, 36
金属結合, 22, 37
金属のイオン化傾向, 132
金属のイオン化列, 132

【く】
空乏層, 155
クーロン引力, 62
クーロン斥力, 62
屈折率, 11
グラファイト, 63
グリコシド結合, 108
グリセリン, 106
グリニャール反応, 147
グルコース, 102
黒雲母, 124
クロロフィル, 103

【け】
系, 51
蛍光体, 125, 158

ケイ素鋼, 131
結合エネルギー, 22, 28
結合距離, 22
結晶, 62
結晶構造, 36
結晶成長, 65
原系, 48
原子核, 2
原子軌道, 8
原子スペクトル, 6
原子説, 2
原子量, 4
原子力発電, 156
元素, 3
元素の周期表, 14

【こ】
鋼, 131
光化学反応, 98
硬化油, 106
好気呼吸, 103
合金, 129
光合成, 102
格子エネルギー, 20, 26
酵素, 113
構造材料, 125
光速, 156
酵素反応, 99
光電効果, 6
鉱物, 124
高分子, 21
高分子化合物, 148
高密度ポリエチレン, 150
コークス, 130
呼吸, 102
黒体輻射, 169
固相, 44
固体, 42
骨軟化症, 166
コバール, 131
コポリマー, 149
ゴム, 151
孤立系, 53
孤立電子対, 22
コレステリック液晶, 160
コレステロール, 107
コロイド, 75
コロイド溶液, 75
コンクリート, 125, 126
混合物, 44
混成軌道, 33

184

索　引

【さ】

サーマル NO_x, 167
再生可能エネルギー, 154
砂金, 128
作動薬, 162
酸, 81
酸化, 120
酸解離指数, 80
酸解離定数, 80
酸化還元反応, 121
酸化剤, 120
酸化数, 122, 123
酸化電位, 134
酸化皮膜, 164
酸化物, 120
三重結合, 21, 34
三重点, 44
酸触媒反応, 94
酸性, 81
酸性雨, 166
酸性塩, 84

【し】

シェールガス, 140
紫外線, 168
磁器, 125
示強性, 44
磁気量子数, 9
シクロアルカン, 141
仕事, 46
脂質, 104
指示薬, 84
指示薬定数, 85
磁性体, 125
自然銅, 129
実在気体, 56
質量欠損, 2
質量パーセント濃度, 70
質量モル濃度, 70
磁鉄鉱, 130
脂肪, 106
脂肪酸, 106
ジボラン, 23
弱電解質, 79
写真, 128
シャルルの法則, 55
重縮合, 148
充電, 135
自由電子, 22, 37
充塡率, 36
シュタウディンガー, 148

【す】

主量子数, 8
シュレーディンガー, 8, 102
純物質, 44
昇華, 63
昇華曲線, 44
蒸気圧, 58, 72
蒸気圧曲線, 44, 59
蒸気圧降下, 72
焼結, 125
硝酸, 166
状態図, 44
蒸発熱, 47, 60
照明, 158
縄文土器, 125
蒸留, 60
自溶炉, 129
触媒, 93, 125, 166
触媒サイクル, 99
触媒反応, 94
白川英樹, 149
シリコーン, 164
シリコン型太陽電池, 154
示量性, 44
神経障害疾患, 166
人工透析, 165
親水コロイド, 75
浸透, 74
浸透圧, 74
真の溶液, 75
人名反応, 147

【す】

水銀, 166
水晶, 63
水素イオン指数, 81
水素結合, 42, 61
水素原子, 3
錐体細胞, 158
水力発電, 154
水和反応, 126
スーパーエンジニアリングプラスチック, 161
スズ, 129
鈴木・宮浦クロスカップリング, 147
鈴木カップリング反応, 99
ステンレス鋼, 131
スピン磁気量子数, 11
スメクティック液晶, 160
スラグ, 129, 130

【せ】

正塩, 84
制御棒, 156
生成エンタルピー, 49
生成系, 48
生体適合材料, 164
生体分子, 104
成長反応, 98
青銅, 129
青銅器時代, 128
正反応, 66
生物濃縮, 166
生分解性プラスチック, 161
石英, 124
石英ガラス, 63, 127
赤外線, 169
石炭, 105, 140, 154
赤鉄鉱, 130
石油, 105, 140, 154
セ氏温度, 55
絶縁体, 39
石灰岩, 124, 126
石灰石, 130
石器, 124
石膏, 126
接触反応, 94
絶対温度, 43, 55
セメント, 126
セラミックス, 125
セルフクリーニング機能, 159
セルロース, 109
閃亜鉛鉱, 166
遷移元素, 17
遷移状態, 92
遷移状態理論, 95
旋光度, 11
染色体, 116
銑鉄, 130

【そ】

相, 44
双極子モーメント, 30
相図, 44
ソーダ石灰ガラス, 127
束一的性質, 73, 74
速度式, 89
速度定数, 88
疎水コロイド, 75
疎水相互作用, 77
組成式, 23
粗銅, 129

185

索　引

素反応, 96

【た】

タービン, 154
大気, 56, 102
体心立方構造, 36
体積, 43
堆積岩, 124
ダイヤモンド, 63
太陽電池, 154
タイル, 125
多結晶, 64
多段階反応, 96
脱離反応, 146
脱硫, 167
ダニエル電池, 133, 135
ダム, 154
単結合, 21, 34
単結晶, 64
炭酸, 166
単純立方構造, 36
炭水化物, 102
炭素鋼, 131
単体, 6
タンパク質, 104, 112
単量体, 149

【ち】

置換反応, 144
地球温暖化, 168
蓄電池, 135
チタン, 164
チタン合金, 164
窒素酸化物, 167
チトクローム, 103
中性子, 2
中和滴定, 83
中和熱, 82
中和反応, 82
超ウラン元素, 5
長石, 124
超臨界流体, 45
チンダル現象, 75

【て】

ディールズ・アルダー反応, 147
停止反応, 98
定常状態法, 97
ディスプレイ, 158
低密度ポリエチレン, 150
滴定曲線, 84

鉄, 130
鉄器時代, 128
鉄鉱石, 130
鉄族元素, 17
テトロドトキシン, 144
転位反応, 146
電解, 136
電解質, 67, 79
電解質溶液, 155
電解精錬, 138
電荷数, 137
電気陰性度, 30
電気素量, 2
電気伝導性, 37
電気伝導率, 128
電気分解, 129, 136
電極系, 133
電極電位, 133
典型元素, 16
電子, 2
電子雲, 3
電子親和力, 20, 24
電子スピン, 11
電子スピン共鳴, 11
電子相関, 10
電子対反発モデル, 29
電子配置, 12
展性, 37
伝達物質, 162
電池, 132
電池式, 133
伝導帯, 155, 159
天然ガス, 105, 141, 154
デンプン, 108
電離, 79
電離度, 79
電離平衡, 67, 79
電量計, 138
転炉, 129, 130

【と】

銅, 129
同位体, 3, 157
陶器, 125
同素体, 6
等電点, 111
糖類, 104, 108
土器, 125
ドライアイス, 63
トランス脂肪酸, 106
ドルトン, 2

【な】

内部エネルギー, 46
ナトリウムのD線, 11
鉛蓄電池, 135
軟化点, 127

【に】

二酸化ケイ素, 63
二酸化チタン, 158
二次電池, 135
二次反応, 89
二重結合, 21, 34
ニホニウム, 5
ニュートン, 54

【ぬ】

ヌクレオチド, 114

【ね】

熱, 46
熱エネルギー, 46
熱可塑性樹脂, 151
熱硬化性樹脂, 151
熱伝導性, 37
熱伝導率, 128
熱膨張係数, 127
熱力学, 46
熱力学第1法則, 46
熱力学第2法則, 50
ネマティック液晶, 159
燃焼反応, 120
燃料電池, 155
燃料電池自動車, 155

【の】

濃度平衡定数, 66

【は】

配位結合, 23
配位数, 25
バイオマス, 154
排除体積, 57
パウリの排他原理, 12
鋼, 131
白色LED, 158
白色発光ダイオード, 158
パスカル, 54
白金族元素, 17
バックライト, 158
発光材料, 158
発電機, 154

索　引

発熱反応, 48
波動方程式, 8
ハモンドの仮説, 95
ハロゲン化銀, 128
ハロゲン化炭化水素, 168
ハロゲン元素, 15, 16
半減期, 5, 89
半電池, 133
半導体, 39, 159
半透膜, 74, 165
バンドギャップ, 159
反応ギブズエネルギー, 69
反応経路, 92
反応座標, 92
反応次数, 88
反応速度, 88
反応中間体, 96
反応熱, 47

【ひ】
光触媒, 158
光触媒作用, 159
光触媒反応, 159
光の三原色, 158
非共有電子対, 29
非局在化, 35
非晶質, 62
ヒスタミン, 163
非電解質, 67, 79
ヒドロニウムイオン, 78
比表面積, 126
ヒュッケル則, 143
標準起電力, 137
標準ギブズエネルギー変化, 137
標準水素電極, 133
標準生成エンタルピー, 49
標準電極電位, 134
標準反応ギブズエネルギー, 69
氷晶石, 139
表面エネルギー, 126
表面張力, 126

【ふ】
ファラデー, 120, 140
ファラデー定数, 137
ファラデーの法則, 137
ファンデルワールスの状態方程式, 56
ファンデルワールス力, 42
ファントホッフの式, 75
風力発電, 154
フェノール樹脂, 150

付加重合, 149
付加反応, 145
不均一触媒, 94
不均一触媒反応, 94
複合反応, 96
不対電子, 11, 12
物質の三態, 42
物質量, 48
沸点, 60
沸点上昇, 73
沸点上昇定数, 73
沸騰, 60
不働態, 164
フューエル NO_x, 167
ブラウン運動, 75
プランク定数, 7
フリーズドライ, 60
ブレンステッド塩基, 78
ブレンステッド酸, 78
プロスタグランジン, 106
プロトン供与体, 78
プロトン受容体, 78
フロン, 168
分圧, 56
分極, 30
分散コロイド, 75
分散相, 75
分散媒, 75
分子間力, 28, 56
分子軌道法, 32
分子結晶, 21, 63
分子コロイド, 76
分子式, 23
フントの規則, 12
分配係数, 71
分配比, 71
分配平衡, 71

【へ】
閉殻, 12
平均分子量, 148
平衡移動, 67
平衡状態, 50
平衡定数, 66
平衡反応, 67
閉鎖系, 53
ベークランド, 148
ベースメタル, 130
ヘスの法則, 49
ペプチド結合, 111
ヘム, 103

偏光板, 158
変成岩, 124
ヘンリーの法則, 72
ヘンリーの法則の定数, 72

【ほ】
ボイルの法則, 54
方位量子数, 9
ホウケイ酸ガラス, 127
芳香族化合物, 143
放射性同位体, 4
放射性廃棄物, 157
放射能, 4, 17
放射能汚染, 157
放電, 134
飽和蒸気圧, 58
飽和溶液, 70
ボーア, 7
ボーア半径, 7, 9
ボーキサイト, 138
保護コロイド, 76
ポテンシャルエネルギー, 46
ホモポリマー, 149
ポリアセチレン, 149
ポリ乳酸, 161
ポリマー, 148
ボルタ, 132
ボルタ電池, 132, 135
ボルツマン定数, 48
ポルトランドセメント, 126
ボルン–ハーバーサイクル, 26

【ま】
マーデルング定数, 27
マグマ, 124
マット, 129
マルコフニコフ則, 145
マントル, 124

【み】
水のイオン積, 81
水の電気分解, 155
ミセル, 76
ミトコンドリア, 102, 103
水俣病, 166

【む】
無極性分子, 31
無色鉱物, 124

187

索　引

【め】
メタン，168
メチル水銀，166
面心立方構造，36
メンデレーエフ，14

【も】
モノマー，149
モル濃度，70
モル分率，70

【や】
弥生土器，125

【ゆ】
融解曲線，44
融解熱，47, 64
融解平衡，64
有機水銀，166
有機水銀化合物，166
誘起双極子，42
有色鉱物，124
誘電体，125
釉薬，125
ユーロピウム，158
油脂，106

【よ】
溶液，70

溶解度，70, 72
溶解度積，71
溶解平衡，67, 70, 71
陽極，136
陽極泥，138
溶鉱炉，130
陽子，2
溶質，70
ヨウ素，63
溶媒，70
溶融塩，20
溶融塩電解，138
葉緑体，102, 103

【ら】
ラウールの法則，72
ラザフォード，3
ラジカル重合，98
乱雑さ，52
ランタノイド，17

【り】
理想気体，56
理想希薄溶液，73
理想溶液，72
リチウムイオン電池，135, 156
リチウムイオン二次電池，135
律速段階，96
立方最密充填構造，36

粒界，64
硫酸，166
流体，58
リュードベリ定数，6
両親媒性，76
臨界点，45
臨界ミセル濃度，76
リン脂質，107

【る】
ル・シャトリエの原理，68
ルイス，78

【れ】
励起状態，7
レンガ，125
連鎖反応，98, 156

【ろ】
ローンペア，22
緑青，129
六方最密充填構造，36

【わ】
ワトソン-クリック塩基対，115

［著者紹介］

岩岡道夫（いわおか みちお）
1989 年　東京大学大学院理学系研究科化学専攻博士課程中退
現　在　東海大学理学部化学科　教授 博士（理学）
専　門　有機化学
主　著　現代有機硫黄化学　基礎から応用まで（共著），化学同人（2014）
　　　　Organoselenium Chemistry: Synthesis and Reactions（共著），Wiley-VCH Verlag GmbH（2012）

藤尾克彦（ふじお かつひこ）
1991 年　名古屋大学大学院理学研究科化学専攻博士後期課程単位取得満期退学
現　在　東海大学理学部化学科　教授 博士（理学）
専　門　物理化学・コロイド化学
主　著　応用科学シリーズ 8　化学熱力学（共著），朝倉書店（2011）

伊藤　建（いとう たける）
2001 年　東京大学大学院工学系研究科応用化学専攻博士課程修了
現　在　東海大学理学部化学科　教授 博士（工学）
専　門　物理化学・無機機能化学
主　著　理工系 基礎化学実験（共著），共立出版（2014）

小松真治（こまつ まさはる）
2003 年　東京大学大学院工学系研究科応用化学専攻博士課程修了
現　在　東海大学海洋学部海洋生物学科　准教授 博士（工学）
専　門　電気化学
主　著　アサガオはいつ，花を開くのか？読んで納得．「お茶の間サイエンス」（分担執筆），神奈川新聞社
　　　　（2007）
　　　　理工系 基礎化学実験（共著），共立出版（2014）

小口真一（こぐち しんいち）
2006 年　東京工業大学大学院生命理工学研究科生物プロセス専攻博士課程修了
現　在　東海大学理学部化学科　准教授 博士（理学）
専　門　有機化学・有機合成化学
主　著　理工系 基礎化学実験（共著），共立出版（2014）
　　　　イオン液体の実用展開へ向けた最新動向（共著），シーエムシー出版（2022）

冨田恒之（とみた こうじ）
2005 年　東京工業大学大学院総合理工学研究科材料物理科学専攻博士課程修了
現　在　東海大学理学部化学科　教授 博士（理学）
専　門　無機化学・無機材料科学
主　著　詳解 無機材料合成・探索法（共著），情報機構（2014）

化学概論	著 者	岩岡道夫・藤尾克彦　Ⓒ 2018
——物質の誕生から未来まで		伊藤　建・小松真治
		小口真一・冨田恒之
Introduction to Chemistry:	発行者	南條光章
From The Birth of Chemical	発行所	共立出版株式会社
Materials to Our Future		〒112-0006
		東京都文京区小日向 4-6-19
2018 年 9 月 25 日　初版 1 刷発行		電話　(03)3947-2511（代表）
2023 年 3 月 1 日　初版 8 刷発行		振替口座　00110-2-57035
		URL　www.kyoritsu-pub.co.jp
	印　刷	精興社
	製　本	ブロケード

検印廃止
NDC 430

一般社団法人
自然科学書協会
会員

ISBN 978-4-320-04492-0　　Printed in Japan

JCOPY ＜出版者著作権管理機構委託出版物＞

本書の無断複製は著作権法上での例外を除き禁じられています．複製される場合は，そのつど事前に，
出版者著作権管理機構（ＴＥＬ：03-5244-5088，ＦＡＸ：03-5244-5089，e-mail：info@jcopy.or.jp）の
許諾を得てください．